配网带电作业机器人

操控与维护

国网江苏省电力有限公司技能培训中心　组编
邵九　傅洪全　主编

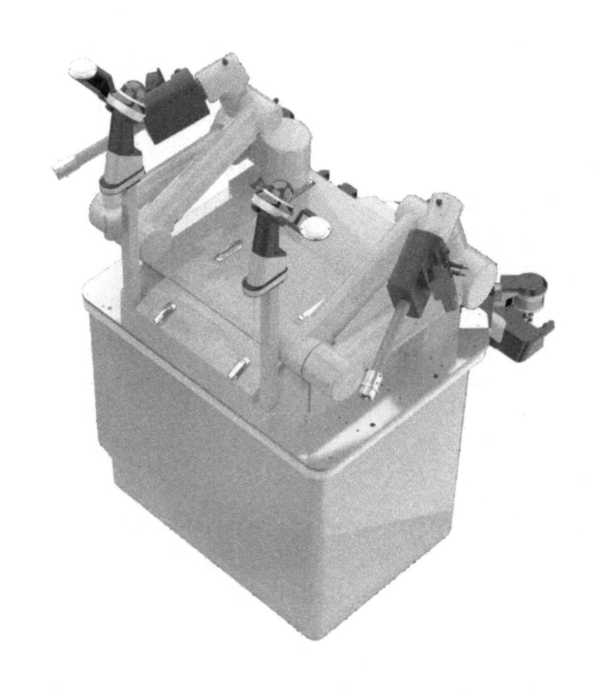

中国电力出版社
CHINA ELECTRIC POWER PRESS

内容提要

随着智能设备的不断发展，配网带电作业机器人正在越来越广泛地被应用。采用机器人代替人工进行作业，不仅提高了安全性，也提高了作业效率，这是一种全新的作业方式，并且正在不断更新、进步。

本书围绕配网带电作业机器人展开，全书内容共分6章，分别为：概述、配网带电作业机器人系统组成、配网带电作业机器人的安装、配网带电作业机器人的维护与保养、配网带电作业机器人典型作业项目以及设备故障排除。

全书内容循序渐进，注重理论与实践相结合，更有大量的操作指导和故障案例，可有效指导电力行业配网作业相关人员的技术工作，可作为带电作业操作人员的日常工具书，也可供机器人领域相关的研究人员参考阅读。

图书在版编目（CIP）数据

配网带电作业机器人操控与维护 / 国网江苏省电力有限公司技能培训中心组编. —北京：中国电力出版社，2024.1（2024.11重印）

ISBN 978-7-5198-8438-3

Ⅰ.①配… Ⅱ.①国… Ⅲ.①配电系统－带电作业－机器人技术 Ⅳ.① TM727② TP24

中国国家版本馆 CIP 数据核字（2023）第 248718 号

出版发行：中国电力出版社
地　　址：北京市东城区北京站西街 19 号（邮政编码 100005）
网　　址：http://www.cepp.sgcc.com.cn
责任编辑：崔素媛（010-63412392）
责任校对：黄　蓓　于　维
装帧设计：王红柳
责任印制：杨晓东

印　　刷：北京天宇星印刷厂
版　　次：2024 年 1 月第一版
印　　次：2024 年 11 月北京第二次印刷
开　　本：787 毫米 ×1092 毫米　16 开本
印　　张：12.75
字　　数：320 千字
定　　价：59.00 元

编 写 组

主　编　邵　九　傅洪全

副主编　朱　伟　田丰伟　辛　辰

参　编　姜　坤　孟晓承　张　亚　郝俊华　张锦顺　张　冬
周照泉　程柳萌　康宏斌　刘　学　梅　放　柴伟良
邵一凡　朱　翔　王　兵　杨茗茗　蔡华东　张　兵
庞宝兵　徐志强　曹佳伟　张怡韬　张　旭

前 言

电力作为工业发展和社会生活的主要组成部分，国家发展和人民生活离不开电力，这就对电力的发、输、变、配、用等多个环节的设备系统可靠性和稳定性、运维工作的准确性和有效性、设备监视的实时性提出了更高标准。机器人技术是一个相对较新的现代技术领域，跨越了传统工程学的边界，在目前社会经济生活的诸多领域都有着较多的应用，它的进步和发展在很大程度上改变了人们的生产和生活方式。

随着我国经济和电网建设的飞速发展，经济建设和人民生活对电力的依赖程度越来越高，社会对停电的承受能力越来越差。如何对电力设备设施加强日常维护，防患于未然，以及出现问题时及时抢修，成为亟待解决的问题。停电进行日常维护检修是最安全可靠的方式，但对工业和居民生活质量的影响巨大。带电作业是解决这一问题的重要手段之一，到目前为止，我国的带电作业方式为绝缘杆法与绝缘手套法的人工带电作业，还不能满足日益提高的系统可靠性要求，也容易引发人身伤亡事故。

随着生产自动化水平不断提高，机器人在现代生产生活中的地位越来越重要，特别是在一些危险系数高、劳动强度大的领域，替代人类完成危险任务，是机器人技术发展的方向。为了避免人工带电作业中事故的发生，使带电作业更加安全，同时提高作业效率，采用机器人代替人工进行作业已经迫在眉睫，也符合时代发展的要求。配网带电作业机器人应运而生，由机器人代替人工在配电网上做“微创手术”，有效解决了传统人工带电作业劳动强度大、安全风险高、工作效率低等问题，降低作业风险，保障人身安全。

2020 年以来，在国家电网公司的大力推广之下，配网带电作业机器人在江苏、浙江、天津等 20 多个省份进行了试点应用，其中，江苏等省份已基本实现了班组化部署，开展常态化的机器人实际线路作业，2021 年全年累计完成实际线路作业 12000 余次，作业类型覆盖带电接引线、带电断引线、带电加装接地环、带电安装驱鸟器、带电加装故障指示器、带电安装绝缘护套、修剪树枝等作业类型。

我们相信随着人工智能技术和机器人技术的不断发展，比如协智能感知、轨迹规划、智能决策、自主学习等技术，也将为配网带电作业机器人带来新的技术手段，也将提升配网带电作业机器人的智能化和自动化程度。

配网带电作业机器人的应用，是要改变传统的作业习惯，是在创造一种新的带电作业方式，培养甚至改变一代人的行为习惯，这将是一个开始，也是一个过程，我们相信在不远的将来，带电作业机器人就能真正替代工人完成所有的带电作业任务，带电作业的智能化和自动化装备水平将迈上新的台阶。

编者

2024 年 1 月

目 录

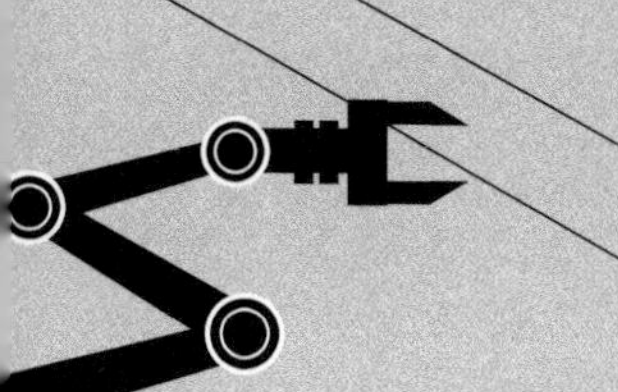

1 概 述

1.1 机器人概述

1.1.1 机器人发展历程

早在1920年，“机器人（Robot）”一词首次出现在捷克作家卡雷尔·恰佩克的科幻舞台剧本《罗素姆的万能机器人》（Rossum's Universal Robots）中，该剧本将机器人描写成从事繁重劳动的工业产品，它不需要吃饭、睡觉就能一直帮助人类进行工作。如今，机器人被定义为一种能够半自主或全自主工作的智能机器，具有感知、决策、执行等基本特征，可以辅助甚至替代人类完成危险、繁重、复杂的工作，提高工作效率与质量，服务人类生活，扩大或延伸人的活动及能力范围。

自20世纪60年代以来，从低级到高级，机器人的研究已经经历了三代的发展历程。第一代为“可编程机器人”，第二代为“感知机器人”，第三代为“智能机器人”。

1. 可编程机器人

第一代的可编程机器人能够根据操作人员所编程序，完成简单重复的操作，如图1-1所示。20世纪60年代后期，可编程机器人在工业界被广泛应用。这种机器人不具有外界信息的反馈能力，不能适应环境的变化。

2. 感知机器人

感知机器人也被称为自适应机器人，其具有不同程度的“感知”能力，如图1-2所示。机器人工作时，可根据传感器获得信息，灵活调整工作状态。

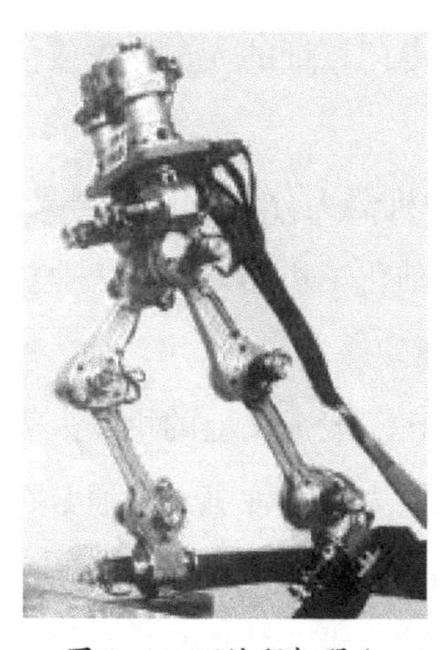

图1-1 可编程机器人

图1-2 感知机器人

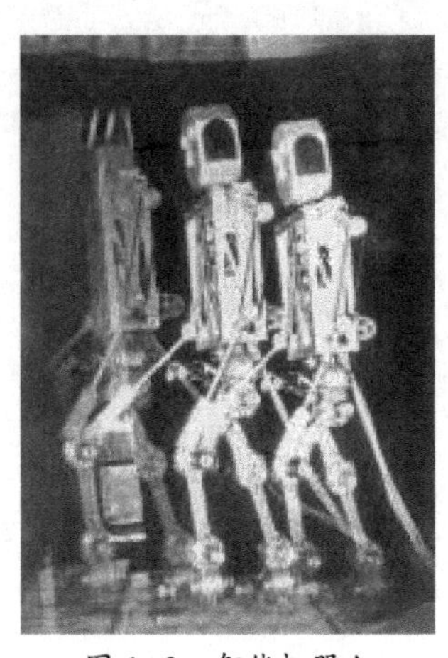

图 1-3　智能机器人

3. 智能机器人

智能机器人如图 1-3 所示，它靠人工智能技术决策行动，能根据感觉到的信息，进行独立思维并作出判断和决策，能在变化的环境中，自主决定自身的行为，具有高度的适应性和自治能力。

1.1.2　机器人分类

根据机器人的应用环境，国际机器人联盟（International Federation of Robotics，IFR）将机器人分为工业机器人和服务机器人两大类。其中工业机器人指应用于生产过程与环境的机器人，主要包括人机协作机器人和工业移动机器人；服务机器人则是除工业机器人之外的、用于非制造业并服务于人类的各种先进机器人，主要包括个人 / 家用服务机器人和公共服务机器人。

在我国，由于在应对自然灾害、军事消防和公共安全事件中，对特种机器人有着相对突出的需求，故将机器人划分为工业机器人、服务机器人及特种机器人三大类。其中工业机器人指面向工业领域的多关节机械手或多自由度机器人，在工业生产加工过程中通过自动控制来代替人类执行某些单调、频繁和重复的长时间作业，主要包括焊接机器人、搬运机器人、码垛机器人、包装机器人、喷涂机器人、切割机器人等；服务机器人是在非结构环境下为人类提供必要服务的多种高技术集成的先进机器人，主要包括家用服务机器人、医疗机器人和公共服务机器人；特种机器人指代替人类从事高危环境和特殊工况的机器人，主要包括军事应用机器人、电力机器人、极限作业机器人及应急救援机器人等。

1.1.3　特种机器人概述

特种机器人是指应用于专业领域，一般由经过专门培训的人员操作或使用的，辅助或代替人执行任务的机器人。

根据特种机器人所应用的主要行业，可将特种机器人分为农业机器人、电力机器人、医用机器人、安防与救援机器人、军用机器人、石油化工机器人、核工业机器人、矿业机器人、市政工程机器人等。机器人分类如图 1-4 所示。

特种机器人强调感知、思维和复杂行动能力，比一般意义上的机器人需要更大的灵活性、机动性，具有更强的感知、能力、反应及行动能力。特种机器人通常在非结构环境下自主工作，更多依赖其对环境信息的获取和智能决策能力。

我国特种机器人行业将保持较快发展，随着传感技术、仿生与生物模型技术、机电信

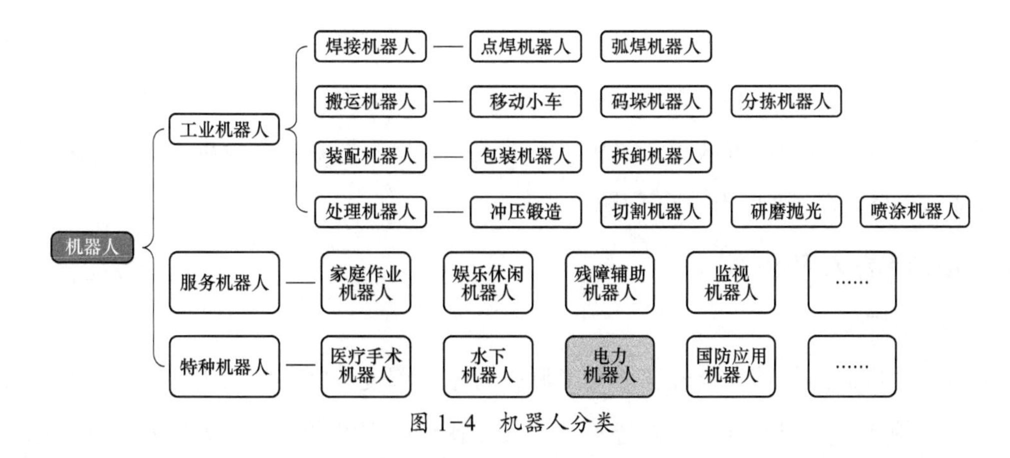

图 1-4 机器人分类

息处理与识别技术、仿生新材料与刚柔耦合结构的不断进步，特种机器人具备了初步自主智能，已能完成定位、导航、避障、跟踪、目标识别、场景感知识别、行为预测等任务，环境适应性不断增强，技术进步促进应用场景不断扩展。随着特种机器人的智能性和对环境的适应性不断增强，其在电力、军事、消防、建筑、安防监测、管道建设等众多领域都具有十分广阔的应用前景。

1.2 电力机器人概述

1.2.1 电力机器人的主要特点

为了适应高复杂环境、多操作场景的需要，电力机器人在电力系统中的应用是十分必要的，不仅能时刻保障电力系统设备处于稳定运行状态，又能开展高效的巡视、检修与维护，提高电力多环节的运维效率和运维水平。

电力机器人的主要特点有以下几个方面。

（1）电力机器人的巡视、检修的工作质量不受客观环境条件和人为主观因素影响，无论是什么运维环境、什么气象地理条件，机器人按照既定的巡视检查路线开展巡维工作，有针对性地对设定的发电、输电、变电、配电等应用场景的设备进行巡视和检查，做到客观、全面评价，提高设备巡维水平，为设备安全稳定运行提供保障。

（2）电力机器人可以代替人工处理一些高危作业场景的工作，如火电的蒸汽管道泄漏检查、核电的反应堆检查以及高压输电线检查等；此外，机器人也可以用于变电站巡视检查、线路巡视、设备台账管理等需要消耗大量人力、物资的工作，利用机器人不仅能避免危险和大量的重复性劳动，而且可以保质保量完成，不会出现由于人员的疏忽造成巡视不到位等问题。

（3）电力机器人将图像识别、声音识别、红外测温、可见光检查、激光测振等多功能集成于一体，可以将巡检和检查情况记录并上传至管理系统，同时可以对测试情况进行判断，提高了巡视质量和巡视效果，解决了人工巡视、检查的效果受运维人员技术水平影响的，造成对设备缺陷误判、错判等问题。

1.2.2 电力机器人应用

1. 电力调度应用

电力调度机器人能够完全改变以人工调度为主的调度方式，将人工智能、大数据等技术融入调度领域，实现充分利用态势感知和人工智能的智慧调度机器人模式。这对电力调度具有十分重要的现实和发展意义。近些年，人们一直在不断尝试，部分成果已在主配网的调度中应用。2018 年，杭州供电公司配网调度指挥中心正式投运了全国首个虚拟人工智能（AI）配网调度员帕奇，能够实现故障判断、计划发令、抢修指挥、知识图谱学习新业务等功能。2019 年，广东省省地调度端程序化操作机器人首次在全国实现全面程序化操作部署，并投入运行，能够实现远方遥控“一键操作”，实现操作设备与系统的隔离，全过程实现智能安全校核。

2. 电力巡检应用

电力机器人从事巡检工作是在电力系统中应用较早的领域，且随着电力系统的不断扩大和发展，其应用的需求和场景是不断增大的。

（1）发电领域。研发了一种具备视频图像识别、红外测温、激光测振及声音识别、专家系统分析等多功能的智能巡检机器人，在火电厂应用，尤其是“跑冒滴漏”监测和声音泄漏检测方面具有明显优势。

（2）输电领域。研制了输电线路巡检穿越式和跨越式越障两种机器人，实现了挡距巡检、耐张端巡检和多耐张端或全检巡检，进行上线和下线的自动巡检作业。

（3）变电领域。智能巡检机器人是目前应用比较成熟的电力机器人，室内、室外的有轨和无轨型巡检机器人，能实现红外测温、设备状态的自动识别和分析判断，可以替代人工的巡视工作。山东鲁能机器人、南京亿嘉和、杭州申昊等越来越多的研发机构和电网投入其中，大大提升了巡检机器人的功能和性能，在“完全替代人工”的方向上不断前进。

3. 电力检测应用

随着状态检修和电网智能化的技术发展，电力系统网架增强，系统稳定性要求提高，电力行业的检测越来越重，为此，2013 年电能表柔性自动化鉴定系统在重庆市电力公司研发并投入使用。2014 年，国内首个机器人及自动化设备检测中心在山东省电力公司建设并投入使用，实现对无人机的自动检测。输电线断股检测机器人可利用图像梯度分布的不同实现复杂作业的断股检测。绝缘子电阻检测机器人可大大提升测试效率，同时能够满足不同方位的瓷绝缘子测试需求。

4. 电力维护应用

电力设备的维护工作大多依靠人力工作执行，这样不仅效率低，而且一些环境气候复杂、危险系数极大的任务工作存在极大的安全隐患。2009 年，我国第一台输电线路除冰机器人在山东超高压公司和南网超高压柳州局投运。2016 年，国内第一台输电配网带电作业机器人投运，能实现带电清除、更换绝缘子等作业。

如今，断股修补机器人可以通过驱动轮和越障机构实现断股悬垂复位。输电线路带电紧固螺栓机器人可以通过视觉反馈和力反馈完成代替人工完成紧固工作。输电线路绝缘子清扫与检测机器人可以携带清扫机构和检测装置实现绝缘子的带电清扫与检测。用于清扫与检测 GIS 管道内腔异物的机器人系统可以实现在腔内平滑运行，并无死角进行检测。

5. 电力操作 / 作业应用

随着社会经济和科技的发展，生产自动化水平不断提高，机器人在现代生产生活中的地位越来越重要，特别是在一些危险系数高、劳动强度大的领域内，人们更愿意使用机器人协助或者替代人工，以减轻操作人员压力。带电操作型机器人在电力行业中需求较大，目前已有应用在 10kV 架空线路的配网带电作业机器人、应用在变电站开关室等场景的带电操作机器人等，其中配网带电作业机器人是本教材重点关注的机器人类型，核心内容将在下面章节重点介绍。

1.2.3 电力机器人的发展阶段

电力机器人的发展大致可以分为以下几个阶段。

第一阶段：2000 年以前，零星尝试阶段，主要特征是国外研究为主。

第二阶段：2000—2010 年，初步探索阶段，主要特征是国内开始出现相关机构并开始研究。

第三阶段：2010—2019 年，行业起步和发展阶段，行业起步阶段主要特征是开始有相关政策的扶持，开始出现多家民营企业。行业发展阶段，主要特征是巡检机器人进入到大规模的推广应用，并且出现了不同领域的巡检机器人。

第四阶段：2019 年至今，行业深化阶段，主要特征是操作 / 作业机器人开始正式走上舞台。

1. 第一阶段

以 2000 年为分界点，2000 年以前主要以国外研究为主。

国外针对电力机器人的相关研究主要从巡检机器人开始，电力巡检机器人的早期研究主要集中在日本、美国等国家，早在 1980 年，日本就开始将移动机器人应用于变电站中，采用磁导航方式，搭载红外热像仪，对 154～275kV 变电站的设备致热缺陷进行检测；20 世纪 80 年代末期，日本研制出了地下管道监控机器人，用于监测 275kV 地下管网内的温度、湿度、水位、甲烷气体、声音、超声、彩色视频图像等；90 年代，日本又研制出了涡轮叶片巡检机器人、配电线路检修机器人等应用于不同场景的巡检机器人。

在配网带电作业机器人的研发方面，日本应该算是走在了前列。1984 年，九州电力株式会社和安川机器人公司开始研制配网带电作业机器人，早在 1993 年就完成了第一代和第二代（Phase Ⅱ）研制，已推出前后三代产品，实际使用超过 180 台机器人。其余还有日本爱知公司和日本四国电力公司设计开发的基于液压驱动机械臂的配网带电作业机器人。

除了配网带电作业机器人以外，国外在输电线路水冲洗绝缘子等方面也开始了机器人的应用。1979 年，直升机带电作业技术最先由美国进行了尝试。其后几年间，澳大利亚、以色列、西班牙和意大利在直升机水冲洗绝缘子作业方面开展时间相对较早，设备主要由直升机、喷嘴和水箱等组成，有效提高了电网运行过程中的绝缘水平和可靠性。

2. 第二阶段

在这个阶段大概有 10 余年的时间。2010 年，在 IT 行业发生了一件大事，那就是苹果 iPhone4 的正式上市，在随后的几年内，软硬件的创新和革命成了潮流和趋势。有人会有疑问，苹果手机跟机器人产业有什么关系呢，事实上，苹果手机对电子产业链的深远影响远不止于此。

第二阶段的这十年可以总结为一句话——各个领域的尝试与探索。展开来说就是在巡检机器人、操作机器人、检修机器人等多个方向都在尝试，但并未形成大规模的推广应用。

作为国内最早开展电力机器人研究和产业化推广的企业，山东鲁能智能代表了这个阶段国内机器人的研究成果。山东鲁能智能对于电力机器人的探索主要集中在变电站巡检机器人以及配电网高压配网带电作业机器人，同时还启动了除冰机器人、绝缘子串检测等机器人的研发。

其他机构也开展了一些探索，2008 年，由国网江苏电力泗阳县供电公司王军等人设计了一种电动吹风绝缘子带电清扫器。2009 年，由国网河南电力济源供电公司李健等人公开了一种吹气式绝缘子带电清扫器，人站在地面上转动即可从不同角度清洁绝缘子。上海交通大学机器人研究所与国网甘肃电力兰州供电公司联合在国家“863”项目的资助下，研制了超高压带电清扫作业机器人（HVCRⅠ），很好地解决了室外变电设备绝缘瓷瓶的带电清扫问题。

3. 第三阶段

2010年后，相关技术逐步突破，比如导航技术、传感器、机器视觉等，逐步进入产业化阶段，产品逐步成熟稳定。这一阶段的起点是2013年，2013年发生了两件决定行业命运的大事：① 变电站巡检机器人进入国家电网招标目录；② 中国电科院武高所开始了对机器人的认证检测，这标志着变电站智能巡检机器人产品在国家层面上形成了统一的技术标准和准入门槛。

新思界产业研究中心发布的《2018—2022年电力巡检机器人行业市场现状及投资前景预测报告》显示，2013年以来，国家电网每年统一采购变电站巡检机器人保持在200台左右，其中，2015年和2016年分别为236台和272台，2017年虽然国家电网未组织集中招标，但浙江、内蒙古、云南、贵州、广州等各省级电力公司根据需求进行了自主采购。甚至江苏公司在2017—2018年开启了租赁模式，将全省220kV的变电站都配备了巡检机器人。在2017年，还出现了配电站房的巡检机器人、电缆隧道巡检机器人等，这更加拓展了巡检机器人的应用范围。

4. 第四阶段

第四阶段从2019年开始，一直到现在，笔者总结该阶段是从巡检时代向巡检操作时代转变的阶段，也可以说是操作机器人开始逐步占据市场主导的阶段。操作机器人目前正在走向成熟的有两个产品，一个是开关柜的操作机器人，另一个是配网带电作业机器人。准确地说，前者是操作机器人，后者是作业机器人，配网带电作业机器人是本书重点关注的内容。

1.3 配网带电作业机器人应用现状

1.3.1 配网带电作业机器人概述

近年来，随着社会经济的快速发展，供电企业和电力用户对于电力需求的依赖性越来越高，一流城市配电网建设的逐步深入也对供电质量、供电安全提出了更高的要求。配网处于电力系统末端，是保证电力持续供给的关键环节，其可靠性在整个供电系统中占有非常重要的位置。电气设备在长期运行中需要经常测试、检查和维修，而进行带电作业是避免检修停电，保证正常持续供电的有效措施。

目前，完成带电作业项目主要由人工实现。在带电作业时，工人通过绝缘斗臂车或借助攀爬工具升至作业位置，在高空高压环境中进行带电作业，其操作危险系数极高，要求人员熟练掌握操作流程规范，注意力高度集中，所穿戴的绝缘防护用具也需满足绝缘性能要求。

近年来，由于带电作业的复杂性及危险性，带电作业事故经常发生，如高空坠落、触电等情况，工人的生命安全难以得到有力保障。与此同时，国家提出人工智能配网带电作业机器人的相关政策。国家电网公司在《“十三五”智能运检规划》中明确：实现检修装备智能化、检修作业标准化、检修现场可视化，提高电网安全稳定运行和抵御风险的能力。在诸多政策下，国家积极推动着配网带电作业机器人的发展。

从国内外配网带电作业的发展来看，配网系统的带电作业方式都是人工带电作业。在作业过程中，操作人员始终处于高空、高电压、高电场的环境中，劳动强度大、精神紧张，容易引发人身伤亡及设备安全事故。为了改善这种作业不安全的状况，考虑到当前技术水平，从带电作业的工器具上着手，研制出一些作业方便、灵活、安全可靠的自动化或半自动化的带电作业工器具是一种比较现实的一种做法。就目前技术情况来看，使用具有较高智能化水平的配网带电作业机器人来完成传统的带电作业工作是未来的主要发展方向，使用配网带电作业机器人不仅可以保证操作人员的人身安全，而且大大降低了劳动强度、提高了劳动效率和操作的规范性。

配网带电作业机器人指的是利用机械手臂结合末端工具来实现在带电线路或设备上进行不停电检修、测试的一种机器设备，其对电网稳定运行，确保稳定供电具有极其重要的意义。配网带电作业机器人是由传感器技术、图像处理技术、结构设计、特种材料、计算机控制等多领域技术交叉的综合系统，主要由执行机构、绝缘机构、传感系统、动力系统、控制系统等组成。

1.3.2 国外配网带电作业机器人的探索

为了提高带电作业自动化水平和安全性，减轻操作人员劳动强度和强电磁场对操作人员的人身威胁，从 20 世纪 80 年代起，日本、美国、加拿大、西班牙等国家先后开展了配网带电作业机器人的研究。国外研究中，除日本和美国的机器人已经达到实用化之外，其他国家仍停留在研究或示范试用阶段。配网带电作业机器人国内外研究现状见表 1-1。

表 1-1　　配网带电作业机器人国内外研究现状

序号	型号	研究现状
1	日本 Phase 机器人	1993 年完成 PhaseⅡ研制，具有机器视觉系统、自动化工具装置、人机交互界面和语言识别能力； 控制方式：半自主

续表

序号	型号	研究现状
2	美国 TOMCAT 机器人	20 世纪 80 年代开始研发，第一代机器人为单机械臂结构的主从控制配网带电作业机器人，第二代增加两台液压械臂协同作业； 控制方式：主从控制
3	加拿大配网带电作业机器人	20 世纪 80 年代开始研发，基于主从控制的液压机械臂的机器人； 控制方式：主从控制
4	西班牙配网带电作业机器人	1994 年完成初步研发，辅以视觉定位等技术，双 6 自由度机械臂作为作业臂，另外安装一个三自由度机械臂作为辅助臂，是半自主控制机器人； 控制方式：半自主
5	乌克兰配网带电作业机器人	20 世纪 90 年代完成研发，安装一台液压机械臂用于更换绝缘子； 控制方式：主从控制
6	韩国配网带电作业机器人	2005 年启动配网带电作业机器人的研究，进行更换绝缘子和断线、接线操作，遥控方式操作； 控制方式：遥控

1. 日本对配网带电作业机器人的研究

日本的机器人技术一直走在世界前列，对配网带电作业机器人的研究起步也比较早。20 世纪 80 年代，日本九州电力株式会社（KEPCO）就针对配网开始了配网带电作业机器人的研究，并在 80 年代末研制完成了第一代主从式配网带电作业机器人 Phase Ⅰ。

1993 年，日本完成了操作人员在驾驶室内即可完成操控的第二代配网带电作业机器人 Phase Ⅱ，在机械臂作业平台配置若干摄像机，操作人员可以通过视频观察作业环境。Phase Ⅱ与 Phase Ⅰ的绝缘等级和带电作业任务相同，但具有了机器视觉系统、自动化工具装置、人机交互界面和语言识别能力，可以认为是半自动化的配网带电作业机器人，如图 1-5 所示。

图 1-5　配网带电作业机器人 Phase Ⅱ

日本的配网带电作业机器人 Phase Ⅰ和 Phase Ⅱ已经实现了产业化，并且已成为其他国家研究配网带电作业机器人的参考样机。目前，日本九州电力株式会社下属的 30 多个营业所都配有 1～2 台配网带电作业机器人，现在正开展第三代配网带电作业机器人的研究，在带电作业过程中加入决策分析、自主控制。

2. 美国对配网带电作业机器人的研究

美国电力研究协会（EPRI）从20世纪80年代开始对研究配网带电作业机器人，其研制出的TOMCAT为单机械臂结构的主从控制配网带电作业机器人，适用电压等级为50～345kV。随后研制出的第二代半自主配网带电作业机器人如图1-6所示，升降平台上安装了两台液压机械臂，可协同作业。

图1-6　美国第二代半自主配网带电作业机器人

3. 加拿大对配网带电作业机器人的研究

加拿大电力研究院于20世纪80年代中期开始配网带电作业机器人研发，所研制出的配网带电作业机器人如图1-7所示，与日本的PhaseⅠ很类似，机器人的机械臂由液压驱动，操作人员在安装于升降机构末端的绝缘斗内进行遥控操作，该机器人的绝缘等级为25kV。

4. 西班牙对配网带电作业机器人的研究

西班牙在20世纪90年代初才开始研制配网带电作业机器人，1994年完成初步研发，主要参照日本第二代配网带电作业机器人，以半自主控制方式，辅以视觉定位等技术，用于完成该国69kV及以下的电力网络带电作业。西班牙配网带电作业机器人样机如图1-8所示。

图1-7　加拿大高空配网带电作业机器人

图1-8　西班牙配网带电作业机器人

1.3.3 国内配网带电作业机器人的探索

1. 山东研发的配网带电作业机器人

山东电力研究院在国家电力公司科研项目支持下，于1999年开始与山东鲁能智能技术有限公司一起研究配网带电作业机器人，先后研制了三代样机，全部为双臂主从控制作业机器人，用于10kV及以下的配电网。第一代配网带电作业机器人如图1-9所示，底盘采用国产东风卡车底盘EQ114G7BJ1进行改装，在汽车底盘上安装一台液压升降机构，升降机构上安装作业机械臂。作业机械臂采用两台MOTOMAN机械臂，借助于MOTOMAN系统定制控制功能，只能实现半自动化控制，操作人员通过键盘操作机械臂实现断线、接线等简单功能，这是我国第一台高压配网带电作业机器人。

为改变第一代机器人机械臂的不开放性带来的各种局限，其研发团队总结经验，对升降机构末端的作业平台进行了较大的优化改进，采用自主研发的机械臂完成了第二代配网带电作业机器人的研制，如图1-10所示。自主研发的机械臂使用伺服电机驱动，操作人员除了可以通过键盘控制机械臂之外，还可以通过一个主手操作，实现了主从控制。

图1-9　第一代配网带电作业机器人

图1-10　第二代配网带电作业机器人

山东鲁能智能技术有限公司和国网山西长治供电公司研制的鲁能智能第三代配网带电作业机器人样机如图1-11所示，主要由移动升降系统、作业机械臂、控制系统，主手控制装置、专用工具、绝缘防护系统等组成。该机器人直接在绝缘斗臂车的基础上改造，部分采用液压驱动，并比上一代机器人增强了绝缘防护措施，操作员可以在操作室内操作，但在复杂的工作环境难以实现作业，所以同时在绝缘斗内保留了操作人员的位置，在遇到主控室操作无法完成的任务时，操作员可站立于绝缘斗内，升到高空操作机械臂完成带电作业。

2. 天津研发的配网带电作业机器人

2017年11月，国网天津市电力公司与清华大学联合研制出遥控式单臂配网带电作业机

图 1-11　鲁能智能第三代配网带电作业机器人

器人（第一代）；2018 年 11 月，国网天津市电力公司与国网电力科学研究院有限公司（南瑞集团）联合研制出国内首台全自主配网带电作业机器人（第二代）。2019 年 6 月，联合研制出第三代配网带电作业机器人。前三代配网带电作业机器人如图 1-12 所示。2020 年 5 月，联合研制出第四代配网带电作业机器人，如图 1-13 所示。

图 1-12　前三代配网带电作业机器人

3. 江苏研发的配网带电作业机器人

亿嘉和科技股份有限公司 2016 年承接国网江苏省电力公司常州供电公司的科技项目《自主式配网带电作业机器人项目》。

2018 年初，成立带电机器人研发团队，正式开展产品产业化研发，2018 年 12 月，首台第一代样机完成组装，2019 年 3 月，第一代配网带电作业机器人发布。2019 年 6 月，第二代样机进入测试阶段；2019 年 8 月，第三代样机开始进行外场高空测试验证，具备自主作业能力。配网带电作业机器人作业如图 1-14 所示。

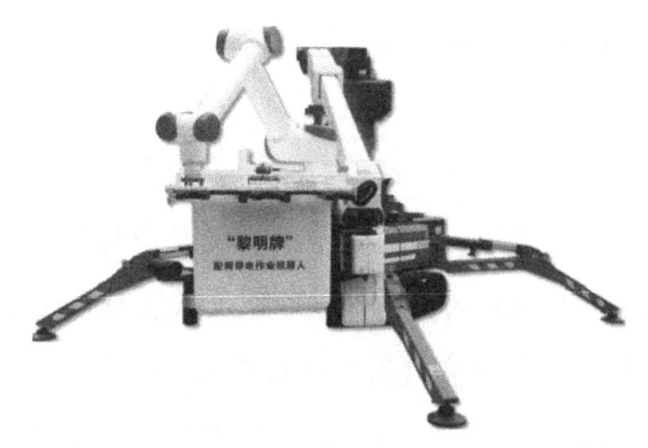

图 1-13 第四代配网带电作业机器人

图 1-14 配网带电作业机器人作业

为进一步集聚资源，开放搞创新，加强核心技术研发，加快人工智能配网带电作业机器人研发和产业化，由国电南瑞、亿嘉和、天津三源电力共同出资设立合资公司——国网瑞嘉（天津）智能机器人有限公司，开展配网带电作业机器人的研发、制造、应用和技术服务。

1.4 人工智能技术在配网带电作业机器人领域的应用

1.4.1 配网带电作业机器人应用的核心技术概述

当前国内外配网带电作业机器人的研究应用可分为主从控制、半自主控制、全自主控制 3 个阶段，其中全自主控制机器人能实现三维环境建模以及机械臂运动轨迹规划和精确控制，具有较高的智能化水平，是未来的主要发展方向。

人的成长成才离不开技能的学习，机器人也同样需要具备相应的技能才能够做到“人尽其才，物尽其用”。配网带电作业机器人也是应用了诸如深度学习算法，运用了诸多人工智能的相关技术。

1. 多传感器融合的目标检测与定位技术

配网带电作业机器人基于激光雷达与相机信息进行多传感器融合，利用计算机视觉技术在选取图像的基础上完成目标检测，进一步匹配图像与激光雷达测量信息，最终实现对导线的毫米级识别定位。配网带电作业机器人由以视觉与激光雷达传感器为主感知系统和以位移等传感器为辅助感知系统构成，各个传感器数据源除了保证空间上的对准外，还需要进行时间上的融合处理，因此对数据的融合提出了更高的要求。

2. 多级绝缘防护技术

多级绝缘防护技术为机器人提供全方位保护机械臂绝缘外壳、绝缘安全部件、机器人本体绝缘防护外壳等的开发，实现了立体防护能力，确保机器人带电作业安全。搭建了配网带电作业机器人电磁兼容实验测试平台，并进行了实验。

3. 机械臂协同作业运动规划技术

机械臂协同作业运动规划技术让机器人“手脑协调”，尤其是双臂机器人的协调避障运动规划问题是避障路径规划在机器人领域应用的一个实例。双臂机器人不仅仅是两个单臂机器人的简单组合，双臂机器人与两个单臂机器人组合的区别在于双臂机器人应具备两个操作臂之间的双臂协调控制，且需在一个控制系统中同时实现对两个操作臂的控制规划。两个操作臂之间由同一个连接来实现两臂之间的物理耦合，它们的运动轨迹由一个控制器来进行控制规划，规划出其中一个手臂无碰运动轨迹，由两个操作臂之间的约束关系可对另一个手臂进行相应的轨迹规划，从而实现双臂之间的协调操作。这样一来，机器人就可以像大脑一样主动规划作业路径，高效完成工作任务。

4. 系列化的末端作业工具

针对配合配网带电作业机器人不同的作业项目开发专用的智能末端作业工具，比如全线径智能剥线工具、线夹安装工具、断线工具等。具备了这样的“巧手”，配网带电作业机器人可以代替人工为配电网做“微创手术”。

1.4.2 配网带电作业机器人的主流型号及其介绍

1. 单臂人机协同配网带电作业机器人

单臂人机协同配网带电作业机器人如图 1-15 所示。该机器人适用于作业环境复杂、需要人机协同的带电作业项目。

单臂人机协同配网带电作业机器人具有体积小、操作简单等特点，通过智能感知定位、自主路径规划、人机交互等核心技术应用，实现机器人与作业人员协同作业。该机器人主要由机械臂、末端作业工具组、通信及电气系统、智能感知系统、通用软件平台及控制系统、人机交互接口与地面监控系统、绝缘支撑平台等部分组成，可以适应不同作业项目与场景，以及不同带电作业需求。带电作业过程中，机器人负责直接接触带电体工作，如剥线、安装线夹、安装接地环等危险工作均由机器人自主完成，作业人员只需通过智能感知系统指定机器人到达作业位置并利用绝缘杆协助完成穿引线等工作。

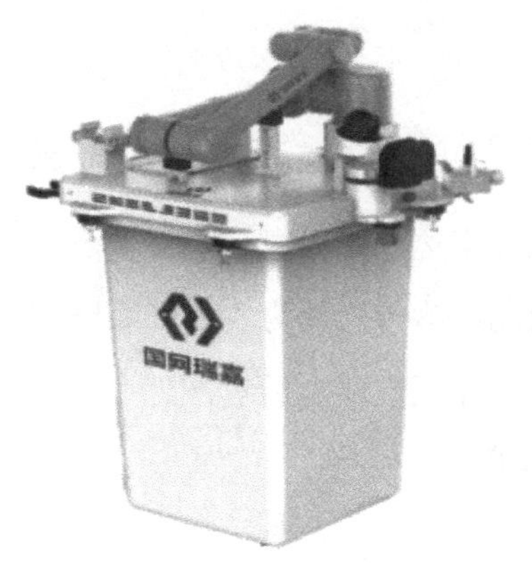

图 1-15 单臂人机协同配网带电作业机器人

该机器人作业方式使作业人员不直接接触带电体，始终与带电体保持有效安全距离，比传统人工带电作业更安全。机器人已实现接引线、断引线、接地环安装、马镫线夹、故障指示器安装等功能。已在北京、天津、重庆、山东、山西、陕西、安徽、青海和福建等多个省市常态化开展机器人带电作业。

2. 双臂全自主配网带电作业机器人

双臂全自主配网带电作业机器人如图 1-16 所示。该机器人针对作业需求量大、作业步骤简单、高温高湿等特殊天气带电作业项目，结合单目视觉、双目视觉、激光雷达等多种不同传感器对环境感知的特性，基于识别定位、作业控制和检验检测的环境感知技术，开展带电作业时对周围环境的智能感知方法；结合机器人传感器数据特性，研究多传感器融合方法，建立机器人多种传感器融合获取及决策机制，实现机器人的结构布局和斗臂车站位优化方法，开展机器人与绝缘臂的智能化协同作业。

图 1-16 双臂全自主配网带电作业机器人

双臂全自主配网带电作业机器人本体主要由承载平台、2 个 6 自由度机械臂、带电作业专用工具、3D 激光等传感器构成。产品基于激光雷达、RTK、全景相机等传感器实现对配电线路位置及目标的识别定位，并采用人工智能技术算法进行路径规划，自动更换末端工具，通过双臂配合完成 10kV 配电线路的剥线、穿线、搭线、紧固线夹等带电作业任务。

当前该机器人已实现项目包括单回顺线路、单回垂直线路功能、断引线功能、安装接地环、驱鸟器、故障指示器、安装绝缘护套、修剪树枝等功能。该机器人主要在江苏、浙江、上海、山东、北京、河北、冀北、宁夏、湖南、福建等省（自治区、直辖市）开展机器人常态化作业，其中江苏和浙江已实现班组化配备。

3. 双臂人机共融配网带电作业机器人

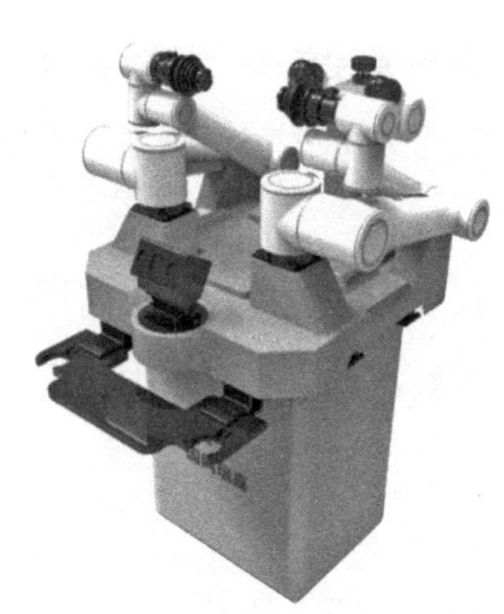

图 1-17 双臂人机共融配网带电作业机器人

基于人机共融的双臂配网带电作业机器人如图 1-17 所示。该机器人适用于作业环境复杂以及多种复杂作业类型，利用多传感融合的智能感知、基于视力觉伺服的运动控制、基于现场大数据的行为矫正、高压绝缘与电磁兼容等关键核心技术，采用平台化设计，通过更换不同末端作业工具，实现不同作业功能。

当前该机器人已实现带电断引线、带电接引流线、带电更换跌落式避雷器、带电更换跌落式熔断器、带电加装接地环、安装驱鸟器等类型作业。该机器人主要在安徽、辽宁和新疆等省或自治区开展应用。

1.5 新技术应用及发展展望

1.5.1 机器人自主学习技术

机器人技术在不断进步和发展中，随着人工智能技术的逐渐成熟，机器人自主学习技术正逐渐成为机器人领域的重要发展方向之一。机器人自主学习技术具有很多优势，可以帮助机器人更好地适应各种场景，提高工作效率和准确性。机器人自主学习技术具有很大优势，将自主学习技术融合到配网带电作业机器人中，会提高带电作业的效率和安全性。

1. 机器人自主学习技术的优势

机器人自主学习技术是指机器人可以在没有人为干预的情况下，通过学习和自我调整来适应不同的环境和任务。这种技术的优势主要有以下几点。

（1）自主学习技术可以让机器人更好地适应不同的环境和任务。机器人可以通过学习和模仿来适应不同的场景，可以更好地完成各种任务，提高工作效率和准确性。

（2）自主学习技术可以提高机器人的智能水平。机器人可以通过自主学习技术来积累和分析各种数据和信息，从而提高自己的智能水平。

（3）自主学习技术可以降低机器人的成本和维护费用。机器人可以通过自主学习技术来适应不同的环境和任务，从而降低对人力和设备的依赖，减少维护费用。

（4）自主学习技术可以提高机器人的安全性和可靠性。机器人可以通过自主学习技术来识别和避免潜在的危险和错误，从而提高安全性和可靠性。

（5）无须人工干预。自主学习技术使机器人能够在不需要人类干预的情况下进行学习和适应。这意味着机器人可以根据自己的经验和数据来作出决策，不需要等待人类的指令和反馈。

（6）灵活性和适应性。机器人可以通过自主学习技术适应新环境和任务，同时也可以快速适应变化和新情况。这使得机器人可以在不同的环境和场景中发挥作用，提高了机器人的灵活性和适应性。

（7）高效性和准确性。机器人可以通过自主学习技术在多次实际作业中逐渐提高操作技巧和决策能力，从而提高工作效率和准确性。同时，自主学习技术可以减少人为干扰和误操作，降低错误率和事故率。

2. 机器人自主学习技术在配网带电作业机器人中的应用展望

带电作业是一项危险和复杂的任务，需要高度的技术和经验。机器人技术的发展为带电作业带来了新的解决方案。配网带电作业机器人是一种能够在带电条件下执行各种操作的机器人，可以在高压线路场所进行带电作业，大大提高了作业的安全性和效率。但是，由于配网带电作业机器人需要适应不同的场景和任务，传统的作业方式无法很好地满足实际需求，因此需要采用自主学习技术来提高配网带电作业机器人的智能水平和适应性。

配网带电作业机器人可以执行多种任务，这些任务需要机器人具备良好的操作技巧和适应性，才能确保作业的安全性和准确性。而采用自主学习技术，配网带电作业机器人可以通过多次作业，机器人采集各种实际场景并自主学习适应各种场景，更好地完成各项任务。

具体来说，配网带电作业机器人可以通过自主学习技术学习以下内容：

配网带电作业机器人需要学习如何识别和理解不同的场景和环境，如高压线路场景、线路布局等。机器人可以通过分析和学习各种数据和信息，来识别和理解不同的场景和环境。

配网带电作业机器人需要学习如何正确执行各种操作，如带电搭接引线、剪断引线、接地环作业等。机器人可以通过模拟和学习专业技术人员的操作过程，来掌握正确的操作技巧和方法。

配网带电作业机器人需要学习如何识别和避免潜在的危险和错误。机器人可以通过分析和学习历史数据和案例，来识别和避免潜在的危险和错误。

配网带电作业机器人需要学习如何进行决策和调整。机器人可以通过学习和分析各种数据和信息，来进行决策和调整，以适应不同的环境和任务。

综上所述，机器人自主学习技术可以在配网带电作业机器人中发挥重要作用，提高机器人的智能水平和适应性，从而更好地完成各项任务。采用自主学习技术的配网带电作业机器人可以更好地适应不同的场景和任务，提高工作效率和准确性，同时也可以降低成本和维护费用，提高安全性和可靠性。因此，在未来，越来越多的配网带电作业机器人将采用自主学习技术，以适应各种场景和任务的需求。

1.5.2 VR/AR 技术

随着信息技术的不断发展和普及，虚拟现实（Virtual Reality，VR）和增强现实（Augmented Reality，AR）技术逐渐走入人们的生活中。VR 技术通过数字化技术创造出一个虚拟的三维环境，让人们可以沉浸在其中；而 AR 技术则是将虚拟的数字信息与真实世界相结合，为人们带来了全新的感知和体验。下面将就 VR/AR 技术的优势以及其未来展望进行阐述，同时探讨如何将该技术融合到配网带电作业机器人中，参与带电搭接引线、剪断引线、接地环作业，以及如何通过多次实际作业，让机器人采集各种实际场景并自主学习适应各种场景，更好地完成各项作业任务。

1. VR/AR 技术的优势

（1）提高效率和减少成本。VR/AR 技术的最大优势之一就是可以大大提高工作效率。比如，在实际生产过程中，工人需要进行复杂的工艺操作，通过 VR/AR 技术可以将相关的工艺数据和信息数字化，并通过虚拟现实技术呈现给工人，使工人能够更加清晰地了解工艺的流程和步骤。这样可以提高工人的工作效率，并降低生产成本。

（2）降低风险。VR/AR 技术可以模拟各种危险环境，让人们在不受伤害的情况下体验到真实的环境。比如，在军事演练、飞行模拟、危险化学品操作等领域，VR/AR 技术都可以起到减少事故和风险的作用。

（3）提升用户体验。VR/AR 技术可以创造出丰富的、虚拟的三维环境，这样可以大大提升用户的体验感和沉浸感。比如，在电子游戏、电影、广告等领域，VR/AR 技术可以为用户带来全新的视觉和听觉感受。

2. VR/AR 技术的未来展望

VR/AR 技术已经在各个领域得到广泛应用，其未来发展前景非常广阔。

（1）VR/AR 技术将成为教育和培训的重要工具。VR/AR 技术可以为学生和工人提供沉浸式的学习和培训体验，比如医学、工程、建筑等领域，学生和工人可以通过 VR/AR 技术进行模拟实验和工程操作，以提高其技能和经验。同时，VR/AR 技术还可以创造出虚拟的教室和讲堂，为全球范围内的学生提供远程教育和在线学习的机会。

（2）VR/AR 技术将成为旅游和文化领域的重要推动力。VR/AR 技术将历史文化、自然景观等进行数字化和虚拟化，为游客提供沉浸式的旅游和文化体验。比如，通过 VR/AR 技术可以将世界各地的博物馆、历史古迹等进行数字化展示，让游客可以在不同的时间和空间进行虚拟旅行和文化体验。

（3）VR/AR 技术将成为社交和娱乐的新形式。VR/AR 技术可以创造出虚拟的社交和娱乐环境，让人们可以在虚拟世界中交流和互动。比如，通过 VR/AR 技术可以创建虚拟的聊天室、游戏房间、音乐会等，让人们可以在虚拟环境中进行社交和娱乐，如图 1-18 所示。

3. 将 VR/AR 技术融合到配网带电作业机器人中

随着科技的不断进步，越来越多的行业开始将 VR/AR 技术应用于实际生产和作业中。在配网带电作业机器人领域，VR/AR 技术也可以发挥重要的作用。比如，在带电搭接引线、剪断引线、接地环作业等领域，配网带电作业机器人需要进行复杂的操作，而这些操作都需要高度的技能和经验。通过将 VR/AR 技术融合到配网带电作业机器人中，可以为机器人提供数字化的数据和信息，让机器人能够更加清晰地了解作业的流程和步骤，提高其作业

图 1-18 利用 VR/AR 技术在虚拟环境中进行社交和娱乐

效率和准确性。同时，通过 VR/AR 技术可以模拟各种危险环境，让机器人在不受伤害的情况下进行模拟作业和培训，提高其工作安全性和稳定性。此外，通过多次作业机器人采集各种实际场景并自主学习适应各种场景，也可以让机器人逐渐具备更高的智能和自主性，更好地完成各项作业任务。

VR/AR 技术作为一种新兴的数字化技术，已经开始在各个领域得到广泛的应用和推广。无论是在教育、旅游、社交、娱乐等领域，还是在工业、建筑、医学等领域，VR/AR 技术都可以为人们带来全新的体验和机遇。而在配网带电作业机器人领域，VR/AR 技术的应用也将为机器人作业提供更加安全、高效、智能的解决方案。随着科技的不断进步和发展，VR/AR 技术的应用将会越来越广泛，为人们创造出更加美好、智能、便捷的生活和工作体验。

1.5.3 5G 技术的应用扩展

5G 技术是一种新兴的无线通信技术，它是第五代移动通信技术的简称，是在 4G 技术的基础上发展而来的。5G 技术以其更高的传输速度、更低的延迟和更强的稳定性等特点受到了广泛关注和热议。目前，5G 技术已经开始在各个领域得到应用，如智慧城市、自动驾驶、工业物联网、医疗健康等领域，它正在逐步改变人们的生产和生活方式。

本书将以 5G 技术的应用扩展为主线，分析该技术的优势和未来发展趋势，并探讨如何将 5G 技术应用于配网带电作业机器人，提高其作业效率和安全性。

1. 5G 技术的优势

（1）更高的传输速度。5G 技术的传输速度相比 4G 有了极大的提升，理论上 5G 的峰值传输速度可以达到 20Gbit/s，比 4G 的峰值速度提高了近百倍。这意味着人们可以更快地获取和传输数据，加速信息交流和共享，为各个领域的数字化转型和升级提供强有力的支撑。

（2）更低的延迟。5G 技术的延迟比 4G 更低，理论上可以做到 1ms 以下，这意味着 5G

技术可以实现实时的数据传输和响应，使得人们可以更快地获取和处理数据，提高了各种应用场景的效率和精度。

（3）更强的稳定性。5G 技术的信号稳定性比 4G 更好，尤其是在高速移动和高密度人口区域，5G 技术可以更好地保证信号的稳定和可靠性，避免了网络拥塞和信号干扰的问题。

（4）更广的覆盖范围。5G 技术的覆盖范围比 4G 更广，能够覆盖更多的地区和人群，为各个行业的数字化转型和升级提供更加广阔的空间和机遇。

2. 5G 技术的未来发展趋势

智慧城市是指基于物联网技术构建的智能化城市系统，它通过各种传感器、设备和数据平台实现了城市的智能化和数字化。5G 技术除了上述应用，5G 技术还可以被广泛应用于智能制造领域。制造业是各国经济的重要组成部分，通过将 5G 技术融入制造业中，可以大幅提高生产效率、降低成本，同时还可以实现工业自动化、智能化生产。比如在汽车生产中，5G 技术可以实现车间自动化生产，通过实时传输数据，能够对生产过程进行实时监控、追踪和控制，从而提高生产效率和品质。

未来，随着 5G 技术的不断普及和应用，其带来的优势也将得到更加广泛的发挥和深入的应用。同时，也有一些潜在的问题和挑战需要我们面对和解决，比如安全和隐私问题、网络基础设施建设、技术标准等。

5G 技术还可以被应用于各种物联网场景，如智能家居、智能城市、智能交通等。在智能城市中，5G 技术可以实现智能交通、智慧公共服务、智慧环保等各种场景，进一步提升城市的管理和服务水平。图 1-19 所示为 5G 技术应用于天津港。5G 技术助力天津港打造智慧、绿色的世界一流港口，天津联通携手天津港匠心打造 5G 智慧港口。

图 1-19　5G 技术应用于天津港

同时，5G 技术还可以被应用于各种新型应用场景，如增强现实、虚拟现实、云游戏等。通过 5G 网络的高速和低时延，可以实现更加流畅、更加逼真的增强现实和虚拟现实体验，让用户享受到更加真实的感受和体验。在云游戏中，5G 技术可以实现游戏流畅的运行和高清画质的呈现，大幅提升游戏体验和娱乐性。

未来，5G 技术还有很多的应用场景和应用方式等待人们去探索和发掘。同时，5G 技术的快速发展也面临一些挑战，比如网络安全问题、设备兼容性问题、网络基础设施建设等。因此，需要不断加强技术研发、推动产业协作，共同推动 5G 技术的健康发展。

3. 将 5G 技术融合到配网带电作业机器人中

近年来，5G 技术的快速发展，给各行各业带来了巨大的变革。尤其是在配网带电作业机器人方面，5G 技术的应用能够大大提高机器人的性能和效率，在搭接、断线、接地环等作业过程中发挥重要作用。

（1）5G 技术能够实现机器人与监控室之间的实时通信。在传统的配网带电作业机器人中，由于受到网络带宽的限制，机器人与监控室之间的通信往往存在延迟和不稳定的情况。而 5G 技术的出现，能够为配网带电作业机器人提供更加高效、稳定的通信网络，使得机器人与监控室之间的数据传输实现了实时化，能够大大提高机器人的性能和效率。

（2）5G 技术能够实现机器人的远程操作。在传统的配网带电作业机器人中，机器人的操作往往需要由专业人员亲自前往现场进行。但是，有些危险的作业环境，比如高温、高压、高辐射等，人类无法承受，这时候就需要借助配网带电作业机器人。而 5G 技术的应用，则能够实现机器人的远程操作，专业人员只需要在监控室内通过遥控器即可对机器人进行操作，大大降低了人身安全风险。

（3）5G 技术还能够为配网带电作业机器人提供更加全面、精准的数据支持。在带电作业过程中，机器人需要对现场的环境、设备、电流等数据进行实时监测和分析。而 5G 技术的高带宽、低延迟的特点，能够实现数据的实时采集、传输和分析，为机器人的精准作业提供了更加全面、精准的数据支持。

总之，5G 技术的应用，不仅能够提高配网带电作业机器人的性能和效率，还能够降低人身安全风险，并为机器人的精准作业提供更加全面、精准的数据支持。未来，随着 5G 技术的不断发展和普及，相信配网带电作业机器人的应用领域还将得到进一步扩展和拓展。

综上所述，5G 技术的应用和发展具有广泛的前景和巨大的潜力。5G 技术的快速发展将推动数字经济的快速崛起，将 5G 技术应用于配网带电作业机器人中，可以为带电作业的安全和效率提供强有力的支持，同时也为智能制造、智慧城市、物联网等领域的发展注入新的动力。

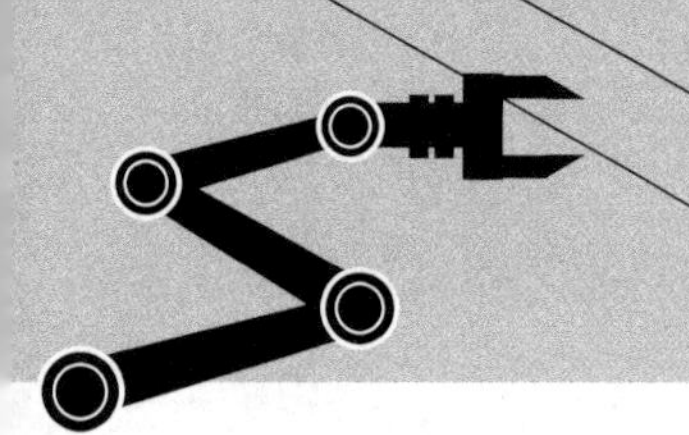

2　配网带电作业机器人系统组成

RJ1200 配网带电作业机器人包含机器人本体和控制终端平板两部分。机器人本体部分主要包含环境感知、视觉算法、机械臂控制、执行器控制、机器人任务等多个功能。控制终端平板实现对本体机器人状态监控、作业任务交互、机器人遥操作等多个功能。

2.1　配网带电作业机器人关键技术

2.1.1　环境感知

1. 三维激光雷达

激光雷达旋转采样，获取当前环境在机器人坐标系中的三维坐标，完成电缆位置、抓取引线位置、电缆剥皮位置等的初步感知。

2. 面阵激光雷达

全固态面阵三维成像，能够精准获取电缆剥皮位置，引线穿线位置等精确数据。

3. 可见光相机

可以实现作业流程的实时监控以及作业内容的视频存储功能。

2.1.2　视觉算法

1. 用户标注处理

用户在三维环境模型中根据算法要求标注相应目标物体，包括引线电缆、带电电缆、电线杆、接线位置等信息。

视觉算法模块根据用户标注信息，生成电缆接线顺序、电缆剥皮位置、引线电缆位置等信息用于后续接线任务。

2. 机器人目标位姿估算

根据三维环境模型、引线电缆位置、带电电缆位置和接线位置，视觉算法计算出接线过程中机器人位姿估算。

3. 机器人当前位姿计算

根据三维环境模型，卫星定位估算出当前机器人相对三维模型的位置。

2.1.3 双臂协同

1. 机械臂运动规划

给定三维环境模型、机器人模型、机械臂模型和机械臂末端目标点位置，运动规划模块规划出机械臂协同移动到目标点的运动轨迹；给定三维环境模型、机器人模型、机械臂模型和机械臂末端遥操作指令，末端遥操作逆求解模块实时计算出末端遥操作指令对应的关节运动指令。

2. 机械臂运动控制

机械臂运动控制模块根据业务需求提供多种机械臂运动控制，包括机械臂末端遥操作，末端目标点用户点动控制，末端目标点连续运动。

3. 碰撞检测

机械臂运动过程中，碰撞检测模块实时检测机械臂是否发生碰撞，检测碰撞后停止机械臂运动。

2.2 配网带电作业机器人系统介绍

2.2.1 机械臂系统

UR10 机械臂作为配网带电作业机器人用操作手臂，机械臂外包一层 PC 材质绝缘防护罩，PC 材质抗冲击能力佳，在提供绝缘能力的同时可提供高抗冲击能力，可有效保护机械臂损伤；绝缘罩内设有走线槽，用于末端执行装置的通信及供电。

2.2.2 激光建模系统

1. 全局建模

通过滑动的三维激光雷达，旋转扫描环境数据，生成点云分割模型图，用户在三维环境模型中根据算法要求标注包括引线电缆、带电电缆、电线杆、接线位置等相应的目标物体信息。

视觉算法模块根据用户标注信息，生成电缆接线顺序、电缆剥皮位置、引线电缆位置等信息，便于识别主线，支线，瓷瓶以及障碍物，为后续接线任务中的抓线流程，局部建模提供作业信息基础。

2. 局部建模

通过固态面阵激光识别主线，支线，生成点云分割模型图，便于精准识别引线电缆、带电电缆等目标物体信息，精确计算出穿线点、挂线点、剥线点，以便完成精准的接线任务。

2.2.3 视觉监控系统

机器人主要搭载视觉类传感器，即可见光相机，可以实现对作业场景的识别和作业流程的实时监控，还可用于收集信息。

可见光相机包括工具库球机和全景监控球机，全景球机监控空中手臂状态，观察机器人操作流程，画面呈现在控制终端箱上，分为左右两个球机。

终端界面支持调整球机的方向、倍率及自动跟踪等功能，可以查看工具取放情况以及抓线情况，还有调整球机方向等功能。

监控的数据存储在 NVR 系统中。

2.2.4 斗位姿跟踪系统

配网带电作业机器人具有实时跟踪机器人斗的功能，在终端平板界面可以实时看到斗位置的变化情况。机器人内置 GPS 组合导航接收机，机器人左右全景球机支架上架设 RTK 定位天线，外出作业时将 GPS 通信基站架设在空旷无干扰的地面，待机器人和 RTK 连接成功后，通过控制斗臂车将机器人送至可作业的线路前。通过三相建模后，定位到机器人可作业的位置，然后摇操车辆斗臂，将机器人微调至合适的作业位置，从粗调至精调的过程中，GPS 在实时处理机器人的位置变化量，通过终端 GUI 界面的估值参数提醒作业人员机器人是否达到作业位置。

2.2.5 执行机构系统

末端执行工具安装在绝缘杆末端，通过绝缘杆上的电机驱动提供动力，实现剥线、支线抓取、线夹锁紧等动作。

（1）绝缘杆电机控制。执行器连接到绝缘杆后，通过绝缘杆电机的正转和反转控制执行器行为。

（2）电缆剥皮执行器。剥线器连接到绝缘杆，通过绝缘杆电机正转使剥线器在电缆上闭合，刀具转动从而实现剥线操作；通过绝缘杆电机反转，实现剥线器在电缆上张开。

（3）电缆抓取执行器。螺旋夹线器连接到绝缘杆。通过绝缘杆电机正转或反转，使夹线器收紧或松开从而实现引线的灵活抓取。

（4）电缆接线线夹执行器。电缆接线线夹执行器连接到绝缘杆后，通过绝缘杆电机的正转来实现接线线夹紧固。

2.2.6 通信系统

RJ1200 配网带电作业机器人通信方式分为有线和无线两种，机器人内部通过有线的方式通信，外部通过无线的方式通信。在终端平板和机器人本体内部装有无线接入点（Access

Point，AP），实现手持终端远程控制机器人完成三相全流程作业的功能。

2.2.7 绝缘系统

RJ1200 配网带电作业机器人具有安全可靠、双臂和绝缘杆绝缘、抗外界强电磁干扰能力强的特点，可以替代人工在恶劣场景下进行 10kV 带电作业。机械臂双臂作为机器人执行工器具的承托构件，其外围安装 PC 材质绝缘防护罩，其主绝缘可达 1min 耐受电压 45kV。绝缘杆绝缘，其辅助绝缘可达 3min 耐受电压 20kV。同时机器人本体外壳多采用绝缘外壳，在多重绝缘保护下确保机器人电气绝缘。

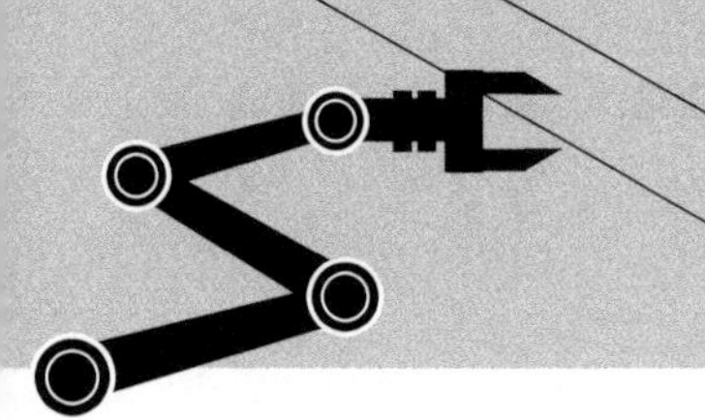

3 配网带电作业机器人的安装

3.1 配网带电作业机器人硬件介绍

3.1.1 工器具介绍

机器人作业工器具主要用于绝缘杆末端安装，通过不同的工具类型来完成不同场景类型的带电作业。

1. 螺旋夹线器

螺旋夹线器主要应用场景为10kV带电接引流线，其用途是通过配网带电作业机器人机械臂驱动丝杆推动夹爪移动来抓取引线线缆。螺旋夹线器夹线场景如图3-1所示。

图3-1 螺旋夹线器夹线场景

螺旋夹线器实物和结构分别如图3-2和图3-3所示。

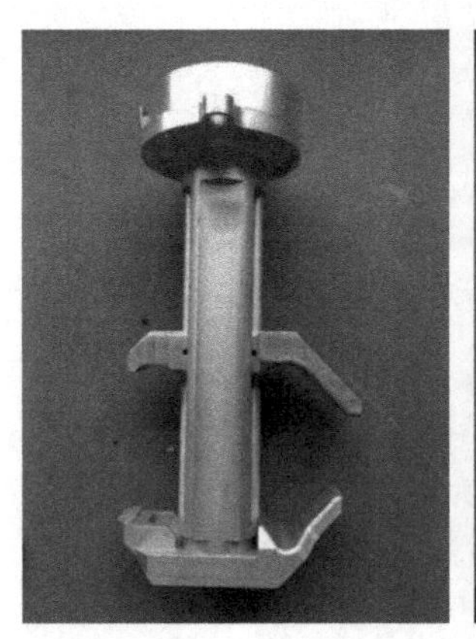

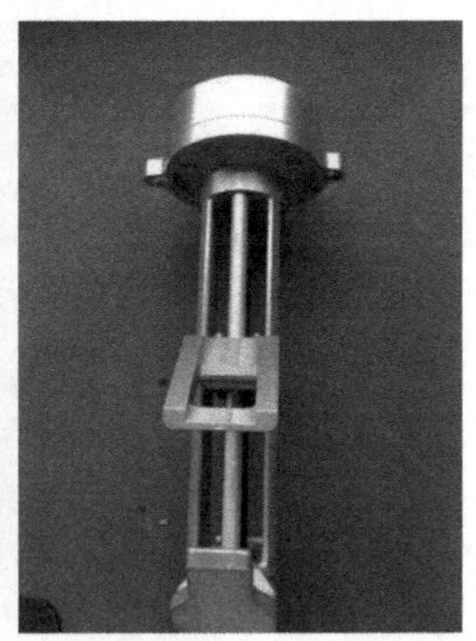

图3-2 螺旋夹线器实物

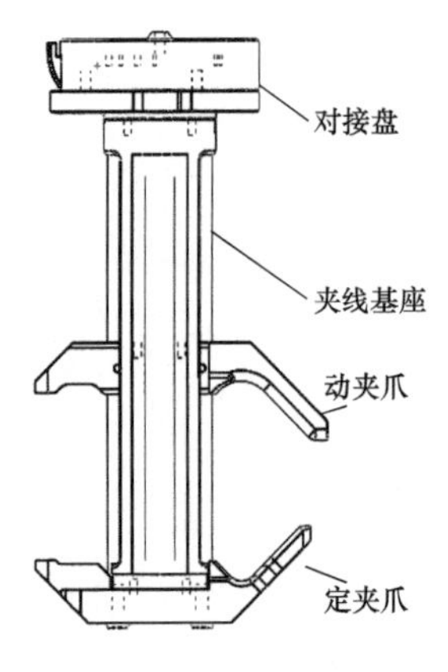

图3-3 螺旋夹线器结构

螺旋夹线器详细参数如下。

（1）组成：对接盘、夹线基座、丝杆、动夹爪、定夹爪。

（2）外观尺寸：228mm × 111mm × 39mm。

（3）重量：1.0kg。

（4）材料：AL7075 铝合金。

（5）夹爪行程：127mm。

（6）作业方式：通过驱动丝杆推动夹爪移动来抓取线缆。

2. 智能剥线器

智能剥线器主要应用于10kV带电接引流线场景，其主要功能是配合配网带电作业机器人对输电线路主线电缆剥皮作业。智能剥线器剥线场景如图3-4所示。

图3-4　智能剥线器剥线场景

智能剥线器实物和结构分别如图3-5和图3-6所示。

图3-5　智能剥线器实物

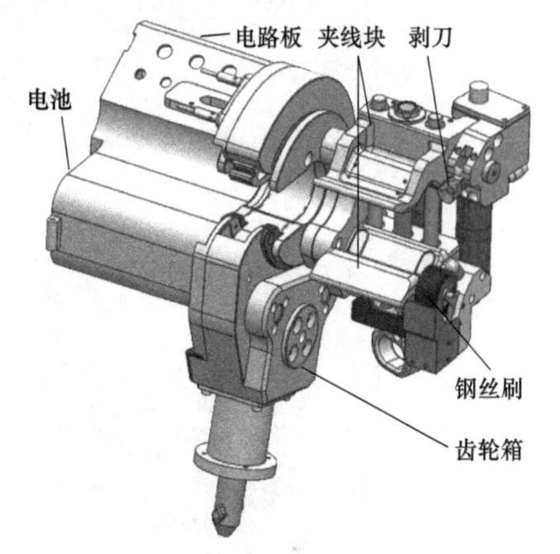

图3-6　智能剥线器结构

智能剥线器产品详细参数如下。

（1）外观尺寸：250mm×250mm×150mm。

（2）重量：3.5kg。

（3）适用主导线截面范围：包含95～240mm^2。

（4）剥皮速度：不小于1.0cm/min。

（5）续航时间：独立电源供电时不小于2h。

（6）主要材料：铝。

（7）剥线器刀片材料：不锈钢，抗锈能力好，其强度及锋利性甚于ATS-34，含铬量高达16%～18%。

3. 并沟线夹工具

线夹工具应用于10kV带电作业接引线场景，其作业方式通过配网带电作业机器人驱动齿轮带动线夹螺杆转动，从而紧固装在线夹工具上的线夹，通过齿轮反转带动卡销从线夹槽回退，从而使线夹紧固后脱离线夹工具。线夹工具和安装线夹实物分别如图 3-7 和图 3-8 所示，线夹工具结构如图 3-9 所示。

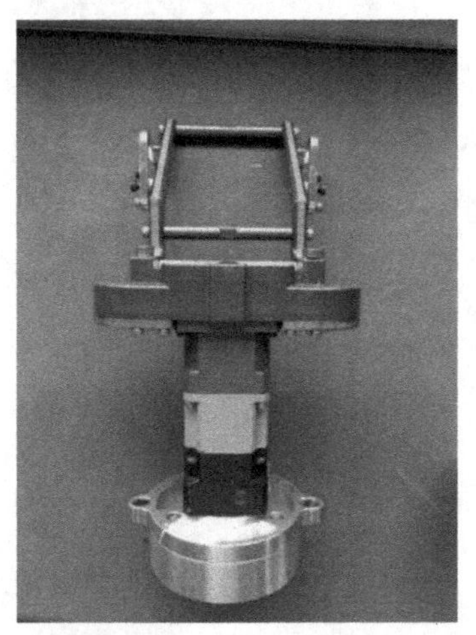
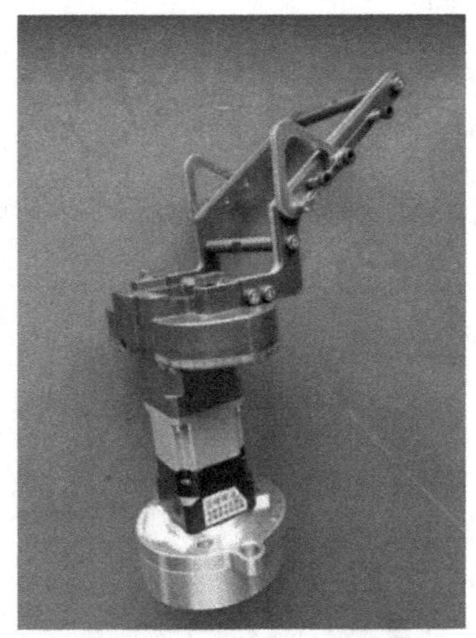

图 3-7　线夹工具实物

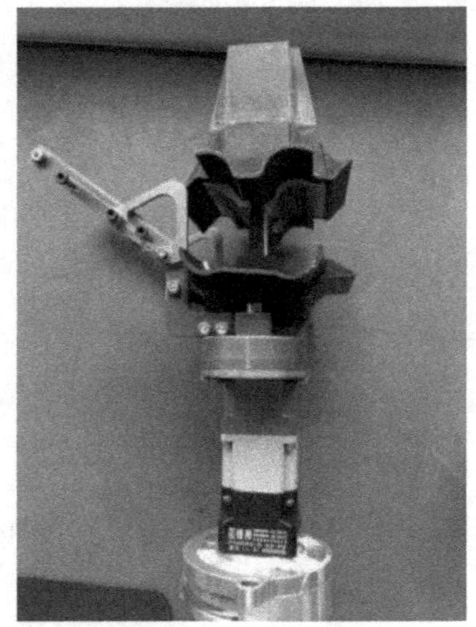

图 3-8　安装线夹实物

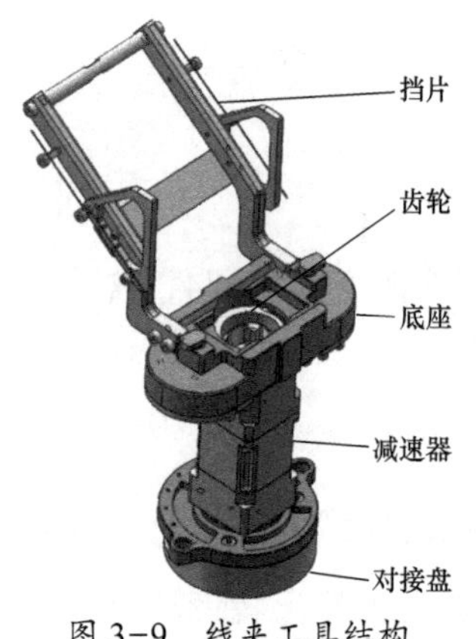

图 3-9　线夹工具结构

线夹工具详细参数如下。

（1）外观尺寸：247mm × 156mm × 134mm。

（2）重量：1.5kg。

（3）材料：AL7075 铝合金。

（4）卡销回转角度：90°。

（5）减速比：5。

4. 简易接地环工具

简易接地环工具应用于 10kV 带电作业接地环挂接场景，

其作业方式通过配网带电作业机器人驱动齿轮带动线夹螺杆转动，从而紧固装在简易接地环工具上的接地环，通过齿轮反转带动插销从线夹槽回退，从而使接地环紧固后脱离简易接地环工具。简易接地环工具实物和安装接地环实物分别如图 3-10 和图 3-11 所示，简易接地环工具结构如图 3-12 所示。

图 3-10 简易接地环工具实物

图 3-11 安装接地环实物

简易接地环工具详细参数如下。

（1）外观尺寸：260mm × 232mm × 135mm。

（2）重量：3.1kg。

（3）材料：AL7075 铝合金。

（4）插销行程：30mm。

（5）减速比：2.25。

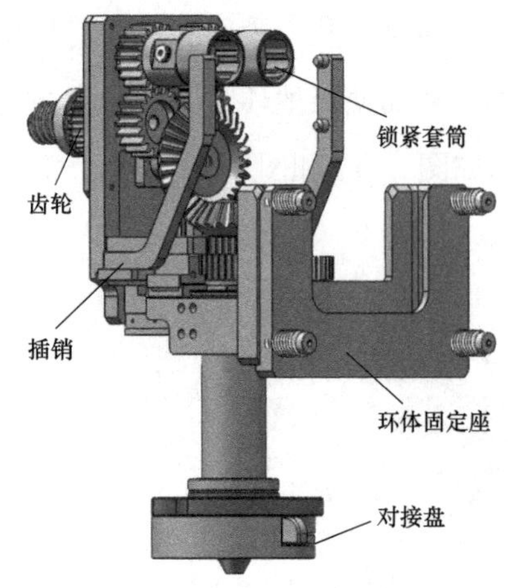

图 3-12　简易接地环工具结构

5. 竖刀断线器工具

行星丝杆竖刀断线器应用于10kV带电作业段引流线场景，其作业方式通过配网带电作业机器人驱动齿轮带动行星丝杆转动，从而带动剪切刀运动，实现断引流线作业。同时，剪切刀带动夹持组件运动，从而实现断线同时夹持线缆的动作。行星丝杆竖刀断线器工具结构如图3-13所示。

行星丝杆竖刀断线器工具参数如下。

（1）外观尺寸：138mm × 116mm × 340mm。

（2）重量：3.55kg。

（3）材料：AL7075铝合金；Cr12MoV钢材。

（4）剪切线径：50～240mm²（铝绞线，不支持钢芯线）。

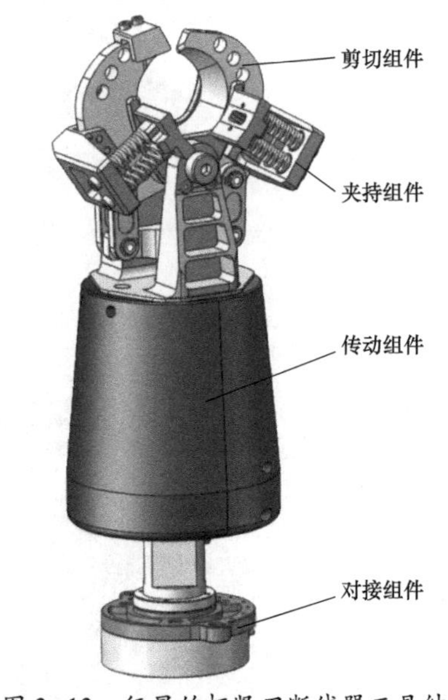

图 3-13　行星丝杆竖刀断线器工具结构

6. 横刀断线器工具

行星丝杆横刀断线器应用于10kV带电作业段引流线场景，其作业方式通过配网带电作业机器人驱动齿轮带动行星丝杆转动，从而带动剪切刀运动，实现断引流线作业。同时，剪切刀带动夹持组件运动，从而实现断线同时夹持线缆的动作。行星丝杆横刀断线器工具结构如图3-14所示。

行星丝杆横刀断线器工具产品详细参数如下。

（1）外观尺寸：275mm × 142mm × 206mm。

（2）重量：3.9kg。

（3）材料：AL7075铝合金；Cr12MoV钢材。

（4）剪切线径：50～240mm²（铝绞线，不支持钢芯线）。

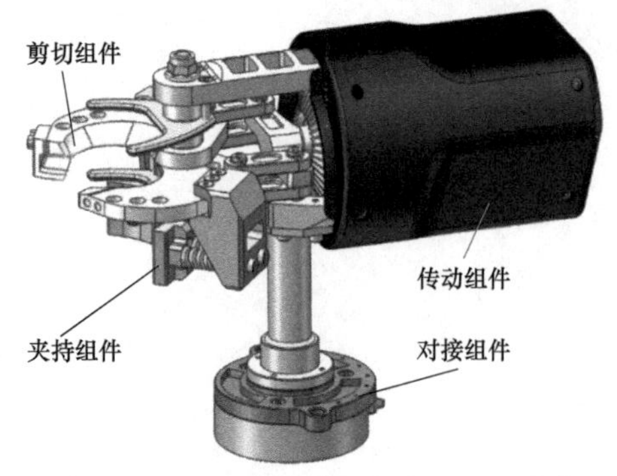

图 3-14　行星丝杆横刀断线器工具结构

7. 固定式风力驱鸟器安装工具

应用于10kV杆塔横担角钢上安装固定式驱鸟器场景，其作业方式是通过配网带电作业机器人驱动齿轮带动压杆抱紧角钢，驱鸟器凹槽口进入角钢后，套筒转动，从而紧固装在驱鸟器安装工具的止动螺钉直至断裂螺母薄弱处断裂，最后齿轮反转带动压杆脱离角钢，从而使驱鸟器安装完成后脱离驱鸟器安装工具。固定式驱鸟器工具实物和安装驱鸟器实物分别如图 3-15 和图 3-16 所示，固定式驱鸟器工具结构如图 3-17 所示。

图 3-15 固定式驱鸟器工具实物

图 3-16 安装驱鸟器实物

固定式驱鸟器产品详细参数如下。

（1）外观尺寸：360mm × 150mm × 260mm。

（2）重量：4kg。

（3）材料：AL7075 铝合金。

（4）压杆行程：70mm。

（5）可输出拧紧力矩：8N · m。

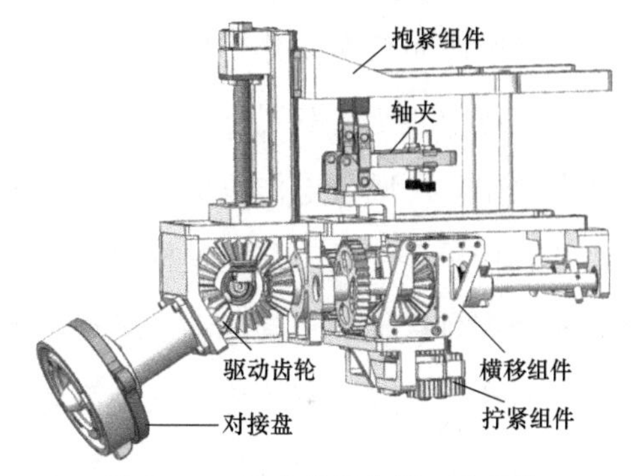

图 3-17 固定式驱鸟器工具结构

8. 故障指示器安装工具

故障指示器安装工具应用于 10kV 带电作业故障指示器安装作业场景，其作业方式是将故障指示器按压放置于安装工具内，手动推动两端固定侧板向中间运动，将故障指示器固定于安装工具中。配网带电作业机器人一只手臂通过夹线器抓紧需安装的架空线缆，另一只手臂将故障指示器安装工具推向线缆，故障指示器安装工具受压，使故障指示器安装于线缆上。配网带电作业机器人驱动故障指示器传动轴传动，驱动两侧固定侧板向外张开，配网带电作业机器人驱动手臂往回撤离，完成故障指示器安装工具脱离，将另一手臂夹线器松开，完成整个故障指示器安装工具安装作业任务。故障指示器工具实物和结构分别如图 3-18 和图 3-19 所示。

故障指示器工具产品详细参数如下。

（1）外观尺寸：120mm × 70mm × 330mm。

（2）重量：2.4kg。

（3）材料：AL7075 铝合金。

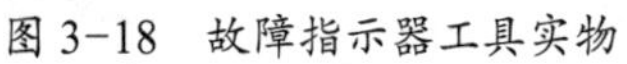
图 3-18　故障指示器工具实物

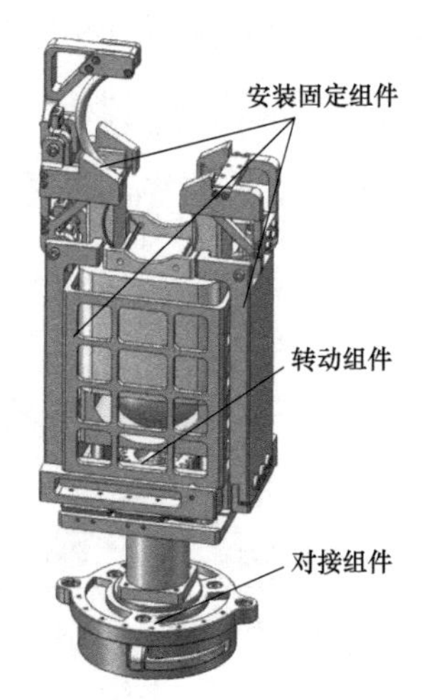

图 3-19　故障指示器工具结构

9. 穿刺接地环工具

穿刺接地环工具应用于 10kV 带电作业故障指示器安装作业场景，其作业方式是将穿刺接地环按压放置于安装工具内，手动推动两端固定侧板向中间运动，将穿刺接地环固定于安装工具中。配网带电作业机器人一只手臂通过夹线器抓紧需安装的架空线缆，另一只手臂将穿刺接地环工具安装工具推向线缆，使线缆卡在穿刺接地环工具上。配网带电作业机器人驱动穿刺接地环工具传动，驱动两侧固定侧板向外张开，配网带电作业机器人驱动手臂往回撤离，完成穿刺接地环安装工具脱离，安装工具安装作业任务。穿刺接地环工具示意和结构分别如图 3-20 和图 3-21 所示。

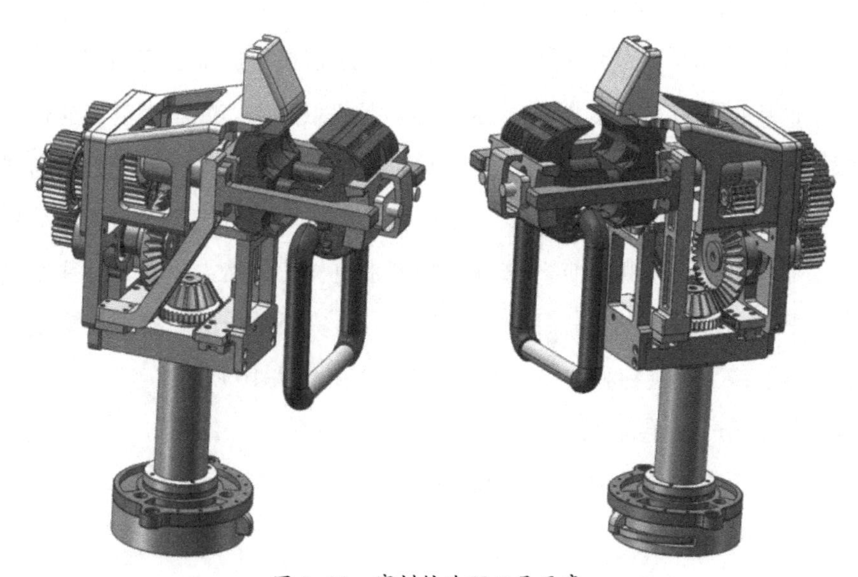
图 3-20　穿刺接地环工具示意

穿刺接地环工具详细参数如下。

（1）外观尺寸：235mm × 105mm × 320mm。

（2）重量：2.4kg。

（3）材料：AL7075 铝合金。

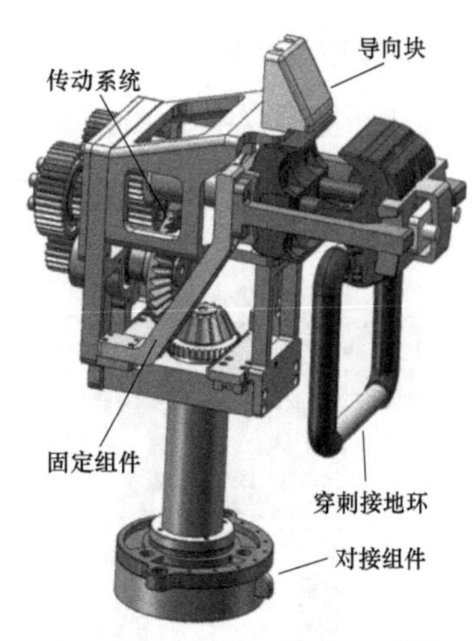

图 3-21 穿刺接地环工具结构

10. 并沟线夹耗材

并沟线夹主要应用于 10kV 带电接引线场景，配合配网带电作业机器人使用。并沟线夹耗材实物和结构分别如图 3-22 和图 3-23 所示。

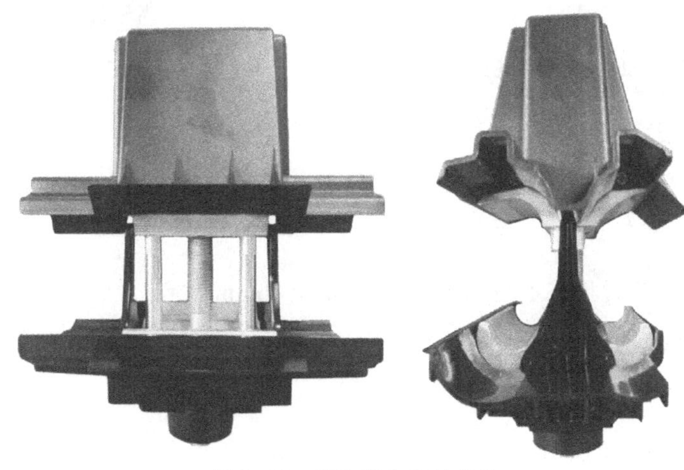
图 3-22 并沟线夹耗材实物

并沟线夹耗材详细参数如下。

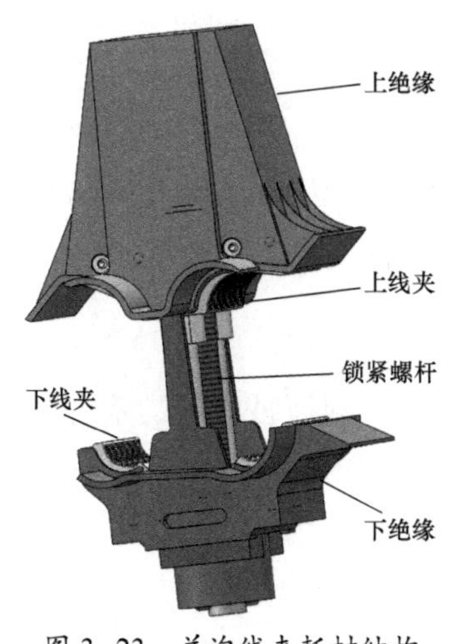

图 3-23 并沟线夹耗材结构

（1）线夹组成：上线夹、下线夹、上绝缘、下绝缘、锁紧螺杆、锁紧螺母等。

（2）外观尺寸（锁紧状态）：139mm × 120mm × 127mm。

（3）重量：0.6kg。

（4）材料：AL6061 铝合金材质。

（5）外壳材料：UPE（黑）。

（6）螺杆行程：47mm。

（7）适用线缆规格：支线 50～150mm^2，主线 120～240mm^2。

（8）锁紧力矩：45N · m。

11. 接地环耗材

接地环主要应用于10kV带电接引线场景，配合配网带电作业机器人使用。接地环耗材实物和结构分别如图3-24和图3-25所示。

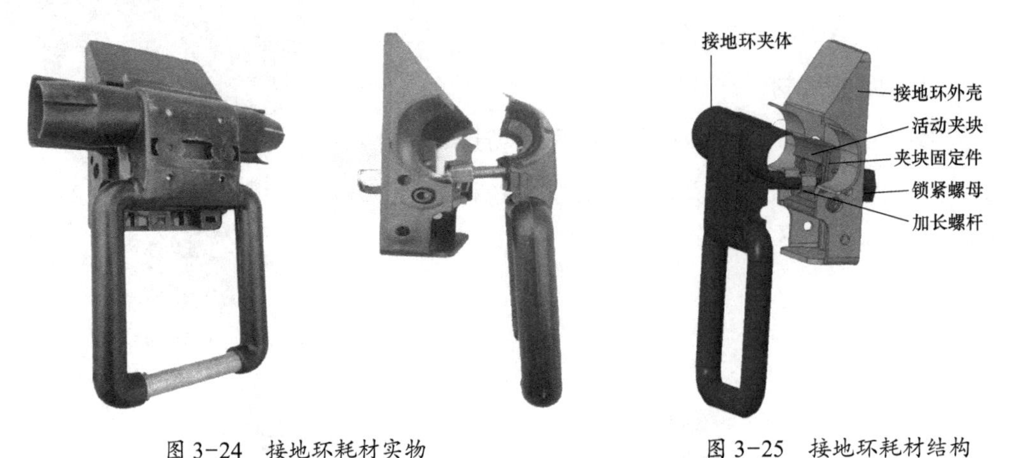

图3-24　接地环耗材实物　　图3-25　接地环耗材结构

接地环耗材详细参数如下。

（1）接地环组成：接地环夹体、接地环外壳、活动夹块、夹块固定件、加长螺杆、锁紧螺母等。

（2）外观尺寸（锁紧状态）：230mm×150mm×60mm。

（3）重量：0.45kg。

（4）材料：铝合金材质。

（5）外壳材料：PC（黑）。

（6）螺杆行程：40mm。

（7）适用线缆规格：70～240mm^{2}线缆。

（8）锁紧力矩：20N·m。

12. 固定式驱鸟器耗材

固定式风力驱鸟器主要应用于10kV杆塔角钢安装驱鸟器场景，配合配网带电作业机器人使用。固定式驱鸟器耗材实物和结构分别如图3-26和图3-27所示。

固定式驱鸟器耗材详细参数如下。

（1）安装耗材组成：固定式风力驱鸟器、内六角止动螺钉、金属嵌件螺母、铝合金断裂螺母等。

（2）外观尺寸：170mm×154mm×294mm。

（3）重量：0.5kg。

（4）材料：铸铁材质。

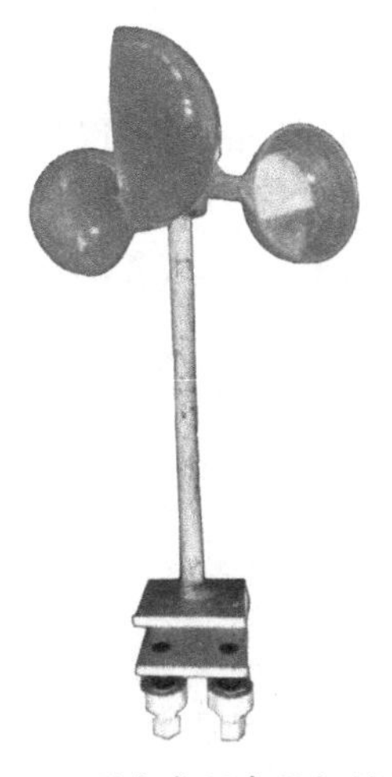

图 3-26 固定式驱鸟器耗材实物

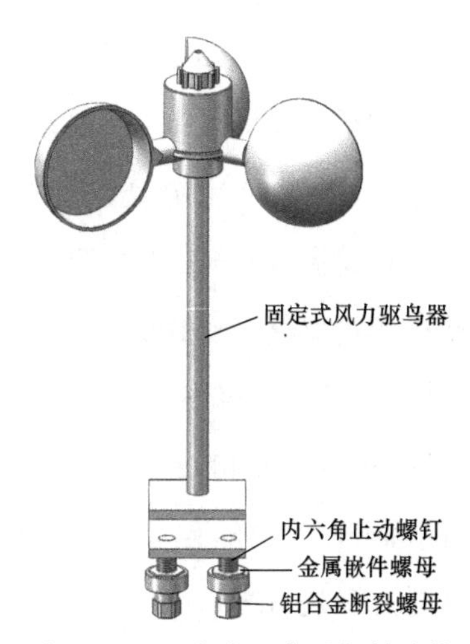

图 3-27 固定式驱鸟器耗材结构

（5）断裂落母断裂扭矩：6N·m。

（6）金属嵌件螺母旋入力矩：2N·m。

13. 故障指示器耗材

TQ-J4 故障指示器主要应用于 10kV 线路带电安装故障指示器场景中，其主要功能是可根据安装在线路的不同位置能判断出故障根源所处的区间段。TQ-J4 故障指示器实物如图 3-28 所示。

图 3-28 TQ-J4 故障指示器实物

（1）TQ-J4 故障指示器的优点。

1）故障指示：正常运行时，窗口为白色显示；发生短路、接地故障时，窗口为红色显示，白天翻牌、晚上发光。

2）在线运行：直接安装在线路上，免维护。

3）抗干扰强：信号不受线路、励磁涌流、高次谐波、电流波动、电缆分布电容旁路的影响。

4）自动复位：动作翻牌后，按设定时间自动复位或来电冲击复位（减少维护人员劳动力）。

5）带电装卸：带电装卸极其简单，不影响线路运行。

（2）TQ-J4 故障指示器详细参数。

1）适用电压等级：110kV≥U≥6kV。

2）适用导线电流：I≤1000A。

3）适用频率：50Hz。

4）适用导线线径：25mm^2≤d≤500mm^2（架空裸导线、架空绝缘线）。

5）动作响应时间：0.02s≤T≤3s。

6）静态功耗：≤0.5μW（产品动作过后基本零功耗，保证产品使用寿命）。

7）动作复位时间：上电复位 +24h 复位。

8）使用环境温度：−35℃≤T≤+75℃。

9）使用环境湿度：＜100%。

10）动作次数：≥6000 次。

11）产品重量：≤400g。

12）使用寿命：≥8 年。

13）防护等级：IP67。

14）抗震能力：地面水平加速 0.3g，垂直加速 0.15g，同时作用 3 个正弦波安全系数 1.67。

15）污秽等级：Ⅳ级。

16）耐受短路电流能力：40kA/2s。

17）显示方式：翻牌和闪光显示 360 度范围内均可。

18）工作电源：3.3V/2.8A·h。

19）海拔：＜3km。

14. 穿刺接地环耗材

穿刺接地环应用于 10kV 带电作业故障指示器安装作业场景，其作业方式是将主线安装至穿刺线夹内部，不需要进行剥线操作。穿刺接地环耗材示意和结构分别如图 3−29 和图 3−30 所示。

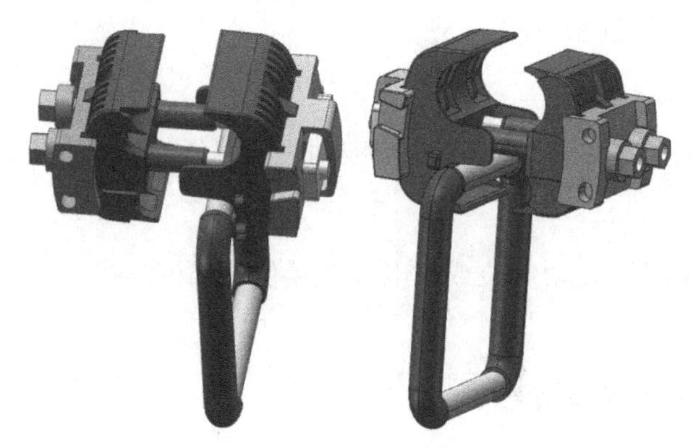

图 3−29 穿刺接地环耗材示意

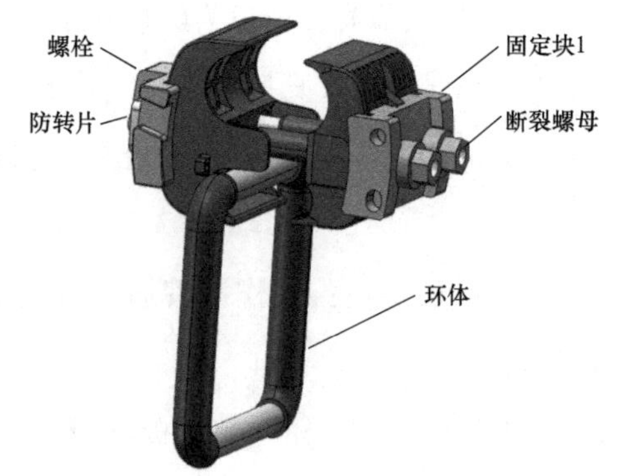

图 3−30 穿刺接地环耗材结构

穿刺接地环耗材详细参数如下。

（1）外观尺寸：105mm×165mm×133mm。

（2）重量：0.7kg。

（3）材料：6061+碳钢等。

3.1.2 机器人本体介绍

机器人本体如图 3-31 所示。

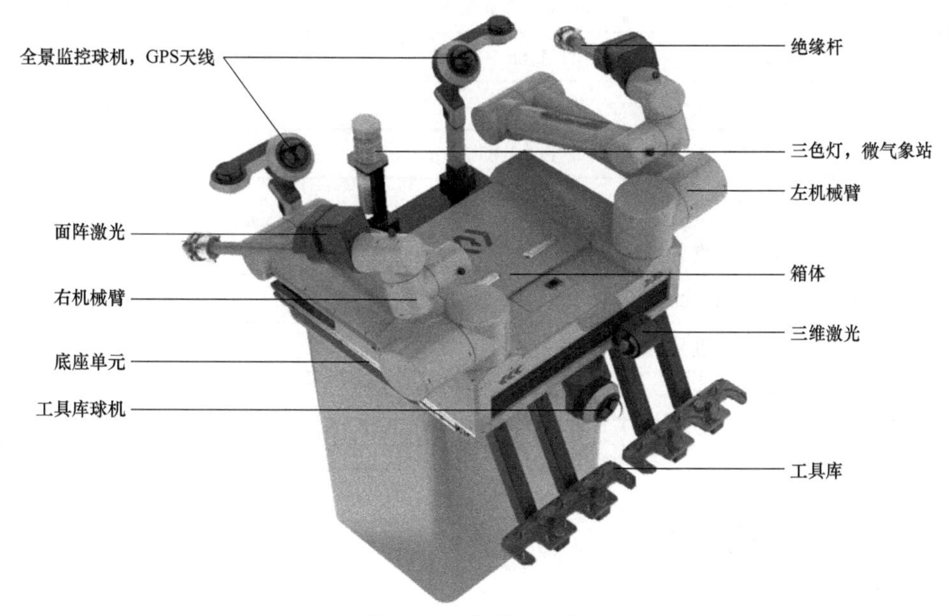

图 3-31 机器人本体

这是一款能在高空输电线路进行带电作业的“特种兵”机器人，能替代人完成高空线路的带电作业。该机器人可通过机械臂抓取、更换不同的工具，以实现在高空完成剥线、抓线，双臂协同穿线等完整操作，主要作业于室外场景，典型工作场景为带电接引线，其核心技术涉及环境感知、视觉算法和人机交互。

与传统人工开展带电作业方式相比，采用机器人作业不仅可以降低作业人员的工作强度，解决人身安全风险，而且全过程实现“一键操作”，可有效提升带电作业质量和效率，降低停电事故，提升供电可靠性。

机器人本体参数见表 3-1。

表 3-1 机器人本体参数

序号	规格	描述
1	设备重量/kg	<150（机器人本体）
2	设备尺寸/mm	1400（*L*）× 1175（*W*）× 1125（*H*）
3	工作温度/℃	0～50
4	工作湿度	5%～95%（无冷凝水）

续表

序号	规格	描述
5	工作风速	小于 5 级
6	供电方式	电池供电
7	内置电池	46.8V（容量 42.9A·h）
8	续航能力	不小于 8h
9	充电方式	外置充电器
10	通信方式	Wi-Fi（2.4G）
11	IP 等级	IP54
12	静电放电抗扰度	4 级
13	射频电磁场辐射抗扰度	3 级
14	工频磁场抗扰度	5 级
15	工频耐压 / kV	主绝缘 45；辅助绝缘 20
16	机械振动	振动要求满足正弦 10Hz～55Hz～10Hz，位移振幅 0.15mm，不通电

3.1.3 机器人附属物品介绍

1. 机器人控制终端

机器人控制终端如图 3-32 所示。

2. RTK 基站

RTK 基站即 GPS 通信基站，包含智能 RTK、天线、支架 3 个部分。通过卫星信号连接机器人，可实时监控机器人目前所处的空间位置。RTK 基站如图 3-33 所示。

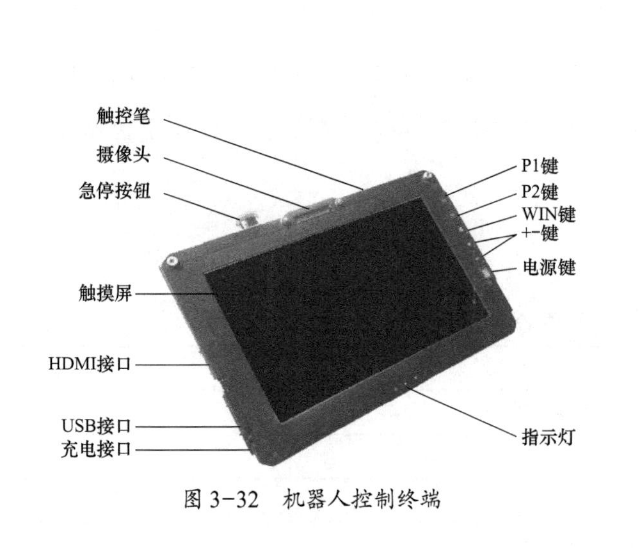

图 3-32 机器人控制终端

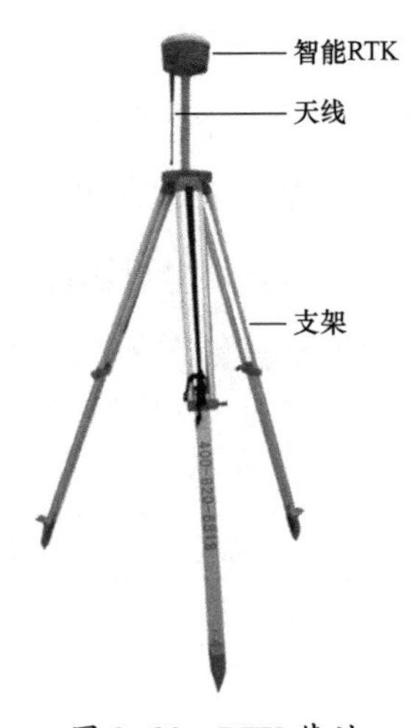

图 3-33 RTK 基站

3.2　配网带电作业机器人的安装操作

3.2.1　机器人与绝缘斗安装

1. 绝缘斗要求

已知适配绝缘斗尺寸见表 3-2。

表 3-2　　已知适配绝缘斗尺寸

品牌	车型	外观尺寸 /mm	沿厚 /mm	适配组件编号
海伦哲	常规双人斗	1290 × 680	32	502909
	5132	1290 × 680	14	502929
	5133/5096	1120 × 813	8	502945
爱知	常规双人斗	1120 × 813	8	502945
	GHN-16（浙江定制双斗）	1120 × 813	20	502908
许继	常规双人斗	1290 × 698	32	502969
	浙江定制双斗	828 × 750	13	502910
	LR-5 无支腿车型	828 × 750	13	负载不足，暂未适配

2. 吊环式安装和拆卸方法

吊环式安装和拆卸示意分别如图 3-34 和图 3-35 所示。

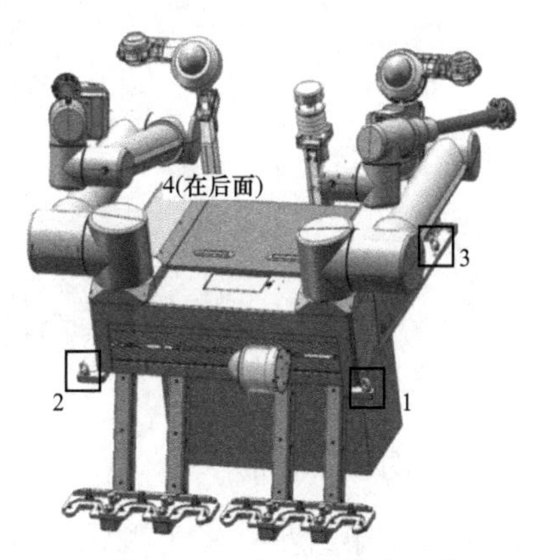

图 3-34　吊环式安装示意

（1）安装第一步：将吊环按图区分左右安装至连接件的对应安装孔（框 1 框 2），将不脱出螺钉拧入支架安装孔，然后直接将组装好的左右部分通过内六角不脱出螺钉直接安装至底板前缘底部。

（2）安装第二步：后部两个吊环直接拧入尾部底板两处 M8 螺纹孔（框 3 框 4）。

（3）拆卸：参照安装步骤倒序执行。

3. 叉车管安装和拆卸方法

叉车管仅在需要使用时安装，使用时需拆除手臂支架。两个叉车管分别装在机器人左右两侧，每侧使用 6 颗 M10 规格内六角螺丝进行固定，其安装和拆卸分别如图 3-36 和图 3-37 所示。

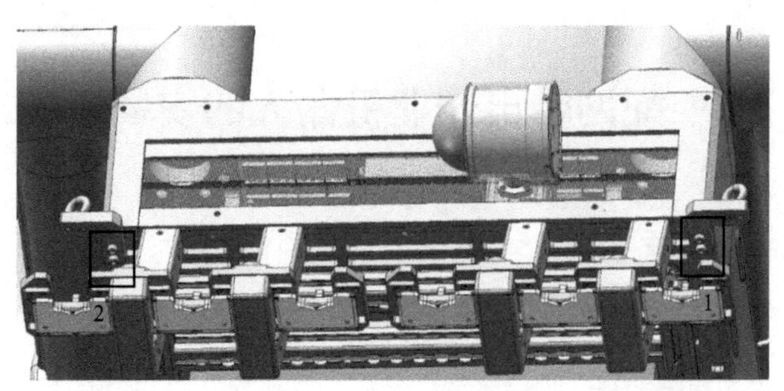

图 3-35 吊环式拆卸示意

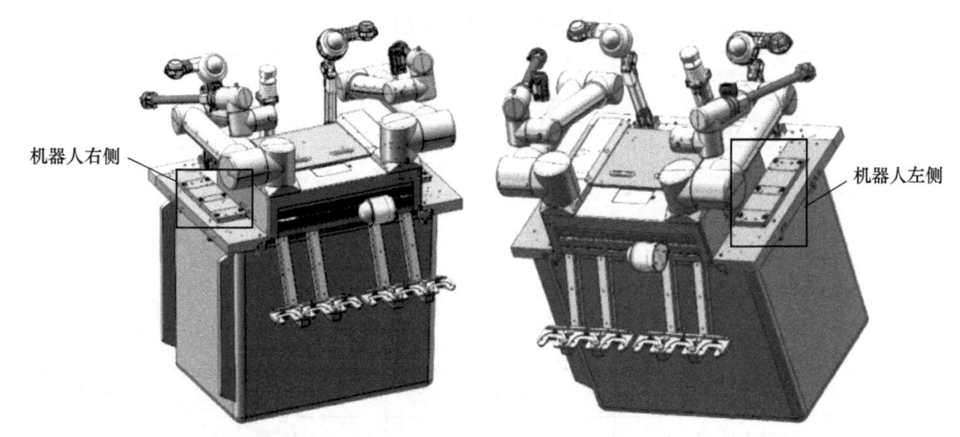

图 3-36 叉车管安装示意

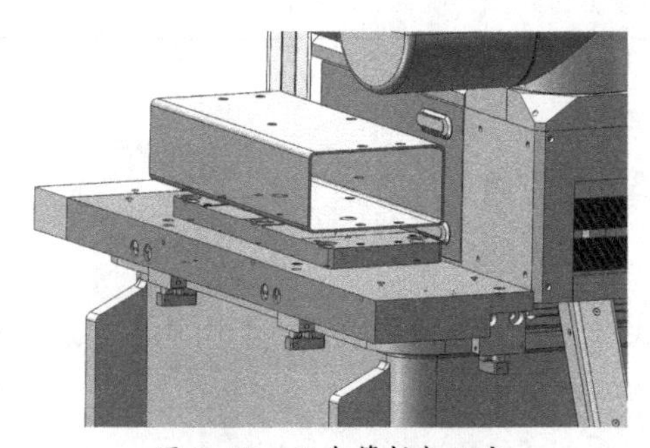

图 3-37 叉车管拆卸示意

拆卸时拆除内六角螺丝即可移除。

4. 机器人装斗说明

机器人使用叉车或吊车放入斗内前应首先将原车绝缘内斗拆除，在绝缘斗上沿处安装好减震垫，再将机器人放入斗内，开始安装紧固件。

（1）安装第一步：使用内六角将顶丝松开，再使用内六角转动顶部丝杆，将 L 型固定件张开。夹块如图 3-38 所示。

（2）安装第二步：将 T 型螺丝放置在过渡边框内，使用套筒扳手将螺母锁紧即可，总计安装 8 个，绝缘斗每边各 2 个。夹块侧面如图 3-39 所示。

（3）安装第三步：使用内六角旋转丝杆，使 L 型固定件紧贴绝缘斗下沿，拧紧顶丝即可完成所有固定动作。

（4）拆卸：参照安装步骤倒序执行。

5. 机器人拆斗说明

参照机器人装斗说明，将手臂返回装箱位置，拆除 8 个紧固件。当选用叉车拆出机器

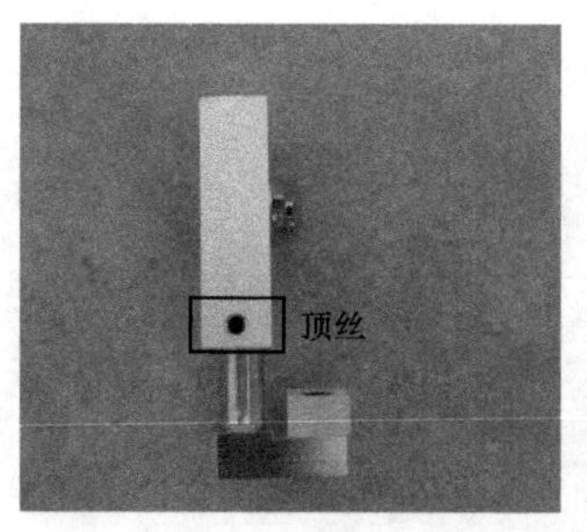

图 3-38　夹块

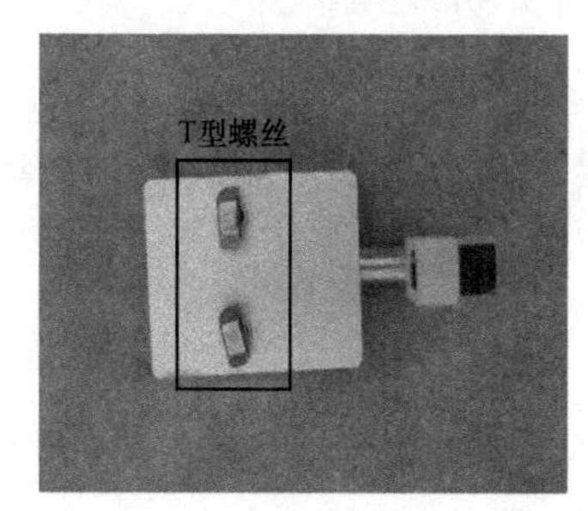

图 3-39　夹块侧面

人时，安装叉车管即可；当选用吊车拆出机器人时，安装吊环即可。

机器人拆出后，将其放入原框架内，整体搬运至仓库内保存，不可将机器人直接放置在地上，否则会损坏机器人配件。

6. 安全提示

机器人装入拆出斗臂车过程若在室外进行，应尽量避免雨雪天气；叉车及吊车为工程车辆，应由专业人员操作；装入拆除前应先和驾驶员沟通描述好工作内容，避免机器人受到损坏，并听从驾驶员指挥。

3.2.2　机器人手臂支撑架安装

手臂支架安装示意如图 3-40 所示。控制机器人机械臂恢复装箱位置，把运输支架按照图示方式分别从机械臂两侧装入，确保不要磕碰，然后把运输支架通过黑色快拆杆与机器人底板拧紧。手臂支架固定螺丝如图 3-41 所示。

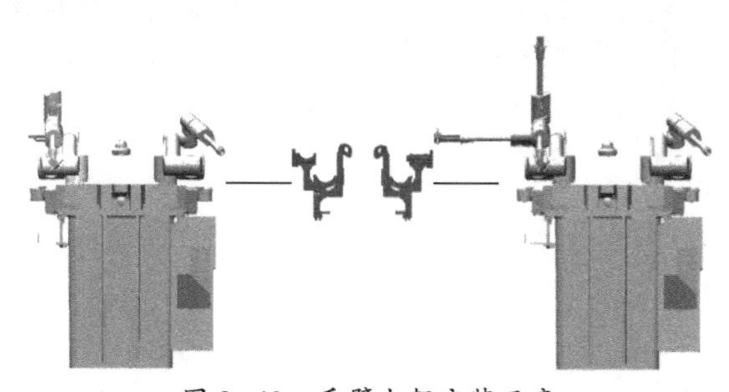

图 3-40　手臂支架安装示意

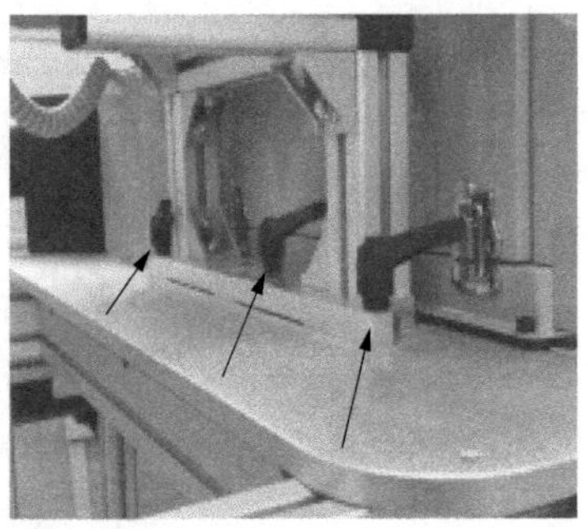

图 3-41　手臂支架固定螺丝

注意： 机器人在安装手臂支架的过程中，需使手臂处于免驱状态，拆除支架则不需要。

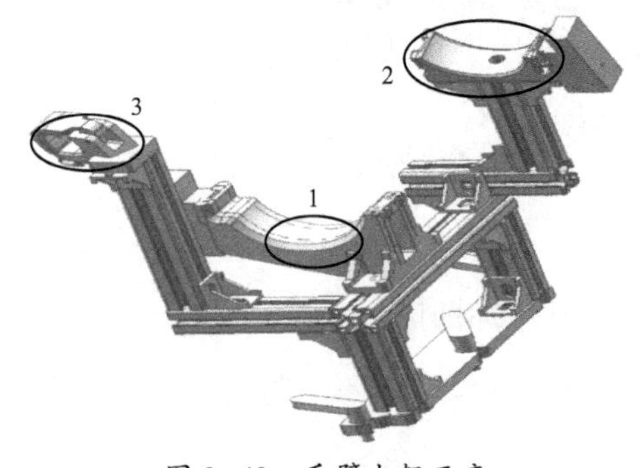

图 3-42　手臂支架示意

控制机器人处于免驱状态，调整机械臂的位置，把机械臂的大臂、小臂和绝缘杆分别放到运输支架的固定端处。手臂支架示意如图 3-42 所示，图中 1、2、3 处分别表示大臂、小臂和绝缘杆放置的位置，到位后，将固定带与卡口固定牢固。

注意： 机器人在运输过程中（包含外出作业），必须安装手臂支架，否则会造成机械臂损坏。

手臂固定方式如图 3-43 所示。图 1、2、3 分别表示大臂、小臂和绝缘杆。

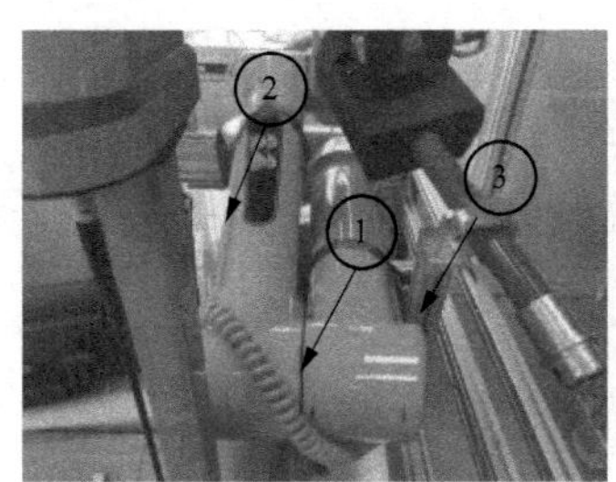

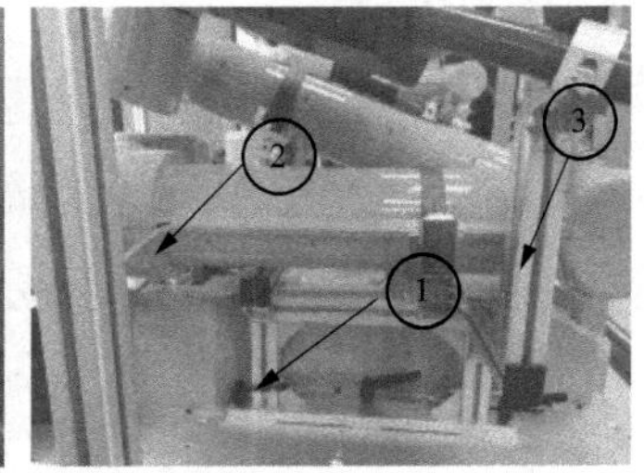

图 3-43　手臂固定方式

4 配网带电作业机器人的维护与保养

4.1 硬件维护

4.1.1 机器人本体硬件维护

1. 外观保养

在每次外出作业完成后，机器人外观的维保应注意如下几点。

（1）检查机器人本体及其他设备是否有残留污垢。若存在污垢，须及时清理，可使用干抹布擦拭干净，或使用含水量较低的湿抹布擦拭后再用干抹布擦净，以防造成机械结构生锈、电路腐蚀造成短路。

注意：切勿使用可溶性有机溶液进行擦拭，如酒精、汽油等。

（2）检查机器人外壳是否存在松动。若有松动，请使用对应工具牢固。

（3）检查机器人本体绝缘外壳、绝缘杆等是否存在裂痕或缺损。若有损坏，请及时联系售后工程师处理，维修完成前该机器人暂停作业。

2. 激光雷达

在每次外出作业完成后，检查激光雷达组件是否松动和损坏。激光雷达安装位置如图 4-1 所示。

若有损坏，应及时联系售后工程师处理，维修完成前该机器人暂停作业。

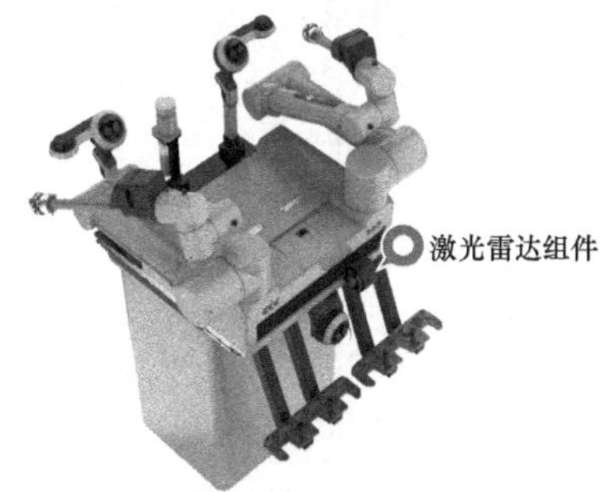

图 4-1　激光雷达安装位置

3. 工具台维保

在每次外出作业完成后，工具台的维保应注意如下几点。

（1）检查工具台外形是否存在变形、破损等情况。若出现问题，请及时联系售后工程师进行更换，更换完成前，机器人暂停作业。

（2）检查工具台插销是否闭合。当机器人不使用时，需要将工具台的插销置于闭合状态，工具库处于上锁状态。工具台插销状态如图 4-2 所示。

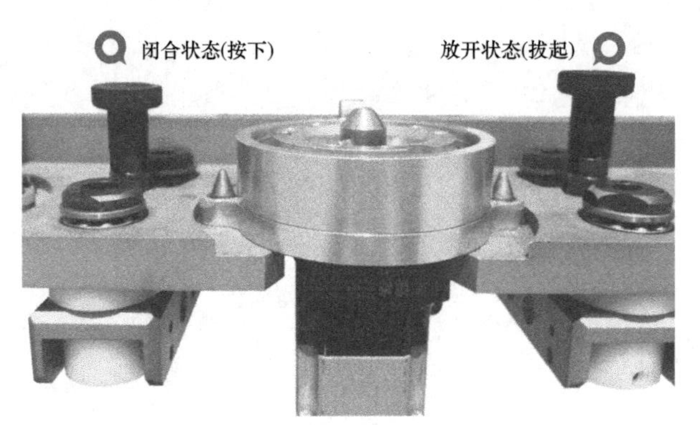

图 4-2　工具台插销状态

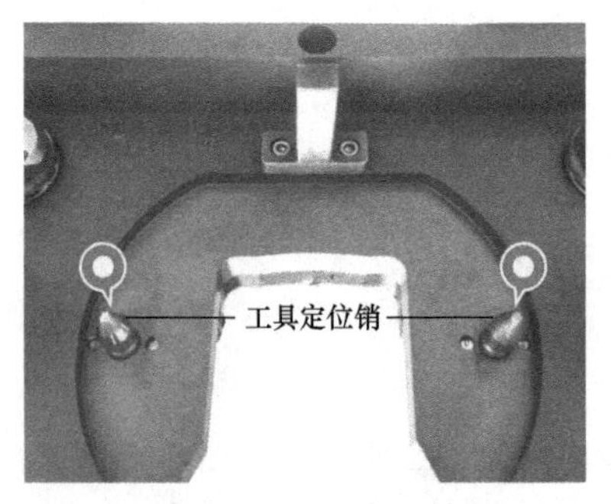

图 4-3　工具定位销

（3）检查工具台和定位销是否存在污垢。若存在污垢，须及时清理，使用干抹布擦拭干净，或使用含水量较低的湿抹布擦拭后再用干抹布擦净，以防造成机械结构生锈。工具定位销如图 4-3 所示。

（4）检查工具定位销是否松动。手动晃动工具定位销，若定位销松动，需要使用内六角扳手牢固。定位销固定螺丝如图 4-4 所示。

注意：切勿使用可溶性有机溶液进行擦拭，如酒精、汽油等。

4.1.2　工器具维护

1. 工具主轴的维保

在每次外出作业完成后，工具的维保应注意如下几点。

（1）检查所有工具的主轴连接处是否存在污垢。若存在污垢，需要及时清理，以防造成机械结构生锈。工具的主轴如图 4-5 所示。

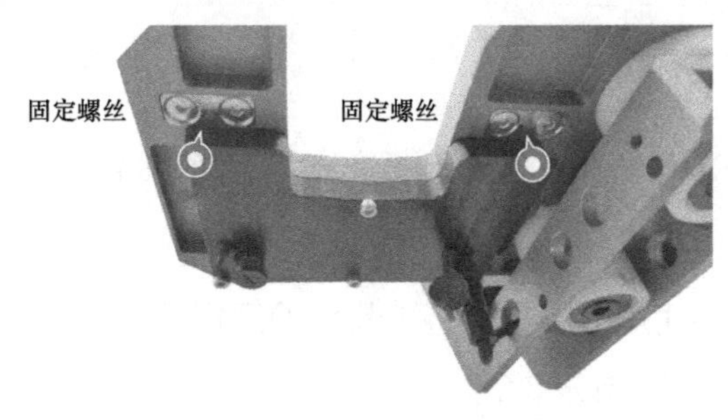

图 4-4　定位销固定螺丝

图 4-5　工具的主轴

（2）检查主轴转动是否正常。手动正反转主轴，检查转动是否顺畅，若转动不顺畅，使用润滑脂润滑。若润滑后，转动仍存在卡顿或无法转动现象，应及时联系售后工程师处理，维修完成前暂停使用该工具。

（3）每 3 个月使用 1 次润滑脂润滑，预防取放工具出现机构性故障。

2. 螺旋夹线器的维保

在每次外出作业结束后，螺旋夹线器的维保应注意如下几点。

（1）整体检查螺旋夹线器是否存在松动。若有松动，请使用对应工具牢固。

（2）检查螺旋夹线器是否存在污垢。若存在污垢，需要及时清理，以防造成机械结构生锈。

（3）检查螺旋夹线器工作是否正常。手动转动螺旋夹线器，使其张开至最大，闭合至最小，检查是否转动顺畅。若转动不顺畅，可使用润滑脂润滑。若润滑后，转动仍存在卡顿或无法转动现象，应及时联系售后工程师处理，维修完成前暂停使用该工具。夹线器丝杆如图 4-6 所示。

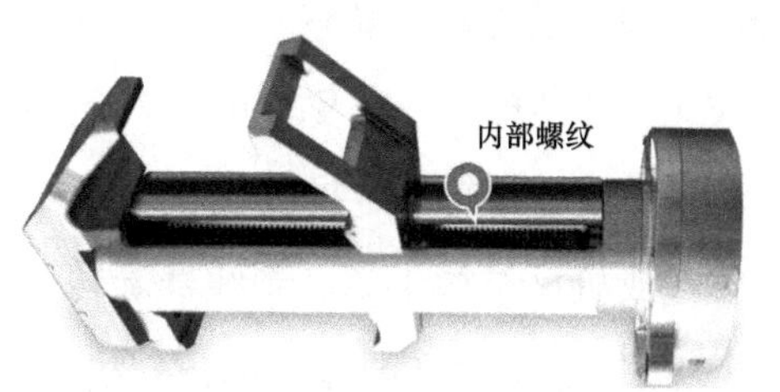

图 4-6　夹线器丝杆

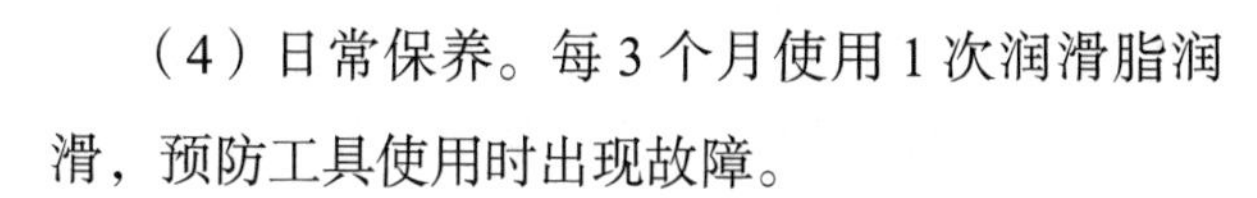

（4）日常保养。每 3 个月使用 1 次润滑脂润滑，预防工具使用时出现故障。

3. 线夹工具的维保

在每次外出作业结束后，线夹工具的维保应注意如下几点。

（1）整体检查线夹工具是否存在松动。若有松动，请使用对应工具牢固。

（2）检查线夹工具是否存在污垢。若存在污垢，需要及时清理，以防造成机械结构生锈。

（3）检查线夹工具的锁止装置。如果出现损坏，应及时联系售后工程师处理。

1）检查并沟线夹锁扣。手动正反转动锁扣，检查线夹锁止装置是否正常上锁、解锁。线夹工具锁扣的上锁和解锁状态如图 4-7 所示。

2）检查 J 型线夹锁扣。手动拉开两侧锁扣，检查线夹锁止装置是否正常上锁、解锁。J 型线夹工具的解锁和锁定如图 4-8 所示。

（4）每 3 个月使用 1 次润滑脂润滑，预防工具使用时出现机构性故障。

4. 智能剥线器的维保

在每次外出作业结束后，智能剥线器的维保应注意如下几点。

（1）整体检查智能剥线器是否存在松动。若有松动，请使用对应工具牢固。

（2）检查智能剥线器是否存在污垢。若存在污垢，需要及时清理，以防造成机械结构生锈。

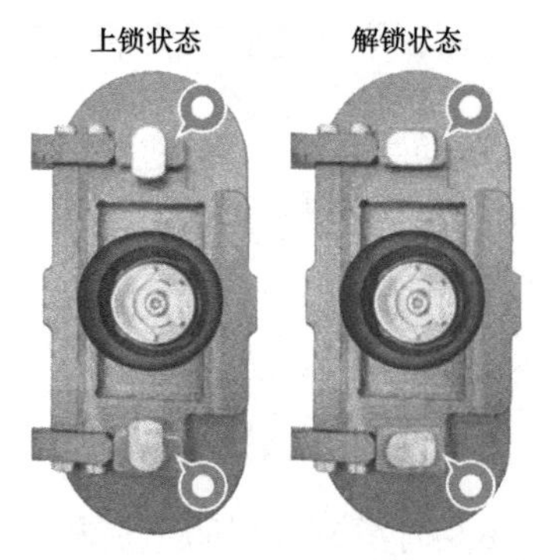

图 4-7　线夹工具锁扣的上锁和解锁状态

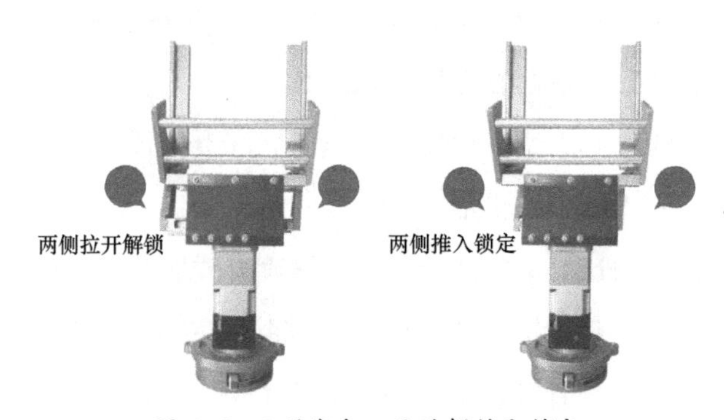

图 4-8　J 型线夹工具的解锁和锁定

（3）检查智能剥线器工作是否正常。手动转动智能剥线器，使其张开至最大，闭合至最小，检查是否转动顺畅。若转动不顺畅，可使用润滑脂润滑。若润滑后，转动仍存在卡顿或无法转动现象，应及时联系售后工程师处理，维修完成前暂停使用该工具。

（4）旋转齿轮的维护及保养。检查齿轮处是否存在污垢。若存在污垢，需要及时清理，以防造成机械结构生锈。剥线器旋转齿轮润滑清洁位置如图 4-9 所示。每 3 个月使用 1 次润滑脂润滑，预防工具使用时出现机构性故障。

（5）丝杆、导向轴、夹线块齿轮的维护及保养。检查齿轮处是否存在污垢。若存在污垢，需要及时清理，以防造成机械结构生锈。智能剥线器组件润滑位置如图 4-10 所示。每 3 个月使用 1 次润滑脂润滑，预防工具使用时出现机构性故障。

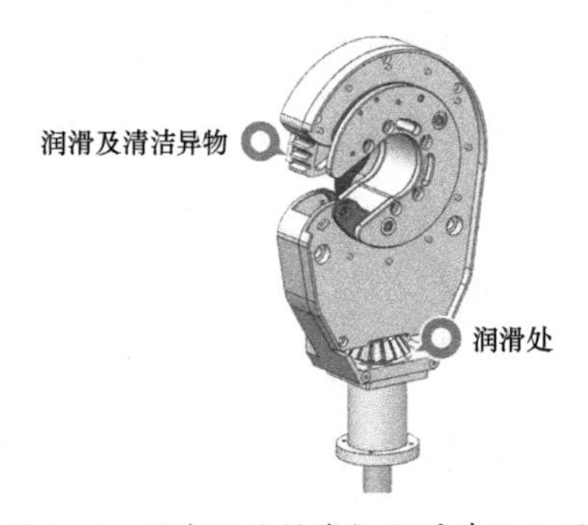

图 4-9　剥线器旋转齿轮润滑清洁位置

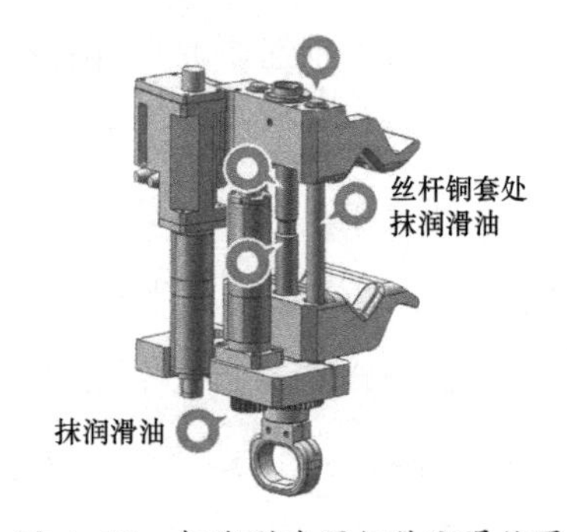

图 4-10　智能剥线器组件润滑位置

5. 断线器的维保

在每次外出作业结束后，断线器的维保应注意如下几点。

（1）整体检查断线器是否存在松动。若有松动，请使用对应工具牢固。

（2）检查断线器是否存在污垢。若存在污垢，需要及时清理，以防造成机械结构生锈。

（3）检查断线器刀片是否存在缺损、钝锈等情况。如果存在，应及时更换。竖刀和横刀断线器刀口保养位置分别如图 4-11 和图 4-12 所示。

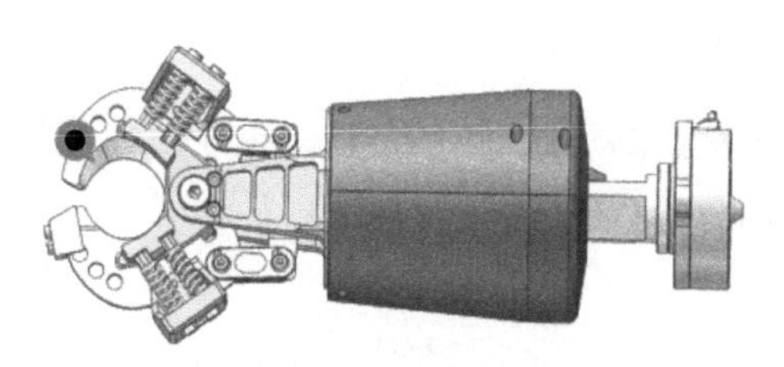

图 4-11　竖刀断线器刀口保养位置

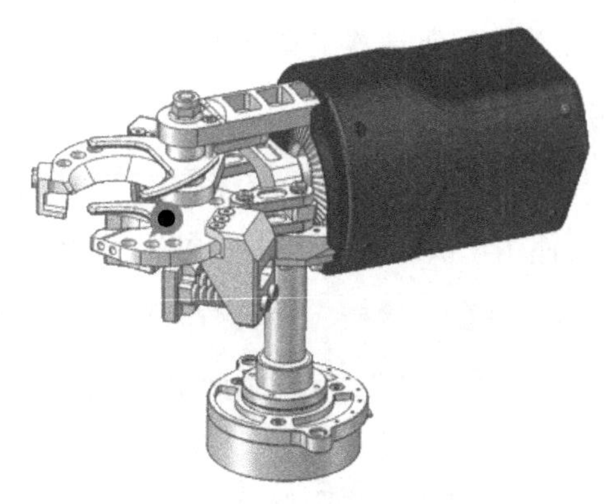

图 4-12　横刀断线器刀口保养位置

（4）丝杆和齿轮的定期维护及保养。竖刀和横刀断线器内部齿轮保养位置分别如图 4-13 和图 4-14 所示。每 3 个月 1 次使用润滑脂润滑，预防工具使用时出现机构性故障。

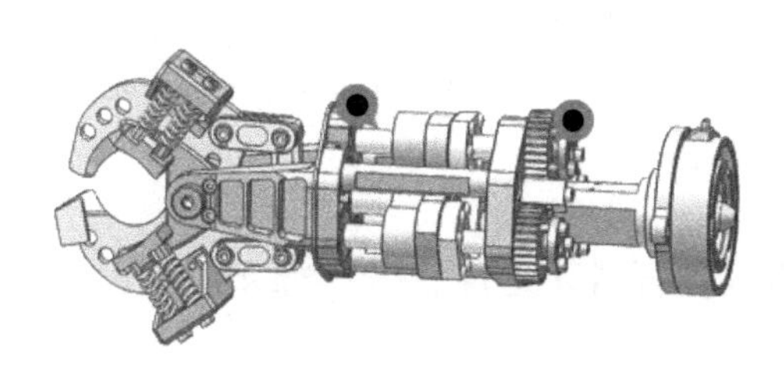

图 4-13　竖刀断线器内部齿轮保养位置

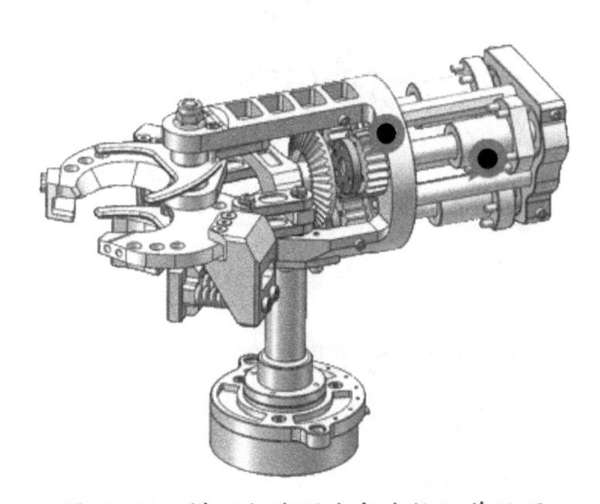

图 4-14　横刀断线器内部齿轮保养位置

6. 接地环工具的维保

（1）整体检查接地环工具是否存在松动。若有松动，请使用对应工具牢固。

（2）检查接地环工具是否存在污垢。若存在污垢，需要及时清理，以防造成机械结构生锈。

（3）齿轮的定期维护及保养。接地环工具内部齿轮保养位置如图 4-15 所示。每 3 个月使用 1 次润滑脂润滑，预防工具使用时出现机构性故障。

图 4-15　接地环工具内部齿轮保养位置

7. 驱鸟器工具的维保

在每次外出作业结束后，驱鸟器工具的维保应注意如下几点。

（1）整体检查驱鸟器工具是否存在松动。若有松动，可使用对应工具牢固。

（2）检查驱鸟器工具是否存在污垢。若存在污垢，需要及时清理，以防造成机械结构生锈。

（3）齿轮的定期维护及保养。固定式驱鸟器工具内部齿轮保养位置如图 4-16 所示，每 3 个月使用 1 次润滑脂润滑，预防工具使用时出现机构性故障。

（4）衬套、导杆、导轨滑块的定期维护和保养。固定式驱鸟器工具导杆保养位置如图 4-17 所示。每 3 个月使用 1 次润滑脂润滑，预防工具使用时出现机构性故障。

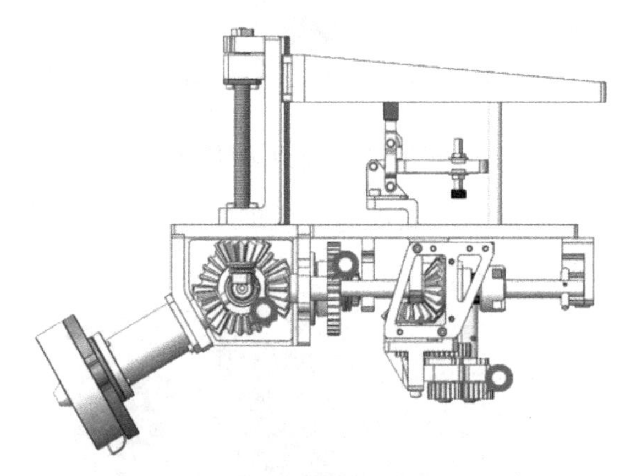

图 4-16　固定式驱鸟器工具内部齿轮保养位置

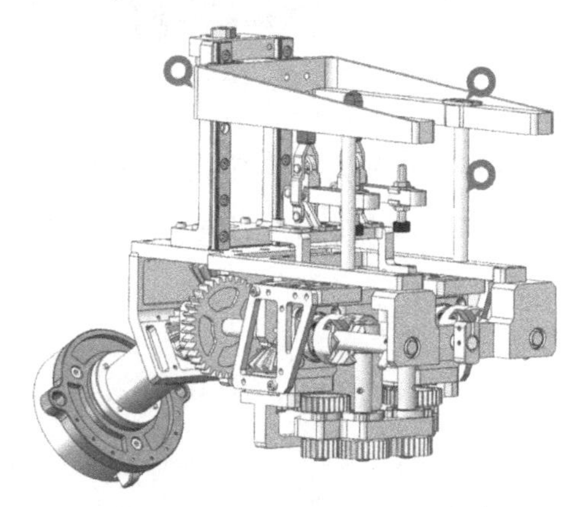

图 4-17　固定式驱鸟器工具导杆保养位置

8. 绝缘保护套工具的维保

（1）检查齿轮是否转动顺畅，导轨滑块和滑动丝杆滑动是否顺畅。绝缘护套工具保养位置如图 4-18 所示。

（2）检查整体硬件结构。检查整体结构是否存在螺丝松动，结构磨损等情况。

9. 故障指示器工具的维保

（1）检查齿轮是否转动顺畅，导轨滑块和滑动丝杆滑动是否顺畅。故障指示器工具保养位置如图 4-19 所示。

图 4-18　绝缘护套工具保养位置

图 4-19　故障指示器工具保养位置

说明：根据实际应用场景，选择对应的报警器工具。

（2）检查整体硬件结构。检查整体结构是否存在螺丝松动，结构磨损等情况。

4.2 软件升级

4.2.1 嵌软升级

1. 升级说明

（1）名词解释。

1）bootloader 文件。***bootloader 文件夹下面的 ***.hex 文件。

2）app/.hex 文件。***app 文件夹下面的 ***.hex 文件，该文件为引导文件。

3）app/.bin 文件。***app 文件夹下面的 ***.bin 文件，该文件为各控制板的运行程序。

（2）升级模块。3D 激光控制板、本体电源板、剥线器控制板、无框电机驱动板。

（3）升级渠道。

1）通过仿真器烧录，烧录文件有 bootloader 文件和 app/.hex 文件。

2）通过平板 GUI 界面烧录，烧录文件有 app/.bin 文件（该格式的文件也可以通过仿真器烧录，但不建议这样做）。

（4）升级 bootloader 文件的情况。

1）机器人硬件模块未烧录该文件或已经烧录的该文件版本过低时，必须通过仿真器烧录 bootloader 文件，且该文件禁止通过平板 GUI 界面烧录。

2）通过平板 GUI 界面烧录 app/.bin 文件失败后（表现形式有调用升级服务失败或升级到 40% 左右失败），可再次重试，若依旧失败，需要通过仿真器烧录 bootloader 文件。

（5）平板烧录方法。在平板 GUI 界面右下角“关于”中，选择对应的硬件和匹配的 app/.bin 文件，点击升级，待进度为 100%，上报升级完成提示即可。使用平板更新固件升级时，本体板和无框电机驱动板在固件更新过程中会有指示灯闪烁频率较快的情况（500ms），在更新完成后本体板指示灯闪烁速度变慢（1s），无框电机驱动板指示灯不闪烁。各模块控制板状态指示灯指如图 4-20 所示。

（6）仿真器烧录方法。使用仿真线连接硬件对应的接口，各模块控制板仿真器接线连接口如图 4-21 所示。

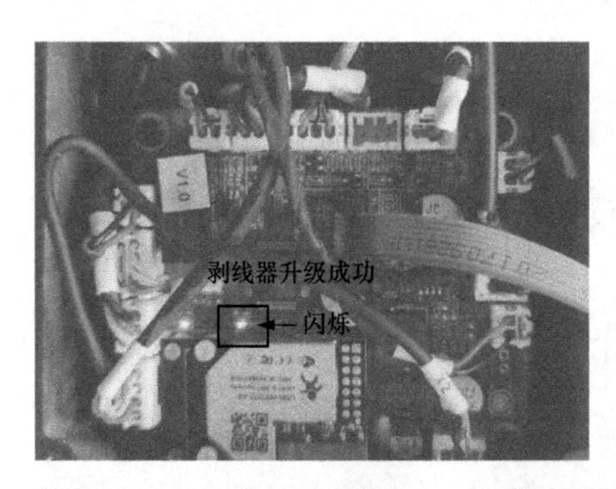

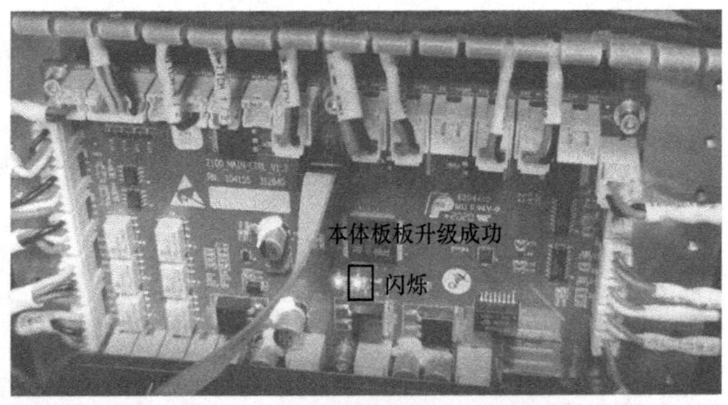

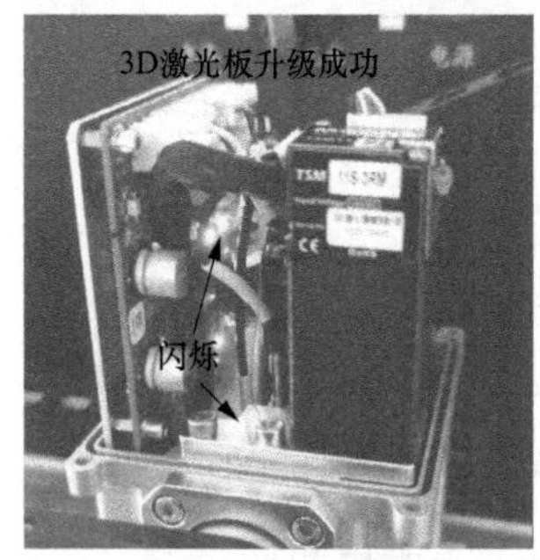

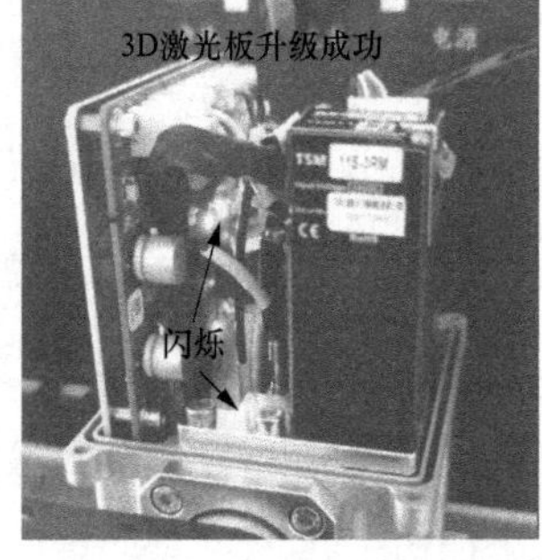

图 4-20　各模块控制板状态指示灯

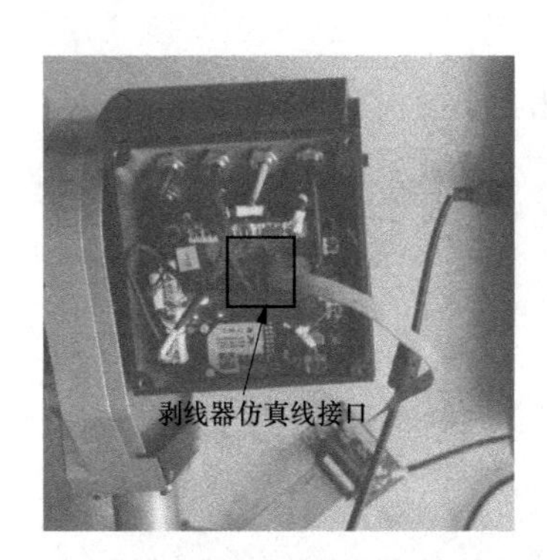

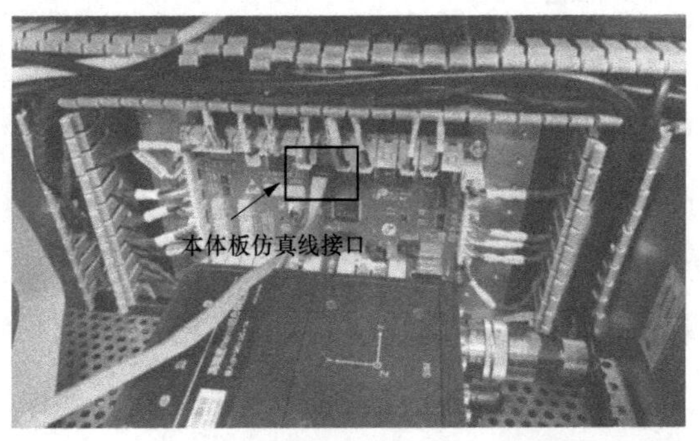

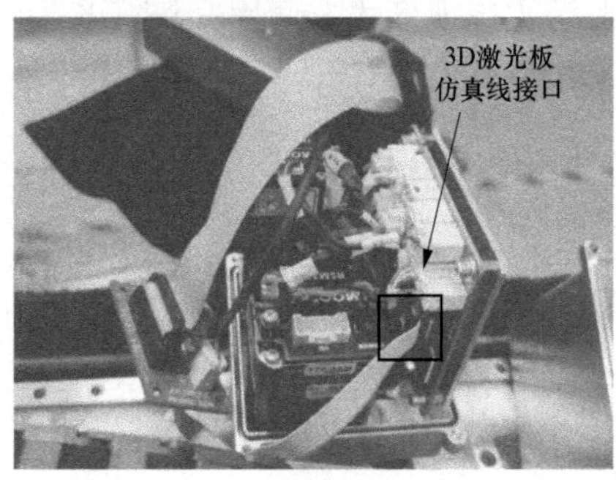

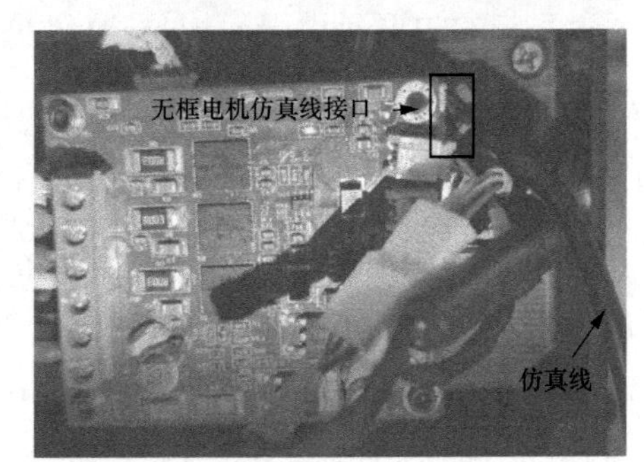

图 4-21　各模块控制板仿真器接线连接口

2. 升级步骤

升级步骤为：① 连接仿真器；② 选择相应的芯片型号；③ 打开要烧录的嵌软文件；④ 下载成功后拔掉仿真器；⑤ 整机重启。下面为参考示例。

（1）打开安装 J-Flash 软件的笔记本，通过设备管理器，检查仿真器是否连接成功。J-Flash 连接界面如图 4-22 所示。

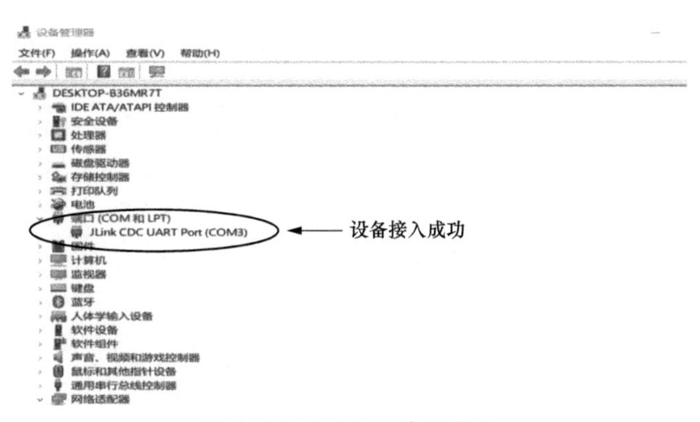

图 4-22　J-Flash 连接界面

（2）打开 J-flash 软件，按照硬件选择对应的芯片，芯片选择界面如图 4-23 和图 4-24 所示。

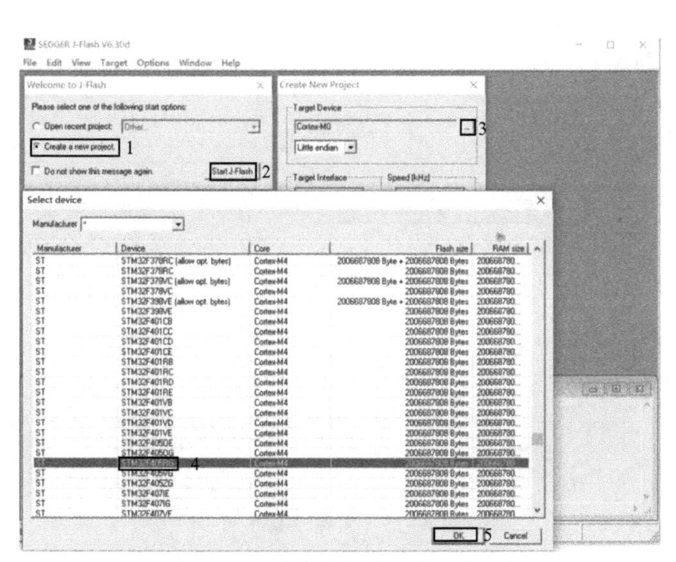

图 4-23　芯片选择界面（方式一）

芯片型号选择参考见表 4-1。

表 4-1　　**芯片型号选择参考**

控制板名称	芯片类型
本体板、全局建模控制板、无框电机驱动板	STM32F407VE
工具台控制板、本体数传板、终端数传板、剥线器充电板	STM32F103C8
剥线器控制板	STM32F405RG

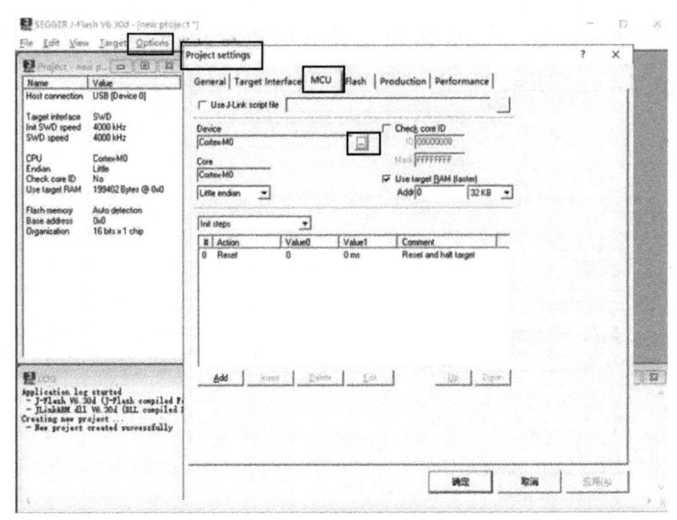

图 4-24　芯片选择界面（方式二）

（3）打开要下载的文件。文件下载界面如图 4-25 所示，文件下载和下载进度分别如图 4-26 和图 4-27 所示，下载成功的标志如图 4-28 所示。

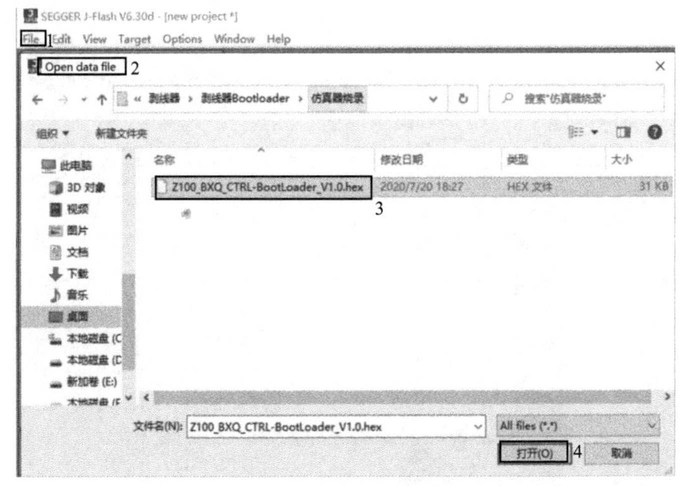

图 4-25　文件下载界面

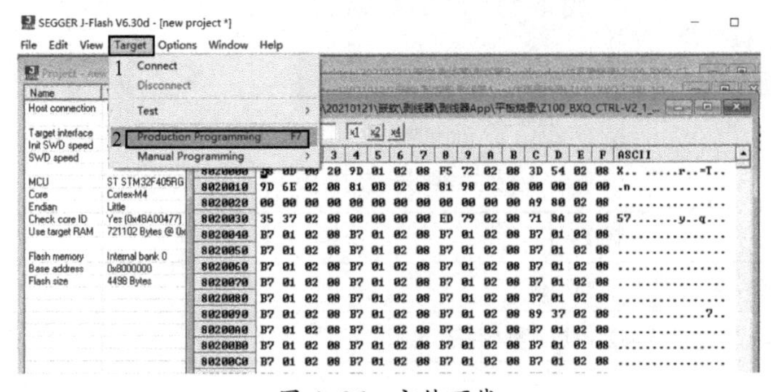

图 4-26　文件下载

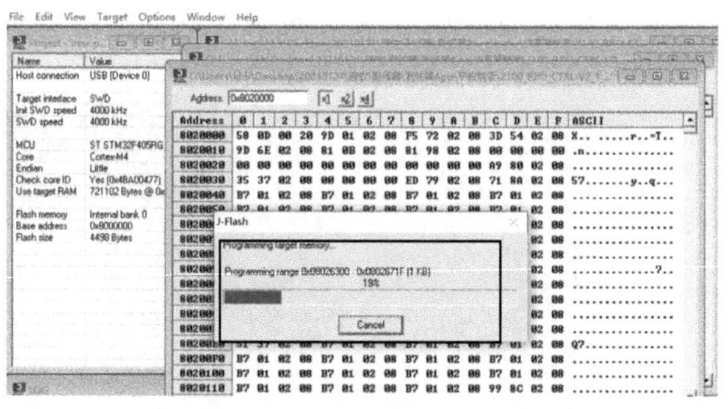

图 4-27　下载进度

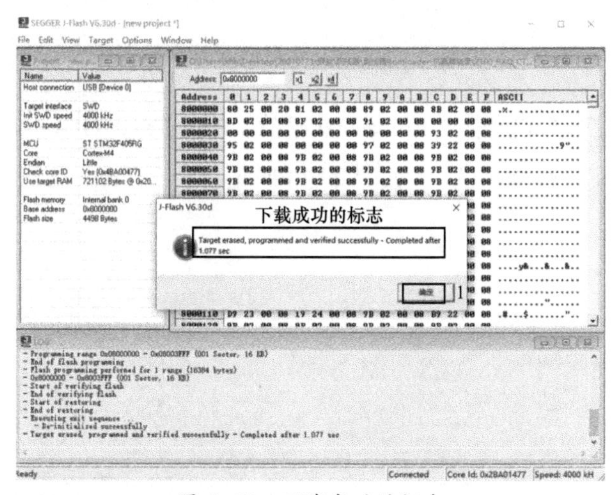

图 4-28　下载成功的标志

（4）拔掉仿真器，整机重启。注意 bootLoader 文件只能使用仿真器进行下载，不能使用终端平板进行升级；若使用仿真器进行升级，则升级后机器需要重启。嵌软升级经验总结如下。

1）若终端平板显示机器人固件为 1.4 版本之前（包括 1.4），则本体板 BootLoader 文件需要进行升级。BootLoader 固件最新的文件名称为 V1.1.0。

2）若终端平板机器人固件显示为 1.15 及其以后的版本，则可通过终端平板直接进行远程升级，若发现升级后自检过程中显示末端电机异常，则需要对本体板 BootLoader 程序进行重新升级，确保 BootLoader 固件为最新的。

3）若终端上显示无框电机版本为 1223 及其以后的版本，则可直接通过平板进行远程升级；若无框电机版本不显示或者过老，则需要使用仿真器进行 BootLoader 和 App 固件升级。

4）最好把嵌软文件复制在电脑上再去下载，通过 U 盘下载也存在下载程序失败的情况。

4.2.2　软件包升级

1. GUI 升级

（1）将文件 z100_app_*** 解压到小平板桌面，进度条到 100% 完成解压，将解压后的

Release 复制到小平板 C 盘。GUI 运行程序位置如图 4-29 所示。

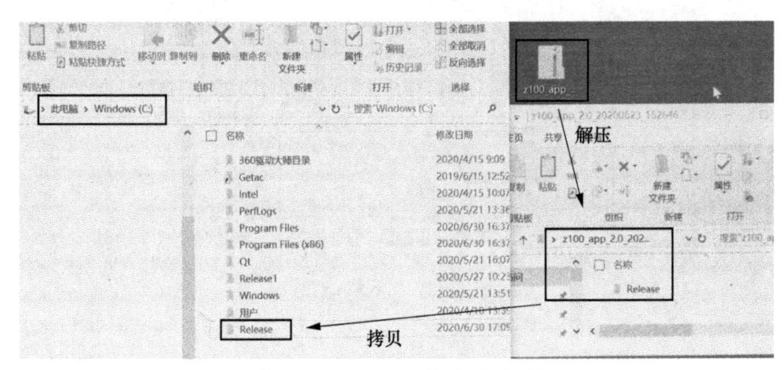

图 4-29　GUI 运行程序位置

（2）建立桌面快捷方式。进入 Release 文件夹，找到 Z100GUI.exe，右击 Z100GUI.exe 选择“发送到”→“桌面快捷方式”，如图 4-30 所示。

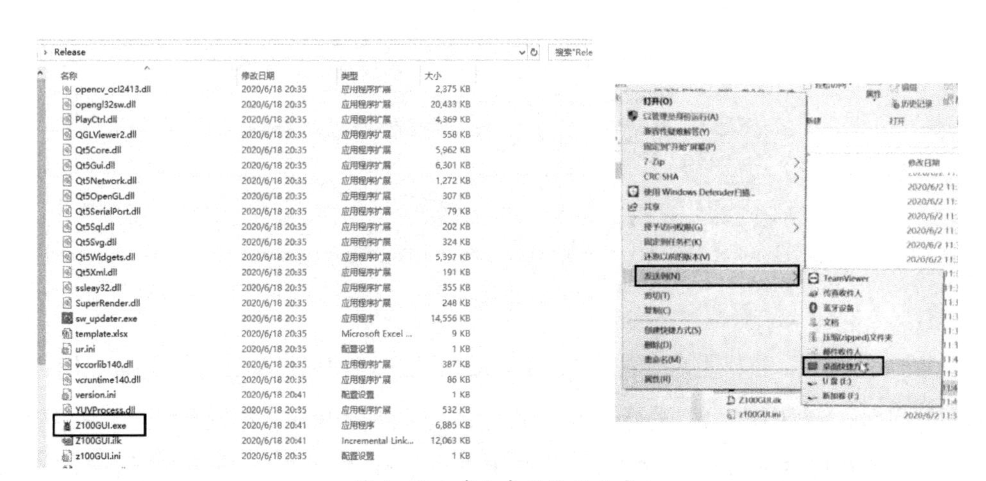

图 4-30　建立桌面快捷方式

（3）在桌面找到 Z100GUI 的图标，打开后可以控制界面，至此终端包升级完毕。

2. Install 包升级

图 4-31
teamviewer 图标

（1）在终端箱桌面或者小平板桌面找到 teamviewer 图标，如图 4-31 所示。打开后的界面如图 4-32 所示，登录 teamviewer，账号 192.168.31.10，密码 963852。

（2）选择“文件与其他”，如图 4-33 所示；在弹出的界面选择左侧一栏中的 z100_install_*** 底层包，右侧一栏路径为 \home\robot，点击“发送”，如图 4-34 所示，进度条到 100% 时即为完成文件传输。

（3）找到复制过来的 z100_install***，右击选择 Extract Here，解压，如图 4-35 所示。

图 4-32　teamviewer 界面

图 4-33　选择“文件与其他”

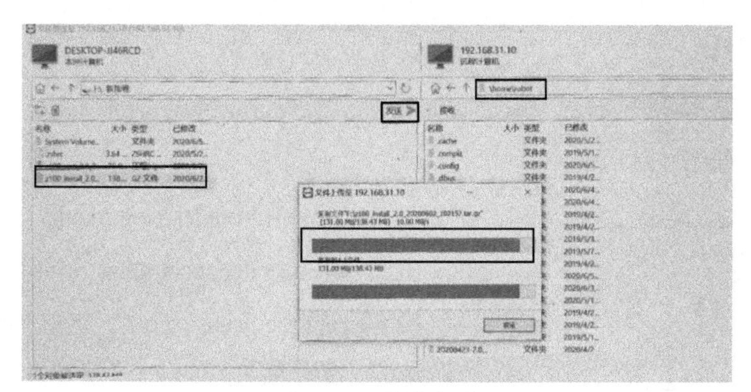

图 4-34　传输文件

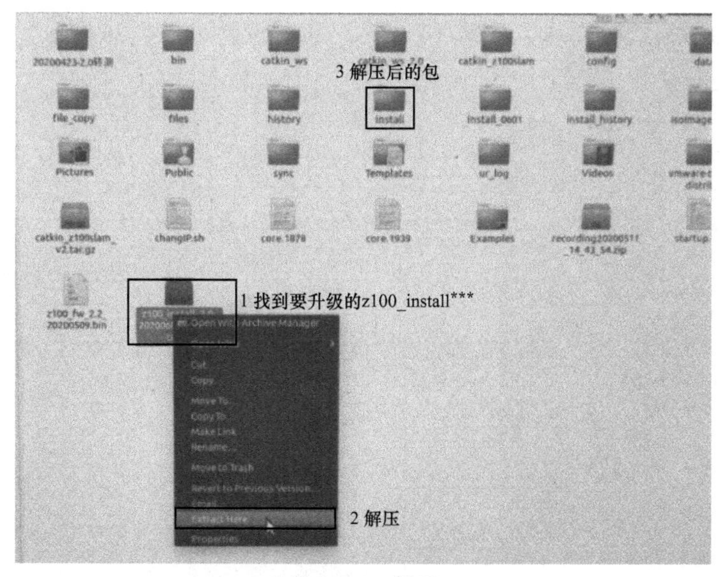

图 4-35　解压

（4）执行完上述操作后，打开 terminal，依次输入图 4-36 中的指令启动控制节点。

```
robot@robot: ~/install

# robot @ robot in ~ [15:06:18]
$ cd install                                   指令1

# robot @ robot in ~/install [15:06:23]
$ sh install.sh                                指令2
/home/robot/config/node_task/HOLE_POSITION.cfg already exist
/home/robot/config/environmental_nodel/env.cfg already exist
[sudo] password for robot: install.sh: 47: install.sh: source: not found
major_version= 2

# robot @ robot in ~/install [15:06:36]
$ source setup.zsh                             指令3

# robot @ robot in ~/install [15:06:45]
$ roslaunch node_manage node_manage.launch     指令4
```

图 4-36　依次输入指令启动控制节点

注意： 每次输入指令后回车一下。

（5）底层包升级完毕。

4.2.3　数据库升级

1. 软件安装

升级软件包如图 4-37 所示。

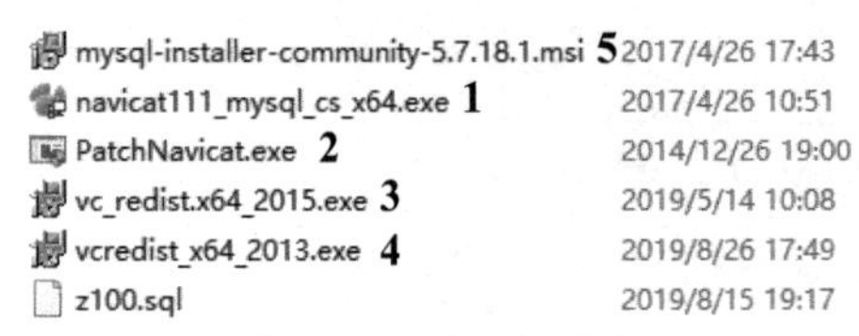

图 4-37　升级软件包

以mysql-installer-community-5.7.18.1为例，双击 mysql-installer-community-5.7.18.1.msi 文件，选择 I accept the license terms，点击 Next；选择 Server only，点击 Next；图标左上角出现 My Server 5.7.18 时，点击 Execute，待 Status 变为 Complete 时，依次点击 Next，使用默认设置，直至完成（Finish）。密码设置如图 4-38 所示。

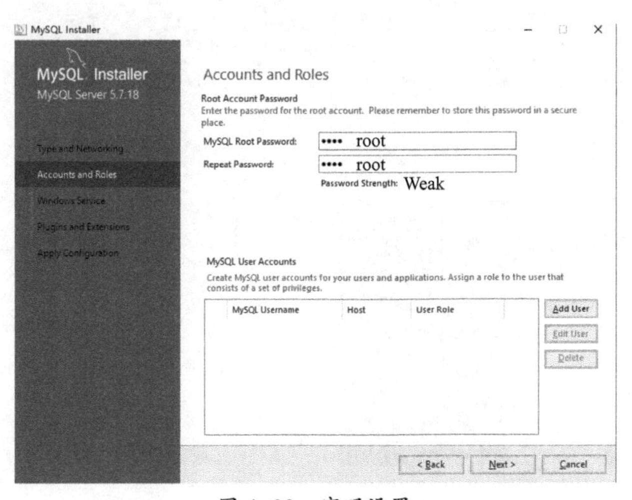

图 4-38　密码设置

2. 终端安装数据库

（1）打开 Navicat for MySQL，点击“连接”，找到并打开 MySQL，在常规中输入连接名（可以将主机名或者 IP 地址拷贝过来，如 localhost），输入密码后点击“确定”，如图 4-39 所示。

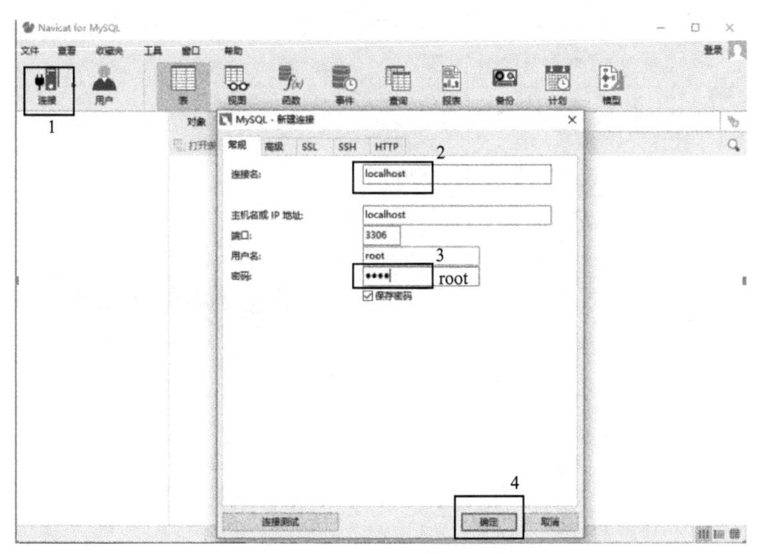

图 4-39　终端安装数据库

（2）点击新建的连接名 localhost，右击“新建数据库”，输入数据库名称（如 z100），如图 4-40 所示。

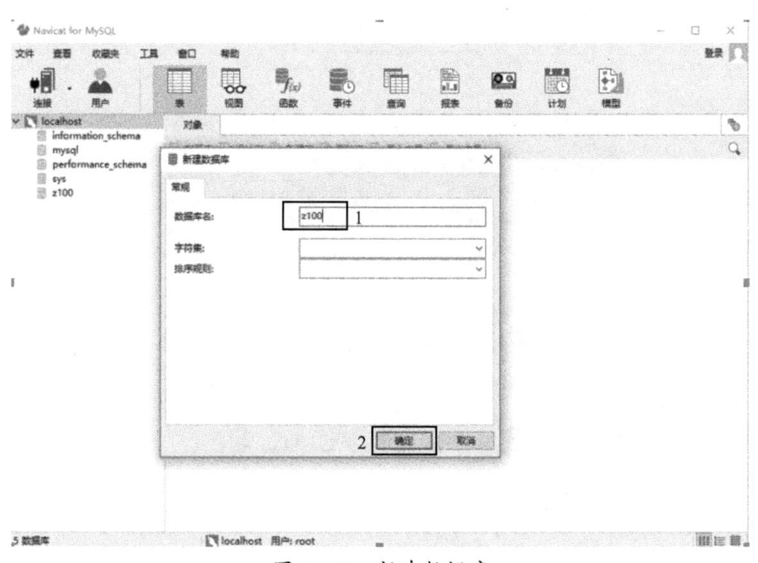

图 4-40　新建数据库

（3）点击刚新建的 z100，右键选择“运行 SQL 文件”，在“常规”→“文件”中选择数据库文件路径（一般在终端 GUI/Release/sql 下面），之后点击“开始”，如图 4-41 所示。

等到信息日志一栏显示 executed successfully，即表示数据库文件运行成功，点击“关闭”即可，如图 4-42 所示。

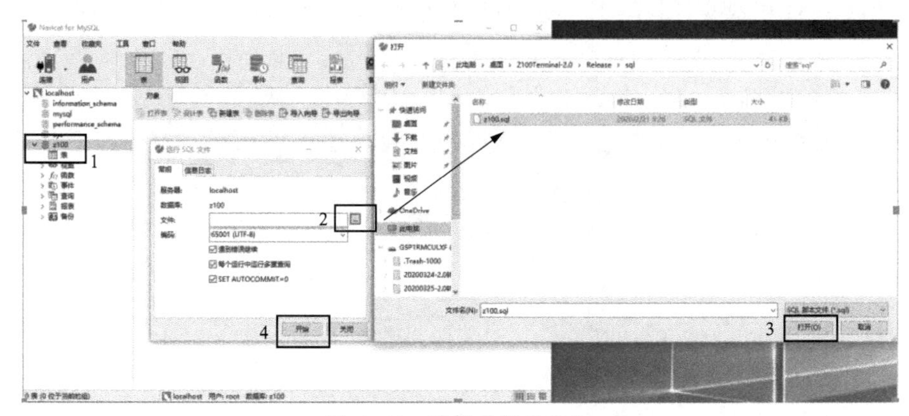

图 4-41　选择数据库文件

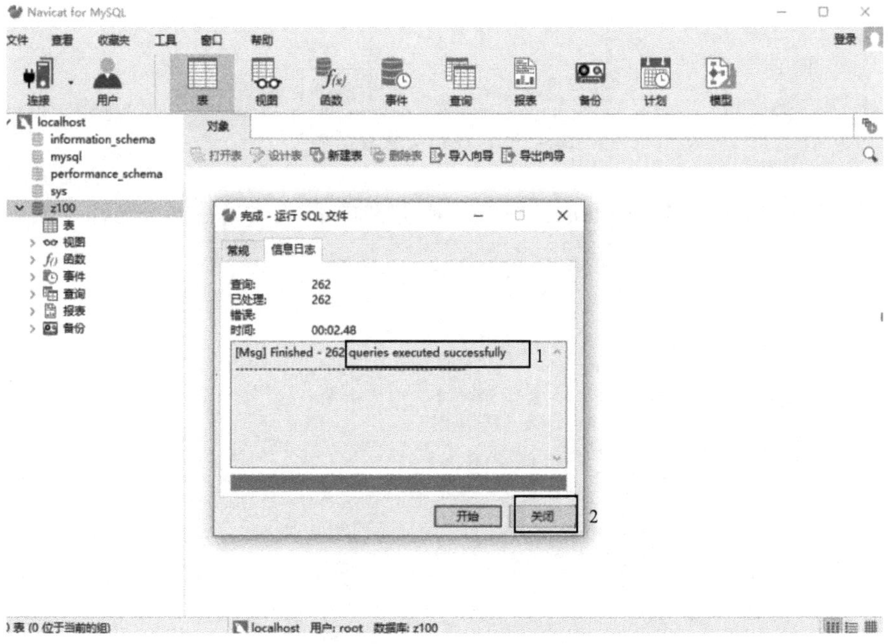

图 4-42　数据库文件运行成功

4.3　机器人试验

4.3.1　技术要求

1. 机器人基本要求

（1）机器人本体适用的环境要求（下面规定的绝缘试验参数是按照海拔 3000m 及以下条件确定的）。

1）相对湿度：不大于 95%。

2）海拔高度：海拔 3000m 及以下。

3）最大风速：10m/s。

4）环境温度：−10～50℃。

（2）整体外观结构要求。

1）整机外观整洁，无导线外露。

2）整机结构坚固，所有连接件、紧固件应有防松措施。

3）工具、支架等可更换部件应有一一对应的明显标识，以指示是否正确安装。

（3）外壳表面要求。

1）外壳表面应有保护涂层或防腐设计。

2）外壳表面应光洁、均匀、不应有伤痕、毛刺等其他缺陷，标识清晰。

（4）电气部件布线要求。内部电气线路应排列整齐、固定牢靠、走向合理，便于安装、维护，并用醒目的颜色和标志加以区分。

（5）机器人重量要求。

1）双臂机器人本体、末端作业工具及附件的总重量应不超过 280kg。

2）单臂机器人本体、末端作业工具及附件的总重量应不超过 130kg。

3）应合理设计机器人本体上各部件的固定位置，使重量分布均匀，减少机器人吊装和使用中的倾翻风险。

说明： 对于大持重作业的机器人，可不限制总重量，但应对配套绝缘承载平台的承载能力进行校核。

（6）机器人本体外壳防护等级要求。应满足 IP54。

（7）机器人续航要求。

1）机器人本体电池容量应不低于 42A·h，续航时间不少于 4h，电池充放电循环次数不低于 600 次，600 次后电池容量不低于标称容量的 80%。

2）末端作业工具续航时间不少于 2h。

3）移动控制终端和人机交互终端续航时间不少于 4h。

4）机器人的应急处理系统应具有后备电源并留有充足的电量预警裕度。

2. 机器人基本功能要求

（1）安全功能要求。

1）机器人应具备手动急停功能，该急停功能包括：① 具有最高控制优先级；② 机器人系统在不断电的情况下立即停止动作，延时不大于100ms；③ 机器人保持停止锁定状态直至急停解除。

2）机器人应具备保护性停止功能。机械臂负载与所设定载荷区间不一致时，机械臂保护性停止。

（2）识别定位功能要求。

1）识别定位可采用视觉和激光雷达定位及卫星导航系统和陀螺仪定位两种方式。

a. 视觉和激光雷达定位。机器人通过视觉或激光雷达进行导线识别、判断导线空间姿态，自主或人工选择作业位置。

b. 卫星导航系统和陀螺仪定位。机器人通过卫星导航系统进行导线定位，陀螺仪判断导线的空间姿态，自主或人工选择作业位置。

2）机器人识别定位精度应满足作业功能的需求。在断、接引流线作业项目中，对主导线或引流线识别定位的精度应符合以下要求。

a. 机器人自主定位，识别定位精度不大于20mm；重复识别定位精度不大于10mm。

b. 作业人员使用定位工具辅助机器人定位，识别定位精度不大于30mm；重复识别定位精度不大于15mm。

（3）通信功能要求。

1）机器人本体与移动控制终端间控制信号和图像传输应采用高速率、低延时的无线通信方式，通信距离不应小于30m。

2）两台或两台以上机器人在同一区域内工作时，其控制信号不应相互干扰。

3）两件或两件以上末端工具同一区域内工作时，其控制信号不应相互干扰。

4）监控系统应能实时、可靠地接收机器人采集的作业位姿等信息。

（4）控制功能要求。

1）自主机器人控制功能要求。自主机器人应可通过移动控制终端接收指令，机器人自主完成主要操作，人工辅助确认、监控及紧急停止等。

2）人机协同机器人控制功能要求。人机协同机器人应可通过移动控制终端或人机交互终端进行启停操作，带电作业指令的接收、确认等应在人机交互终端上执行。

3）机器人控制系统应能准确执行现场操作或自动规划指令，响应应迅速、及时，运动应平稳、正常。

3. 机器人带电作业功能要求

（1）机器人作业过程应满足的安全要求。

1）机器人在某一相带电体上作业时，末端作业工具、机械臂的金属裸露部分或未设置有效遮蔽部分，以及机器人其他部件与相邻带电体或附近杆塔、横担的最小安全距离不得小于 0.2m，如不能满足，应采取绝缘隔离措施。

2）人机协同作业方式下，作业人员与周围带电体或接地体的最小安全距离（不包括人体活动范围）不得小于 0.4m，如不能满足，作业前应对人体可能触及范围内的带电体和接地体进行绝缘遮蔽。

3）作业过程中有可能引起不同电位设备之间发生短路或接地故障时，应设置绝缘遮蔽。

（2）人机协同机器人应能在符合产品说明书或与用户协商确定的作业场景下开展带电作业项目。单个操作步骤作业时间宜满足表 4-2 中的要求，作业质量应满足表 4-3 中的要求。

表 4-2　　机器人作业时间推荐要求

序号	试验作业项目		人机协同作业机器人 单个操作步骤作业时间	自主作业机器人 单项作业时间
1	简单 / 非持重类项目	断引流线	断线步骤时间≤10min	≤15min
2		接引流线	剥线步骤时间≤10min； 接线步骤时间≤5min	≤30min
3		加装接地挂环	剥线步骤时间≤10min； 安装接地挂环步骤时间≤5min	≤15min
4		加装故障指示器	安装故障指示器步骤时间≤5min	≤15min
5		修剪树枝	单次修剪步骤时间≤10min	≤15min
6		扶正绝缘子	紧固螺栓步骤时间≤5min	≤30min
7		带电辅助加装或拆除绝缘遮蔽	安装单个遮蔽罩步骤时间≤5min； 拆除单个遮蔽罩步骤时间≤5min	≤15min
8	复杂 / 持重类项目	带电更换避雷器	安装避雷器步骤时间≤10min； 拆除避雷器步骤时间≤10min	≤30min
9		带电更换熔断器	安装熔断器步骤时间≤10min； 拆除熔断器步骤时间≤10min	≤30min
10		带电更换直线杆绝缘子	安装绝缘子步骤时间≤10min； 拆除绝缘子步骤时间≤10min	≤30min

表 4-3　　机器人作业质量要求

序号	试验作业项目	作业质量
1	断引流线	（1）对待断的引线应有固定措施，断线位置准确； （2）残余引线长度≤5cm
2	接引流线	（1）剥线时不应损伤导线线芯； （2）剥线长度应满足线夹安装要求且不大于线夹长度 3cm，绝缘皮开剥位置距绝缘子中心线长度在 50～150cm 范围内； （3）对剥除的导线绝缘层应有存放措施，不允许自由掉落； （4）引线穿出线夹长度在 2～5cm 范围内；

续表

序号	试验作业项目	作业质量
2	接引流线	（5）线夹安装应紧固牢靠，接线位置应在开剥口中间，不应压住绝缘皮； （6）引线与电杆及构件之间距离不小于 20cm，引线与引线间距离不小于 30cm； （7）接线过程中引线不应过分拉扯受力或脱落，主导线和引线不应脱出线夹槽，引线搭接方向一致
3	加装接地挂环	（1）接地挂环与导线连接应紧固牢靠，安装位置准确； （2）接地环方向应垂直向下
4	加装故障指示器	（1）故障指示器与导线连接应紧固牢靠，安装位置准确； （2）安装完成后指示器各项功能应正常
5	修剪树枝	（1）能够完成导线、杆塔附近树枝修剪作业； （2）对剪下的树枝应有固定和存放措施，树枝高出导线时，应使之倒向远离线路的方向
6	扶正绝缘子	（1）能够紧固松动的绝缘子螺母； （2）紧固后绝缘子方向准确，螺栓与螺母配合紧密，螺母无变形破坏
7	带电辅助加装或拆除绝缘遮蔽	（1）能够完成对导线、引线、绝缘子、横担、杆塔等位置的加装或拆除绝缘遮蔽作业，绝缘遮蔽区域应满足后续作业的安全要求； （2）绝缘遮蔽措施应牢固、严密，无显见的缝隙或孔洞，遮蔽罩间搭接重叠部分不小于15cm； （3）加装、拆除绝缘遮蔽顺序正确，符合操作规程
8	带电更换避雷器	（1）对拆除的避雷器及引线应有固定和存放措施，不应有高空落物； （2）新装设的避雷器及引线连接应紧固牢靠，安装位置和方向准确，排列整齐； （3）避雷器引线应短且直，不应使其承受外力，下引线应可靠接地； （4）避雷器引线与横担之间距离不小于 20cm，相邻引线间距离不小于 30cm； （5）避雷器间距不小于 30cm
9	带电更换熔断器	（1）对拆除的熔断器及引线应有固定和存放措施，不应有高空落物； （2）新装设的熔断器外观整洁完好、无损伤，熔断器瓷件轴线与地面垂线之间夹角为15°～30°，熔断器安装应牢固、高低一致，不应歪斜； （3）上、下引线应紧固； （4）避雷器引线与横担之间距离不小于 20cm，相邻引线间距离不小于 30cm； （5）避雷器间距不小于 30cm
10	带电更换直线杆绝缘子	（1）绝缘子与横担连接应加平垫及弹簧垫圈，安装应牢固，螺栓与螺母配合紧密，螺母无变形破坏； （2）机器人应具备足够的载荷提升导线，提升高度应不小于 0.4m，新装设的绝缘子与导线应通过绑扎或其他方式可靠固定，并能承受导线的横向张力

（3）自主机器人应能在符合产品说明书或与用户协商确定的作业场景下开展带电作业项目，作业时间见表 4-2，作业质量应满足表 4-3 中的要求。

4. 机器人电气性能要求

（1）绝缘性能要求。

1）机器人绝缘材料层向绝缘应满足的要求。

a. 主绝缘。1min 耐受电压 45kV，闪络或击穿电压不小于 60kV。

b. 辅助绝缘。3min 耐受电压 20kV，闪络或击穿电压不小于 30kV。

2）机械臂绝缘衣应满足的要求。机械臂绝缘衣绝缘性能要求见表 4-4。

表 4-4　　机械臂绝缘衣绝缘性能要求

试验部件	试验项目									
	型式试验				出厂 / 验收试验			预防性试验		
	层向		沿面耐压	泄漏电流	层向耐压	沿面耐压	泄漏电流	层向耐压	沿面耐压	泄漏电流
	耐压	验证								
机械臂绝缘衣	20kV 3min	30kV	100kV 1min	45kV ≤100μA	20kV 3min	45kV 1min	45kV ≤100μA	20kV 1min	45kV 1min	—

注　1. 工频耐压试验过程中以无击穿、无闪络、无明显发热为合格。
　　2. “—”表示不必检测项目。

a. 应按照机器人本体实际使用的绝缘衣材料和结构形式提供试验样品进行测试。

b. 机械臂绝缘衣的层向绝缘应满足表 4-4 中的要求。

c. 绝缘衣在机械臂各活动关节处应采取重叠或隔离措施，保证机械臂各关节处的绝缘水平满足表 4-4 中的层向绝缘要求。

d. 机械臂绝缘衣的沿面绝缘应满足表 4-4 中的要求。

3）绝缘连接件或机器人操作杆绝缘性能应满足的要求。机械臂绝缘衣绝缘性能要求见表 4-4，制造机器人操作杆的材料性能应符合《带电作业用空心绝缘管、泡沫填充绝缘管和实心绝缘棒》（GB 13398—2008）中的要求。

4）机器人本体外壳绝缘性能应满足的要求。绝缘连接件或机器人操作杆绝缘性能要求见表 4-5，机器人本体外壳绝缘性能要求见表 4-6。

表 4-5　　绝缘连接件或机器人操作杆绝缘性能要求

试验部件	试验项目								
	型式试验			出厂 / 交接试验			预防性试验		
	工频耐压	工频验证	泄漏电流	工频耐压	工频验证	泄漏电流	工频耐压	工频验证	泄漏电流
绝缘连接件或操作杆	45kV 1min	60kV	45kV ≤100μA	45kV 1min	—	45kV ≤100μA	45kV 1min	—	—

注　1. 工频耐压试验过程中以无击穿、无闪络、无明显发热为合格。
　　2. 工频验证试验升压至 60kV 后立刻降压，以无击穿、无闪络、无明显发热为合格。
　　3. “—”表示不必检测项目。

表 4-6　　机器人本体外壳绝缘性能要求

试验部件	试验项目								
	型式试验			出厂/交接试验			预防性试验		
	层向耐压	沿面耐压	泄漏电流	层向耐压	沿面耐压	泄漏电流	层向耐压	沿面耐压	泄漏电流
本体绝缘外壳	45kV 1min	0.4m 45kV 1min	0.4m 20kV ≤200μA	—	0.4m 45kV 1min	0.4m 20kV ≤200μA	—	0.4m 45kV 1min	0.4m 20kV ≤200μA

注　1. 层向耐压、沿面耐压试验过程中应无击穿、无闪络、无明显发热为合格。
2. 如果机器人本体固定在绝缘承载平台的承载斗内，不必开展机器人外壳绝缘性能试验。
3. “—”表示不必检测项目。

（2）电磁兼容性能要求。

1）静电放电抗扰度：机器人应能承受试验等级为 4 级的静电放电抗扰度试验，机器人各项功能无异常。

2）射频电磁场辐射抗扰度：机器人应能承受试验等级为 3 级的射频电磁场辐射抗扰度试验，试验扫描频率为 80～2000MHz，机器人各项功能无异常。

3）工频磁场抗扰度：机器人应能承受规定的稳定持续磁场试验，试验施加 50Hz 磁场强度 1000A/m，持续时间 5min，机器人各项功能无异常。

4）脉冲磁场抗扰度：机器人应能承受规定的试验等级为 5 级的脉冲磁场抗扰度试验，试验磁场波形为 6.4（1±30%）/16（1±30%）μs，施加正负极性脉冲磁场各 5 次，机器人各项功能无异常。

5）阻尼振荡磁场抗扰度：机器人应能承受规定的试验等级为 5 级的阻尼振荡磁场抗扰度试验，试验磁场波形的振荡频率为 0.1（1±10%）MHz 和 1（1±10%）MHz，机器人各项功能无异常。

5. 机器人机械性能要求

（1）机器人特征参数。

1）机械臂有效工作半径：不小于 1000mm。

2）机械臂末端最大移动速度：不大于 0.5m/s。

（2）机器人机械振动性能要求。

1）整机振动。机器人应能承受规定的振动试验。振动试验严酷等级应满足下列条件要求：① 频率范围 10～55Hz；② 位移振幅 0.15mm；③ 扫频持续时间 10min；④ 扫频循环次数 2 次。

2）运输振动。包装后应能承受规定的严酷水平Ⅱ级、试验时间 180min 运输振动试验。

（3）机械臂性能要求。

1）机械臂有效负载。产品说明书中应明确规定机械臂有效负载与重心偏移（机械臂接口法兰中心到末端工具重心间的距离）的关系，设计时应考虑末端工具的重量和作业中可能承受的最大力矩。

2）重复定位精度。应在产品说明书中明确规定，不大于 0.1mm。

6. 末端工具技术要求

（1）接口。

1）末端工具应采用与机械臂或绝缘连接件适配的快速拆装连接接口。

2）末端工具应采用与机器人本体控制单元适配的无线通信方式，或者与机械臂末端适配的有线通信接口。

说明： 取消末端工具与机器人本体的绝缘连接是允许的，但需要特别注意机器人本体受到感应放电电弧的传导电流干扰防护，同时不宜用于人机协同作业方式。

（2）末端作业工具应能承受各项电磁兼容抗扰度试验要求。

（3）绝缘导线剥皮工具要求。

1）适用主导线截面范围：包含 70～240mm^2。

2）剥皮速度：不小于 1.0cm/min。

3）续航时间：独立电源供电时不小于 2h。

4）重量：应符合机械臂有效负载的要求。

（4）线夹及其安装工具要求。

1）线夹适用主导线截面范围：包含 70～240mm^2。

2）线夹适用引线截面范围：包含 50～150mm^2。

3）线夹安装工具续航时间：独立电源供电时不小于 2h。

4）重量：应符合机械臂有效负载的要求。

（5）螺栓松紧工具要求。

1）最大扭矩：不小于 50N·m。

2）空载转速：不小于 1500r/min。

3）续航时间：独立电源供电时不小于 2h。

4）重量：应符合机械臂有效负载的要求。

（6）断线工具要求。

1）最大切断尺寸：不小于 32mm。

2）最大剪切力：不小于 13kN。

3）适用引线截面范围：包含 50～240mm^2。

4）续航时间：独立电源供电时不小于 2h。

5）重量：应符合机械臂有效负载的要求。

4.3.2 试验方法

1. 机器人环境性能试验

（1）机器人试验说明。

1）低温试验。按照规定进行，严酷等级应满足温度 −10℃，持续时间 16h。试验后，机器人应能正常工作。

2）高温试验。按照规定进行，严酷等级应满足温度 50℃，持续时间 16h。试验后，机器人应能正常工作。

3）湿热试验。按照规定进行，严酷等级应满足温度（40 ± 2）℃，湿度（93 ± 3）%RH，持续时间 16h。试验后，机器人应能正常工作。

（2）机器人基本功能试验。

1）急停功能试验。急停功能试验结果应符合规定。试验应按下列步骤进行。

a. 启动机器人进入正常作业流程。

b. 在机器人工作的各流程阶段（如识别定位、剥线和更换末端工具等）按下急停按键，使机器人系统不停电情况下停止一切操作，观察发出指令后机器人是否立即停止动作。

c. 解除急停，再次启动机器人工作流程，观察机器人能否继续完成待进行工作。

d. 重复步骤 b～c10 次。

2）识别定位功能试。识别定位功能试验结果应符合规定。试验应按下列步骤进行。

a. 在满足产品说明书适用范围要求的试验线路或实验室中的模拟导线上选取 100mm 长度的导线段为识别目标，确定识别目标附近合适位置为标定线。

b. 操控机器人进入导线识别流程。

c. 机器人完成导线识别以及作业位置选定后控制机械臂末端移动到标定线位置。

d. 计算机械臂末端中心点与标定线最短距离得到单次识别定位精度。

e. 对同一目标重复识别定位共 10 次，获得识别定位精度（取均值）和重复识别定位精度。

3）通信功能试验。通信功能试验可采用相关通信软件进行数据传输速率整定检测和数据传送功能检测，试验结果应符合规定。试验应按下列步骤进行。

a. 将机器人与移动控制终端放置在距离 30m 的位置进行测试。

b. 用移动控制终端控制机器人动作及接收机器人采集的作业位姿、温湿度、风速等信息。

4）控制功能试验。试验应按下列步骤进行。

a. 启动机器人，通过终端输入各类动作指令（如激光雷达扫描、机械臂运动等），观察机器人动作是否正常。

b. 在机器人运动过程中输入停止、恢复、复位等指令，观察响应时间，有无故障等。

2. 机器人电气性能试验

（1）绝缘性能试验。

1）机器人绝缘材料的层向耐压试验。对机器人绝缘硬质板材或软质遮蔽材料，取500mm × 500mm 样品，采用不等直径电极进行试验。绝缘材料层向耐压试验布置如图 4-43 所示。进行耐压试验（主绝缘 45kV，1min；辅助绝缘 20kV，3min）并升压至规定的闪络或击穿电压后立刻降压，不应发生闪络、击穿和明显发热。

2）机械臂绝缘衣的层向耐压试验。将机械臂绝缘衣直臂处截取不小于 0.4m 长度，套在合适尺寸的空心圆柱体构成的内电极上，保证绝缘衣内壁与内电极紧密贴合，用水浸湿的导电布包裹在绝缘衣表面构成外电极，内外电极的沿面距离 d 不小于 10cm，试验结果应符合表 4-7 中的要求。绝缘衣的层向耐压试验布置如图 4-44 所示。

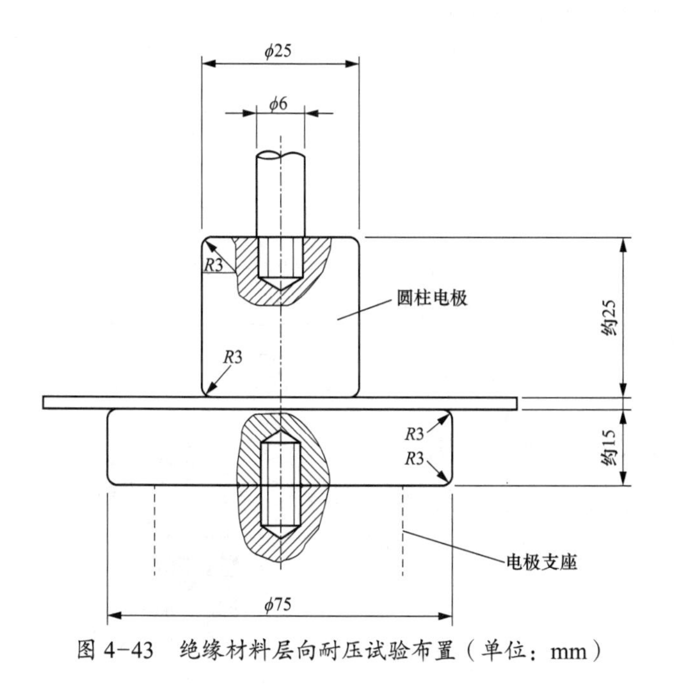

图 4-43 绝缘材料层向耐压试验布置（单位：mm）

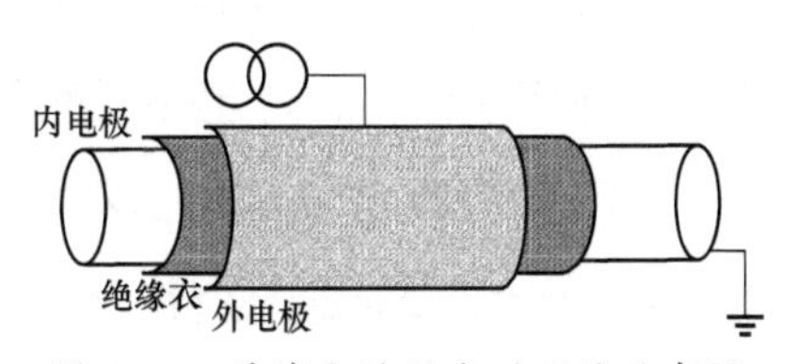

图 4-44 绝缘衣的层向耐压试验布置

3）机械臂关节处的绝缘试验。对绝缘衣在机械臂关节处的活动部分，在采取重叠或绝缘隔离措施后，应按照电极布置进行工频耐压试验，试验结果应符合表 4-7 中的要求。

表 4-7　　机械臂绝缘衣绝缘性能要求

<table>
<tr><td rowspan="4">试验部件</td><td colspan="10">试验项目</td></tr>
<tr><td colspan="4">型式试验</td><td colspan="3">出厂 / 验收试验</td><td colspan="3">预防性试验</td></tr>
<tr><td colspan="2">层向</td><td rowspan="2">沿面耐压</td><td rowspan="2">泄漏电流</td><td rowspan="2">层向耐压</td><td rowspan="2">沿面耐压</td><td rowspan="2">泄漏电流</td><td rowspan="2">层向耐压</td><td rowspan="2">沿面耐压</td><td rowspan="2">泄漏电流</td></tr>
<tr><td>耐压</td><td>验证</td></tr>
<tr><td>机械臂绝缘衣</td><td>20kV 3min</td><td>30kV</td><td>100kV 1min</td><td>45kV ≤100μA</td><td>20kV 3min</td><td>45kV 1min</td><td>45kV ≤100μA</td><td>20kV 1min</td><td>45kV 1min</td><td>—</td></tr>
</table>

注　1. 工频耐压试验过程中以无击穿、无闪络、无明显发热为合格。
　　2. "—" 表示不必检测项目。

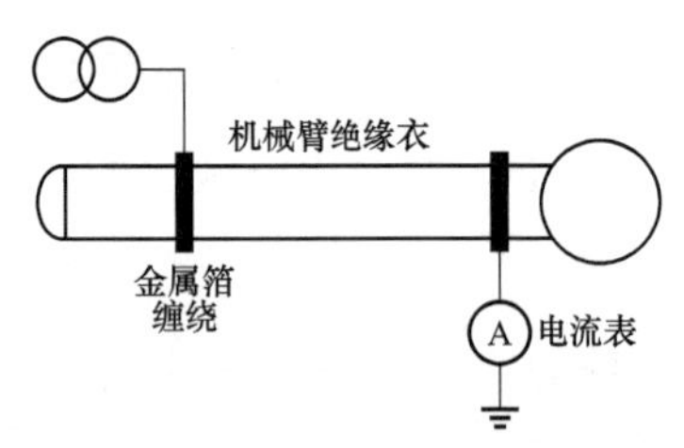

图 4-45　绝缘衣沿面绝缘试验布置

机械臂关节处的绝缘性能无法满足上述要求时，应结合实际带电作业场景及作业方式严格控制安全距离并在功能试验中进行安全评估。

4）机械臂绝缘衣沿面绝缘试验。将绝缘衣取下，采用 10mm 宽的金属箔缠绕作为试验电极，试验时保证绝缘距离为 0.4m。绝缘衣沿面绝缘试验布置如图 4-45 所示，试验结果应符合表 4-8 中的要求。

表 4-8　　机械臂绝缘衣绝缘性能要求

<table>
<tr><td rowspan="4">试验部件</td><td colspan="10">试验项目</td></tr>
<tr><td colspan="4">型式试验</td><td colspan="3">出厂 / 验收试验</td><td colspan="3">预防性试验</td></tr>
<tr><td colspan="2">层向</td><td rowspan="2">沿面耐压</td><td rowspan="2">泄漏电流</td><td rowspan="2">层向耐压</td><td rowspan="2">沿面耐压</td><td rowspan="2">泄漏电流</td><td rowspan="2">层向耐压</td><td rowspan="2">沿面耐压</td><td rowspan="2">泄漏电流</td></tr>
<tr><td>耐压</td><td>验证</td></tr>
<tr><td>机械臂绝缘衣</td><td>20kV 3min</td><td>30kV</td><td>100kV 1min</td><td>45kV ≤100μA</td><td>20kV 3min</td><td>45kV 1min</td><td>45kV ≤100μA</td><td>20kV 1min</td><td>45kV 1min</td><td>—</td></tr>
</table>

注　1. 工频耐压试验过程中以无击穿、无闪络、无明显发热为合格。
　　2. "—" 表示不必检测项目。

5）绝缘连接件或机器人操作杆绝缘试验。按照末端工具绝缘连接件两端结构，定制相匹配的金属电极，进行工频耐压、工频验证和泄漏电流试验。末端工具连接件绝缘试验布置如图 4-46 所示，试验结果应符合表 4-9 中的要求。

机器人操作杆试验布置应按照《带电作业用空心绝缘管、泡沫填充绝缘管和实心绝缘棒》（GB 13398—2008）中的规定进行。

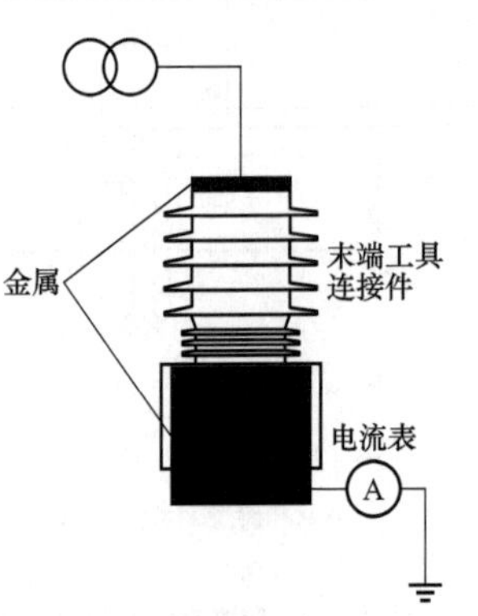

图 4-46　末端工具连接件绝缘试验布置

表 4-9　　绝缘连接件或机器人操作杆绝缘性能要求表

试验部件	试验项目								
	型式试验			出厂 / 交接试验			预防性试验		
	工频耐压	工频验证	泄漏电流	工频耐压	工频验证	泄漏电流	工频耐压	工频验证	泄漏电流
绝缘连接件或操作杆	45kV 1min	60kV	45kV ≤100μA	45kV 1min	—	45kV ≤100μA	45kV 1min	—	—

注　1. 工频耐压试验过程中以无击穿、无闪络、无明显发热为合格。
2. 工频验证试验升压至 60kV 后立刻降压，以无击穿、无闪络、无明显发热为合格。
3. “—”表示不必检测项目。

6）机器人本体外壳绝缘试验。机器人本体外壳绝缘试验分为层向耐压试验、沿面耐压试验、沿面泄漏电流试验，试验结果应符合表 4-10 中的要求。

表 4-10　　机器人本体外壳绝缘性能要求

试验部件	试验项目								
	型式试验			出厂 / 交接试验			预防性试验		
	层向耐压	沿面耐压	泄漏电流	层向耐压	沿面耐压	泄漏电流	层向耐压	沿面耐压	泄漏电流
本体绝缘外壳	45kV 1min	0.4m 45kV 1min	0.4m 20kV ≤200μA	—	0.4m 45kV 1min	0.4m 20kV ≤200μA	—	0.4m 45kV 1min	0.4m 20kV ≤200μA

注　1. 层向耐压、沿面耐压试验过程中应无击穿、无闪络、无明显发热为合格。
2. 如果机器人本体固定在绝缘承载平台的承载斗内，不必开展机器人外壳绝缘性能试验。
3. “—”表示不必检测项目。

注：如果由于功能需求，机器人绝缘外壳表面存在开孔等因素，导致无法按照标准的试验方法进行层向耐压试验时，应根据绝缘外壳的形状采用导电布等试验电极代替注水试验，并对外壳及机器人本体的绝缘水平进行评估。

（2）电磁兼容试验。

1）静电放电抗扰度。机器人应能承受试验等级为 4 级的静电放电抗扰度试验，机器人各项功能无异常。

2）射频电磁场辐射抗扰度。机器人应能承受试验等级为 3 级的射频电磁场辐射抗扰度试验，试验扫描频率为 80～2000MHz，机器人各项功能无异常。

3）工频磁场抗扰度。机器人应能承受规定的稳定持续磁场试验，试验施加 50Hz 磁场强度 1000A/m，持续时间 5min，机器人各项功能无异常。

4）脉冲磁场抗扰度。机器人应能承受规定的试验等级为 5 级的脉冲磁场抗扰度试验，试验磁场波形为 6.4(1 ± 30%)/16(1 ± 30%)μs，施加正负极性脉冲磁场各 5 次，机器人各项功能无异常。

5）阻尼振荡磁场抗扰度。机器人应能承受规定的试验等级为 5 级的阻尼振荡磁场抗扰度试验，试验磁场波形的振荡频率为 0.1(1 ± 10%)MHz 和 1(1 ± 10%)MHz，机器人各项功能无异常。

6）工频感应放电抗扰度试验布置如图 4–47 所示。模拟导线采用直径 20mm 的金属杆，可靠固定在有效绝缘长度不低于 1m 的绝缘支架上，将末端作业工具与机器人固定并放置在绝缘升降平台上，通过驱动装置控制平台上下运动可调节末端作业工具尖端与模拟导线的高度，调节精度应不大于 1mm。绝缘支架和绝缘升降平台下方铺设绝缘垫，绝缘垫应满足《带电作业用绝缘垫》(DL/T 853—2015)中的 2 级要求。试验前，调节末端作业工具尖端高度使其与模拟导线间隙距离 d 为 30mm。

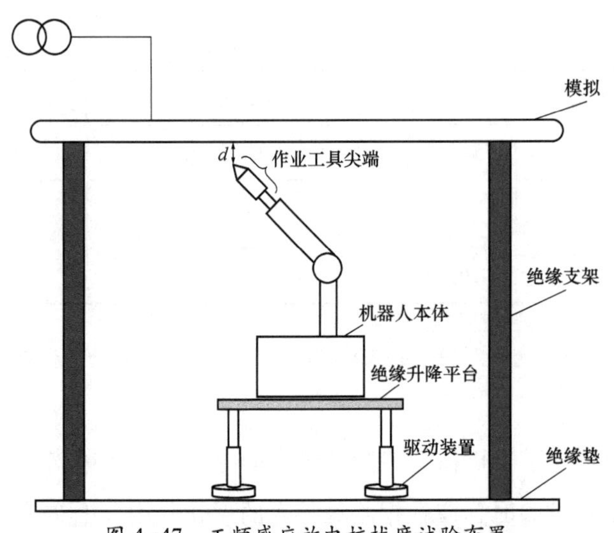

图 4–47　工频感应放电抗扰度试验布置

7）电晕放电抗扰度试验。通过工频高压电源给模拟导线加压至 10kV，控制驱动装置逐渐减小间隙距离 d，调节步长为 10mm，每次调整后保持时间 3min，直至模拟导线与作业工具尖端金属部分接触并保持 3min；然后控制驱动装置逐渐增加间隙距离 d，调节步长为 10mm，每次调整后保持时间 3min，直至回到初始位置，以此为一个循环，试验需进行 3 次循环。试验过程中，末端工具和机器人本体不应出现功能失效、部件损坏或停止工作。

8）电弧放电抗扰度试验。通过工频高压电源给模拟导线加压至 45kV，控制驱动装置逐渐减小间隙距离 d，调节步长为 10mm，每次调整后保持时间 10s，直至模拟导线与作业工具尖端金属部分接触并保持 10s；然后控制驱动装置逐渐增加间隙距离 d，调节步长为

10mm，每次调整后保持时间 10s，直至回到初始位置，以此为一个循环，试验需进行 3 次循环。试验过程中，末端工具和机器人本体不应出现功能失效、部件损坏或停止工作。

3. 机器人机械性能试验

（1）机器人特征参数测量。操作步骤如下。

1）操作机械臂各旋转轴左右回转运动，记录回转角度，观察有无异常现象，记录机械臂自由度。

2）操作机械臂分别运动至最大垂直工作位置和最大水平工作位置，测量机械臂末端法兰中心与底盘转轴中心的距离，取两者较小值为机械臂的有效工作半径。

3）操作机械臂以最大作业速度由初始位置起升至最大垂直工作位置，再下降至最大水平工作位置，再左右各回转 360°，用秒表测量机械臂起升、下降、回转所用时间，记录机械臂末端最大起升、下降速度，最大回转速度，取最大值为机械臂末端最大移动速度。

（2）机器人振动性能测试。

1）整机振动。机器人应能承受规定的振动试验。振动试验严酷等级应满足下列条件要求：① 频率范围 10～55Hz；② 位移振幅 0.15mm；③ 扫频持续时间 10min；④ 扫频循环次数 2 次。

2）运输振动。包装后应能承受规定的严酷水平Ⅱ级、试验时间 180min 的运输振动试验。

（3）机械臂性能试验。

1）机械臂额定载荷试验。在机械臂末端挂接重量为机械臂额定负载的配重块，负载重心与机械臂末端法兰中心距离为 100mm，操作机械臂由初始位置起升至最大垂直工作位置，再下降至最大水平工作位置，再左右各回转 360°，最后回到初始位置，并在升降、回转过程中，各进行 1～2 次停止、启动，观察有无异常现象，机械臂各关节启动、回转、制动应平稳、准确，无抖动、晃动现象。机械臂额定载荷试验如图 4-48 所示。

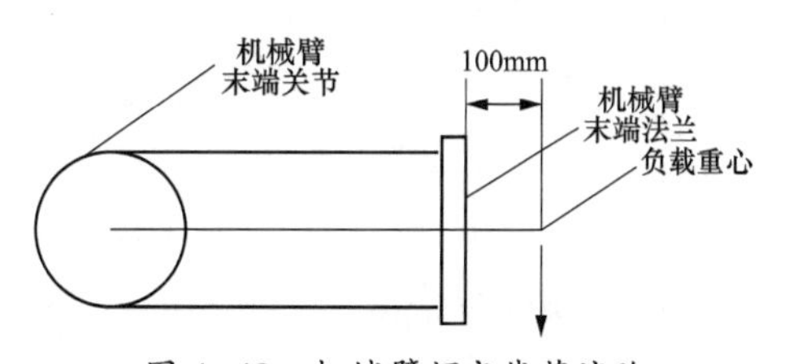

图 4-48　机械臂额定载荷试验

2）机械臂重复定位精度试验。试验应采用精度不低于 0.01mm 的测量系统进行位移测量，在示教模式下将机械臂调整至某一有效工作位置，控制机械臂回到初始位置后返回记录的位姿点，重复往返 10 次，按照标准的试验方法测量该位姿下的重复定位精度。试验应至少选取 5 个位姿的进行测量。每个位姿下的重复定位精度均应满足 4.3.1 的要求。

4.3.3 检验规则

1. 试验项目

试验应按规定的试验项目进行，试验结果应满足本文件中的各项技术要求。

2. 型式试验

在下列情况下，应进行型式试验。

（1）新产品投产前的定型鉴定。

（2）产品的结构、材料或制造工艺有较大改变，影响到产品的主要性能。

3. 出厂试验

产品以批为单位进行验收。同一牌号原料、同一规格、连续生产的产品为一批。产品出厂应逐个进行表7所列项目的出厂试验。

4. 交接试验

根据购买方的要求可进行产品的交接试验，也可由用户与厂商协商后，抽样做部分或全部型式试验项目。交接试验可在双方指定的、有条件的单位进行。

5. 预防性试验

使用中的配网带电作业机器人应每年进行一次预防性试验，具体项目见表4-11。

表4-11 预防性试验项目

序号	试验项目			标准条文	型式试验	出厂试验	交接试验	预防性试验
1	基本要求		低温试验	4.3.1	+	−	−	−
2			高温试验	4.3.1	+	−	−	−
3			湿热试验	4.3.1	+	−	−	−
4			外观检查	4.3.1	+	+	+	+
5			外壳防护等级	4.3.1	+	−	−	−
6	基本功能试验		急停功能	4.3.1	+	+	+	+
7			识别定位功能	4.3.1	+	−	−	−
8			通信功能	4.3.1	+	+	+	−
9			控制功能	4.3.1	+	+	+	−
10	带电作业功能试验			4.3.1	+	+	+	−
11	机器人电气性能试验	绝缘性能试验	绝缘材料层向耐压试验	4.3.1	+	−	−	−
12			绝缘衣层向耐压试验	4.3.1	+	−	+	+
13			机械臂关节处的绝缘试验	4.3.1	+	−	+	+
14			绝缘衣沿面绝缘试验	4.3.1	+	−	+	+
15			末端工具连接件绝缘试验	4.3.1	+	−	+	+
16			机器人本体外壳绝缘试验	4.3.1	+	−	+	+

续表

序号	试验项目			标准条文	型式试验	出厂试验	交接试验	预防性试验
17	机器人电气性能试验	电磁兼容试验	静电放电抗扰度试验	4.3.1	+	−	−	−
18			射频电磁场辐射抗扰度试验	4.3.1	+	−	−	−
19			工频磁场抗扰度试验	4.3.1	+	−	−	−
20			脉冲磁场抗扰度试验	4.3.1	+	−	−	−
21			阻尼振荡磁场抗扰度试验	4.3.1	+	−	−	−
22			电晕放电抗扰度试验	4.3.1	+	−	+	−
23			电弧放电抗扰度试验	4.3.1	+	−	+	−
24	机器人机械性能试验	特征参数测量	机械臂工作半径	4.3.1	+	+	−	−
25			机械臂末端最大移动速度	4.3.1	+	+	−	−
26		振动性能试验	整机振动	4.3.1	+	−	−	−
27			运输振动	4.3.1	+	−	−	−
28		机械臂性能试验	额定载荷	4.3.1	+	+	−	+
29			重复定位精度	4.3.1	+	+	−	−
30	末端作业工具试验		电磁兼容试验	4.3.1	+	−	+	−
31			剥线功能试验	4.3.1	+	−	−	−
32			接线功能试验	4.3.1	+	−	−	−
33			螺栓松紧功能试验	4.3.1	+	−	−	−
34			断线功能试验	4.3.1	+	−	−	−
35	安全与功效评估			4.3.1	+	−	−	−

注 “+”表示试验必做项目，“−”表示试验可选项目。

4.4 维 保 清 单

例行维保清单见表4-12，专业维护清单见表4-13。

表4-12　　例 行 维 保 清 单

序号	组件	问题	维护	检周期
1	机器人本体	外观	外观清洁	每次作业结束后
			绝缘壳破损或松动	每次作业结束后
2	激光雷达	外观	外观清洁	每次作业结束后
			整体部件破损或松动	每次作业结束后

续表

序号	组件	问题	维护	检周期
3	工具台	外观	外观清洁	每次作业结束后
			整体部件破损或松动	每次作业结束后
		工具台定位销	是否开合正常、是否存在松动	每次作业结束后
		工具定位销	是否存在松动	每次作业结束后
4	螺旋夹线器	外观	外观清洁	每次作业结束后
			整体部件破损或松动	每次作业结束后
		丝杆螺母	添加润滑脂	3 个月
5	线夹工具	外观	外观清洁	每次作业结束后
			整体部件破损或松动	每次作业结束后
		线夹锁止装置	是否正常上锁解锁	每次作业结束后
6	智能剥线器	外观	外观清洁	每次作业结束后
			整体部件破损或松动	每次作业结束后
		旋转齿轮	异物清理	每次作业结束后
			添加润滑脂	3 个月
		丝杆、导向轴、夹线块齿轮	异物清理	每次作业结束后
			添加润滑脂	3 个月
7	终端平板	外观	外观清洁	每次作业结束后
			整体部件破损或松动	每次作业结束后
8	RTK	外观	外观清洁	每次作业结束后
			整体部件破损或松动	每次作业结束后

表 4-13　　专业维护清单

序号	对象	维护项目	维护指标	维护周期
1	机器人本体	机械臂	机械臂关节校准，零点校验	1 年
2		机械臂绝缘衣	定期更换	6 个月
3		定位识别相机	视觉定位精度校准	1 年
4		激光雷达	雷达精度校准	1 年
5		供电模块	电池电压、电量校准	1 年
6		微型气象站	温度、湿度、风速等测量精度校准	1 年
7	末端作业工具及附件	末端作业工具	断线剪、剥皮刀等易损件更换	1 年
8		绝缘连接件	定期更换	6 个月
9	机器人软件	系统软件	软件维护升级，漏洞修复	1 年
10		功能软件	功能优化与更新	1 年

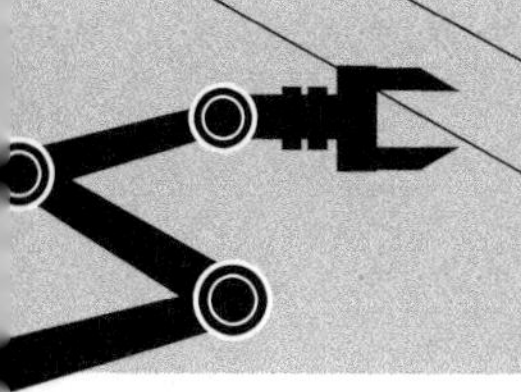

5　配网带电作业机器人典型作业项目

5.1　普通消缺及装拆附件类

5.1.1　带电安装接地环作业流程

说明：以下示例操作流程的作业场景如下：① 主线布局为三角排列，规格为 240mm²；② 斗臂车位置为电线杆在左侧，没有融合控斗功能。

1. 登录终端界面

步骤 1：打开控制终端平板，点击 进入配网带电作业机器人控制系统。

步骤 2：GUI 登录界面如图 5-1 所示。选择用户名“admin”，输入密码“666”，点击登录，系统将跳转到“作业数据录入”界面，如图 5-2 所示。

图 5-1　GUI 登录界面

步骤 3：根据实际情况填写正确的作业信息后点击“下一步”。

2. 选择作业场景

步骤 1：“工作类别选择”界面如图 5-3 所示，选择工作类别为“接地环”，点击“下一步”。系统将跳转到作业场景选择界面。

步骤 2：选择作业场景参数，点击“确认”按钮。

步骤 3：根据界面提示，检查工具摆放是否正确，单击“下一步”。

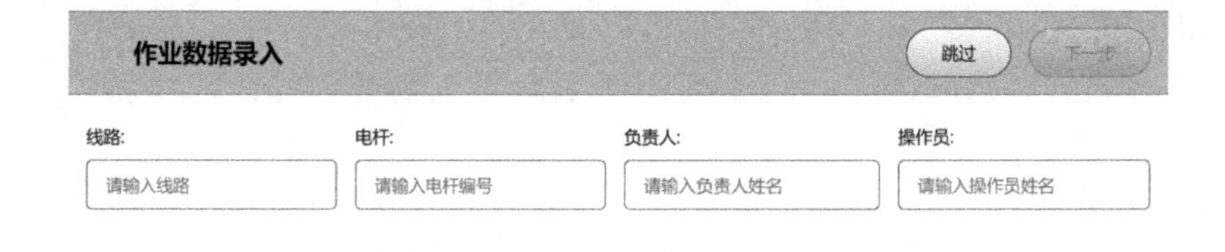

图 5-2 “作业数据录入”界面

图 5-3 “工作类别选择”界面

步骤 4：系统自动检查预设的检查项。等待大约 5s，系统显示自检结果。

注意： 如果自检列表有不成功项，表示当前机器人软件或硬件情况不满足作业要求，需要排查解决后再进行作业。

步骤 5：点击“下一步”，跳转到停车点标定界面。

3. 停车点标定

步骤 1：作业人员勘察作业环境，将绝缘斗臂车停在合适的作业位置。

步骤 2：检查机器人斗臂是否处于界面提示的位置上。

步骤 3：确认位置正确后，点击“标定”，系统记录斗臂车原点信息，如图 5-4 所示。

图 5-4 停车点标定

注意：停车点标定完成后，在作业过程中不能再移动 RTK 基站的位置，也不能更换 RTK 电池。

4. 位姿建模

步骤 1：检查机械臂初始位置。如果手臂处于装箱位置时，先点击“手臂回工具”，再点击“手臂回建模位”，使双臂回到机器人两侧。

步骤 2：将机器人上升至可以位姿建模的位置，点击“位姿建模”。系统完成三相位姿建模后，出现点云模型和“选点”按钮，如图 5-5 所示。

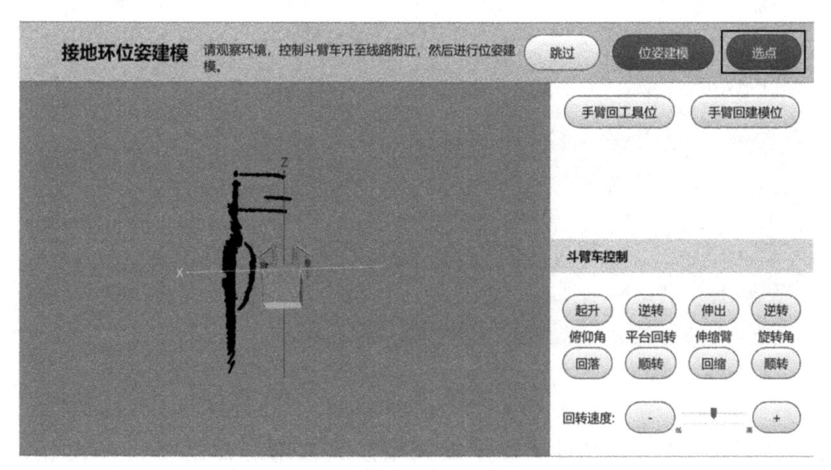

图 5-5 点云模型和“选点”按钮

步骤 3：点击“选点”，系统跳转到位姿建模选点界面，显示自动选点结果，如图 5-6 所示。

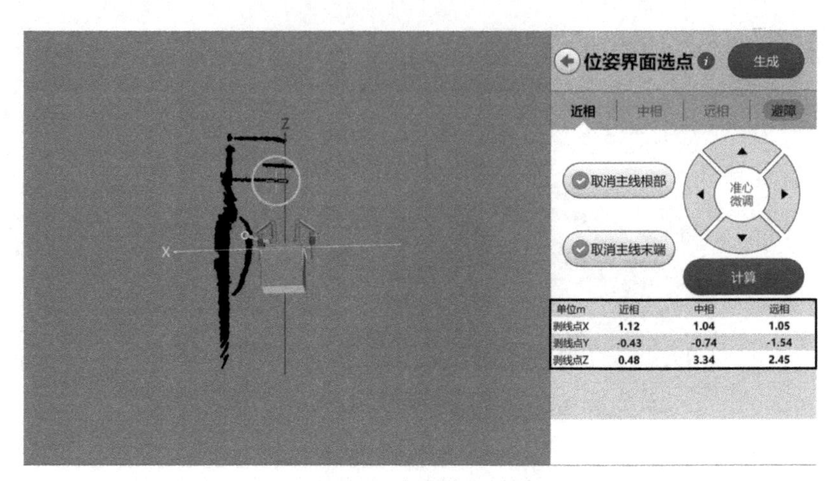

图 5-6　自动选点结果

说明：系统自动选点结果分为选点全部正确、选点部分正确、选点都不正确 3 种，需要作业人员通过点云模型判断。

步骤 4：判断每一相线路中系统选的两个作业点是否正确。若选点正确，则点击“计算”，获取作业点位数据；若选点不正确，则取消线路的选点，在点云模型上重新手动选点，再点击“计算”，获取作业点位数据，如图 5-7 所示。

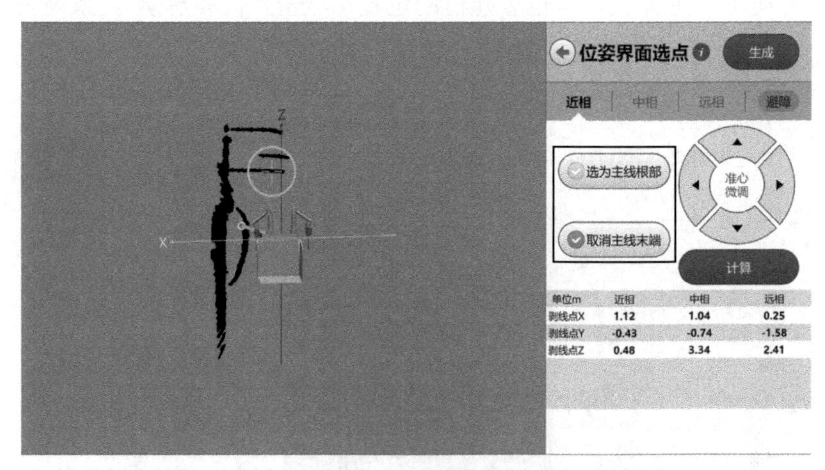

图 5-7　手动选点

步骤 5：确认自动点云分割计算出来的三相作业数据是否正确。如果计算正确，点击“生成”，会弹出提示框，询问是否继续生成位姿数据，如图 5-8（a）所示。如果继续，点击“是”按钮，显示位姿计算成功，如图 5-8（b）所示。点击“确认”，系统跳转到任务作业界面。

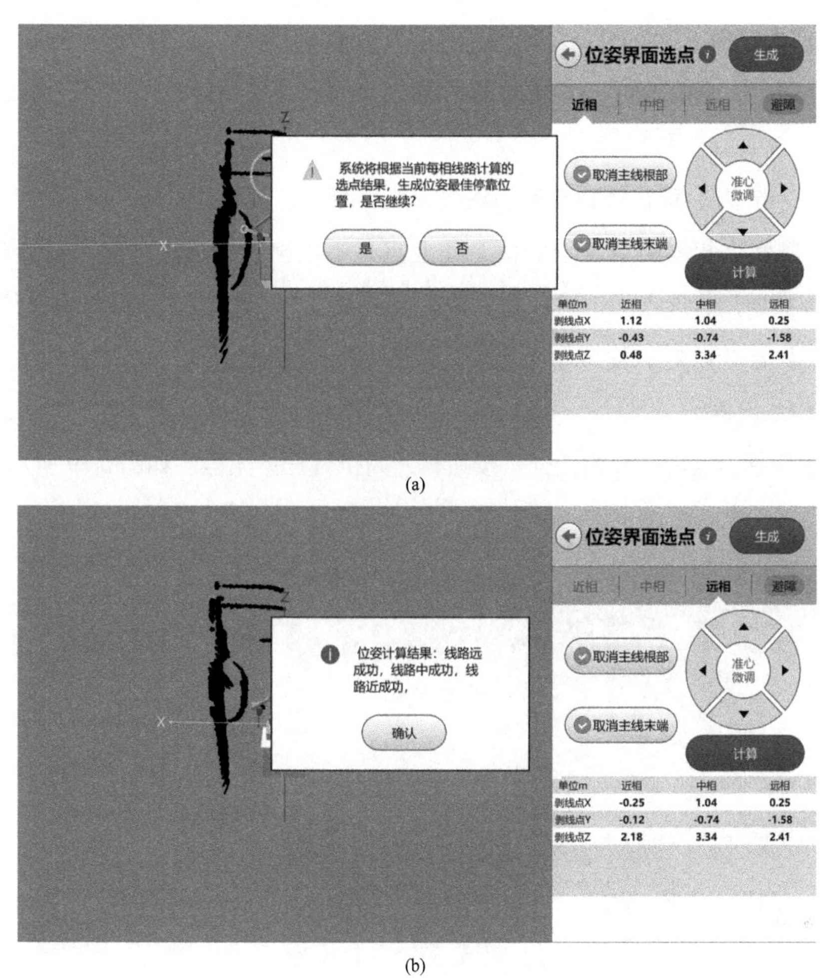

(a)

(b)

图 5-8　位姿计算

5. 单相位姿调整

注意：在任务作业中，每条线路（近相、中相和远相）都需要进行“位姿调整→单相建模→单相选点”。

步骤 1：选择“远相”作业线路，点击“位姿调整”。系统跳转到位姿调整界面。

步骤 2：调整绝缘斗到界面中红框位置。

说明：当 X、Y、Z 的方向偏差及 Z 轴旋转偏差小于误差范围时，数值由红色变为绿色，表示当前斗臂车已经在可作业位置。

步骤 3：点击“确定”，跳转到位姿建模界面。

6. 单相位姿建模

步骤 1：点击“单相建模”，跳转到单相建模界面。当单相建模完成时，界面的“选点”按钮点亮。

步骤 2：点击“选点”，跳转到单相建模选点界面。

步骤 3：判断远相线路系统选的两个作业点是否正确。若选点正确，则点击“计算”，获取作业点位数据；若选点不正确，则手动选点，再点击“计算”，获取作业点位数据。

步骤 4：点击“生成”，完成单相建模，跳转到任务作业界面。

7. 单相作业流程

（1）开始任务。点击“开始任务”按钮，开始执行任务流程，如图 5-9 所示。

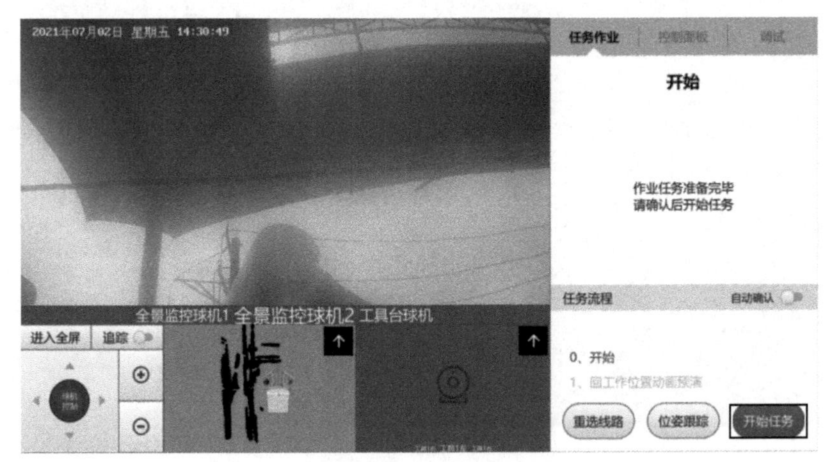

图 5-9　开始任务

（2）剥线流程。

1）执行回工作位置动画预演任务。通过界面观察机器人运动轨迹，确认动作安全无误后，点击“确认”。

2）执行回工作位置任务。右臂收起到机器一侧，确认动作安全无误后，点击“确认”。

3）执行取剥线器任务，如图 5-10 所示。左臂移动到工具台上方，取出剥线器，确认动作安全无误后，点击“确认”。

4）执行到主线下方动画预演任务，如图 5-11 所示。通过界面观察机器人运动轨迹，确认动作安全无误后，点击“确认”。

5）执行剥线器到主线下方任务，如图 5-12 所示。左臂带着剥线器移动到主线下方，确认动作安全无误后，点击“确认”。

图 5-10 取剥线器任务

图 5-11 到主线下方动画预演任务

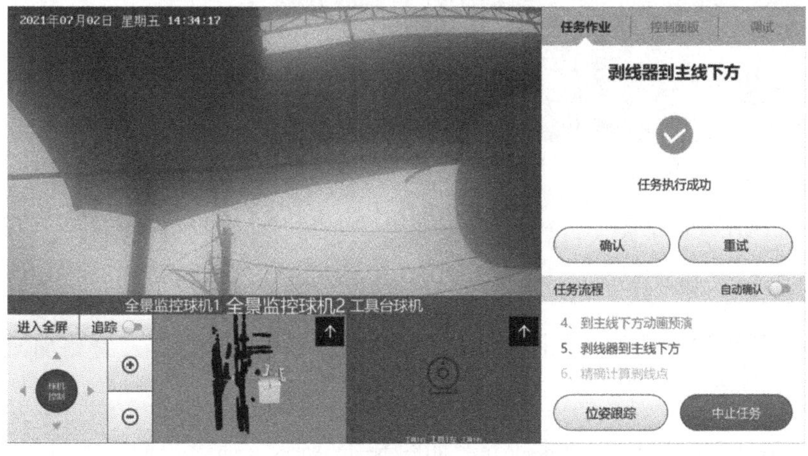

图 5-12 剥线器到主线下方任务

6）执行精确计算剥线点任务，如图 5-13 所示。左臂抬高进行主线数据扫描计算，获取精准的剥线点位置。确认动作执行到位后，点击“确认”。

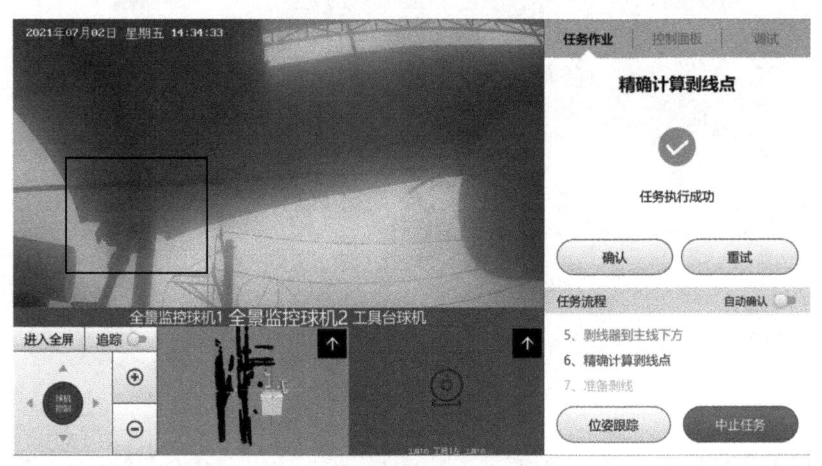

图 5-13　精确计算剥线点任务

7）执行准备剥线任务，如图 5-14 所示。准备剥线，右臂移动到主线附近，剥线器张开后，移动扣紧主线，确认动作执行到位后，点击“确认”。

图 5-14　准备剥线任务

8）执行剥线任务，如图 5-15 所示。左臂开始剥线，剥线器旋转剥线皮 12cm 主线后停止，剥线器夹线块松开主线。确认动作执行到位后，点击“确认”。

9）执行剥线器退出任务，如图 5-16 所示。剥线器反转张开，左臂移动使剥线器退出主线。确认动作执行到位后，点击“确认”。

10）执行放回剥线器动画预演任务，如图 5-17 所示。通过界面观察机器人运动轨迹，确认动作安全无误后，点击“确认”。

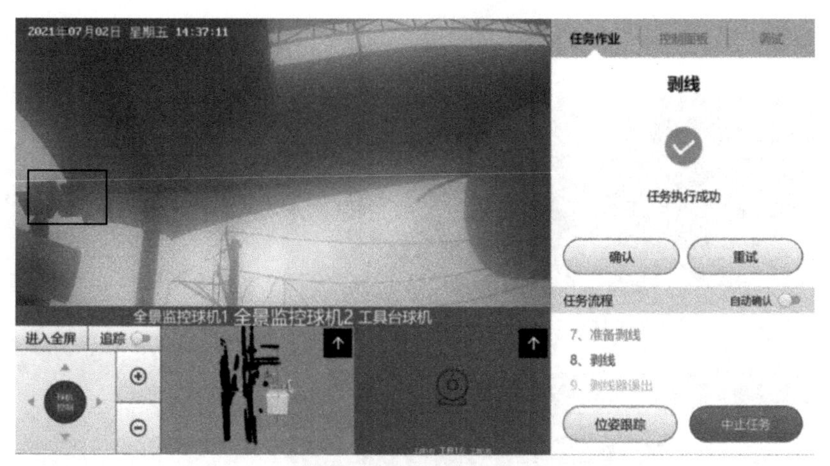

图 5-15　剥线任务

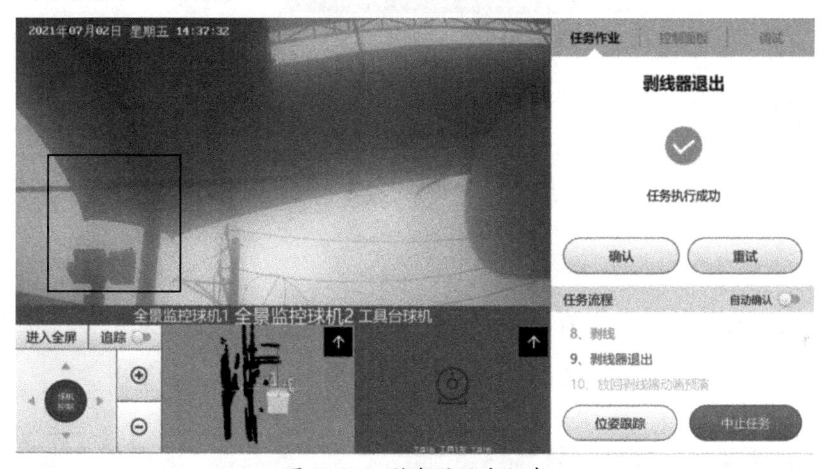

图 5-16　剥线器退出任务

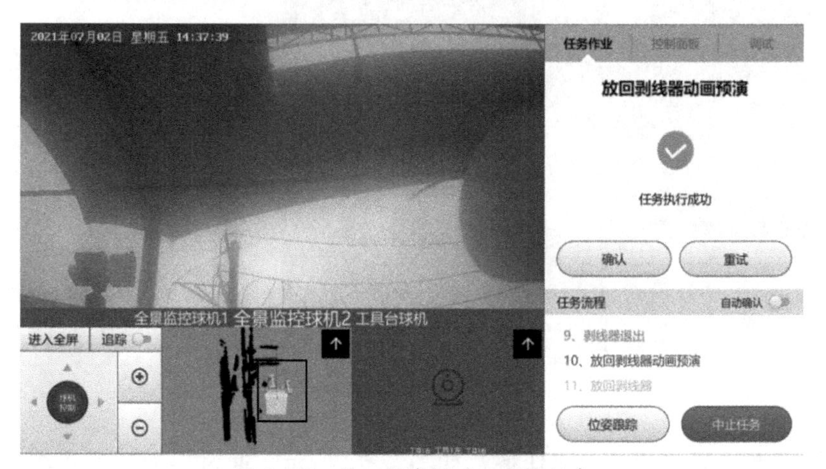

图 5-17　放回剥线器动画预演任务

11）执行放回剥线器任务，如图 5-18 所示。左臂移动到工具台上方，并将剥线器放回工具台。确认动作执行到位后，点击“确认”。

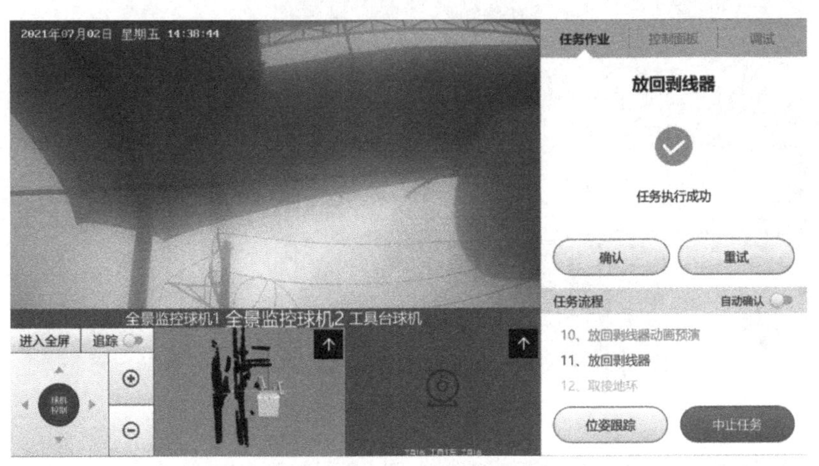

图 5-18 放回剥线器任务

（3）安装接地环。

注意： 接地环必须位于距主线支点 0.5～1m 的范围内，不能距离主线起始点过远或过近。

1）执行取接地环任务，如图 5-19 所示。左臂移动到工具台上方，从工具台取出接地环工具，确认动作执行到位后，点击“确认”。

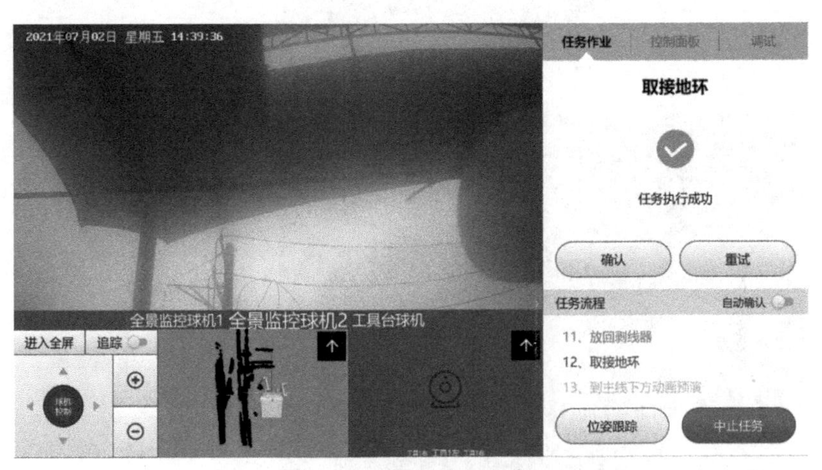

图 5-19 取接地环任务

2）执行到主线下方动画预演任务，如图 5-20 所示。通过界面观察机器人运动轨迹，确认动作安全无误后，点击“确认”。

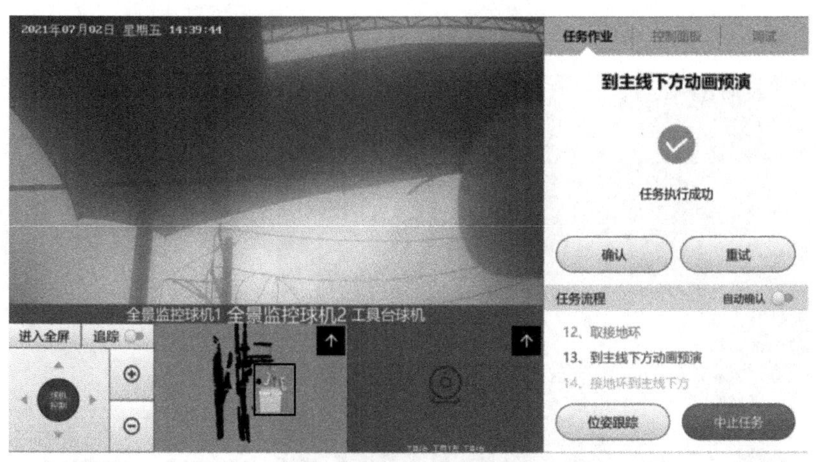

图 5-20 到主线下方动画预演任务

3）执行接地环到主线下方任务，如图 5-21 所示。左臂带着接地环工具移动到主线下方，确认动作安全无误后，点击“确认”。

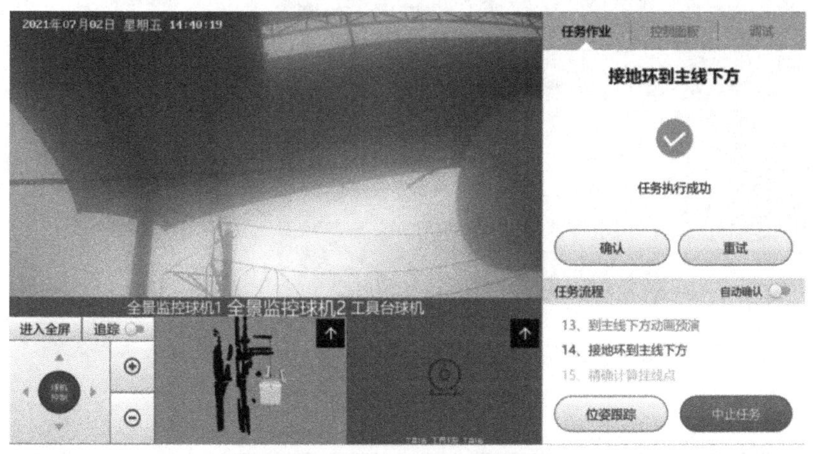

图 5-21 接地环到主线下方任务

4）执行精确计算挂线点任务，如图 5-22 所示。左臂抬高进行主线数据扫描计算，获取精准的挂线点位置。确认动作执行到位后，点击“确认”。

5）执行挂接地环任务，如图 5-23 所示。左臂带着接地环上移，从下往上扣进主线剥开处。确认动作正确执行完成后，点击“确认”。

6）执行锁紧接地环任务，如图 5-24 所示。左臂开始锁线夹，等待一段时间后线夹锁紧。确认动作正确执行完成后，点击“确认”。

7）执行接地环反转分离任务，如图 5-25 所示。左臂末端电机反转，使接地环与工具插销脱离，确认动作正确执行完成后，点击“确认”。

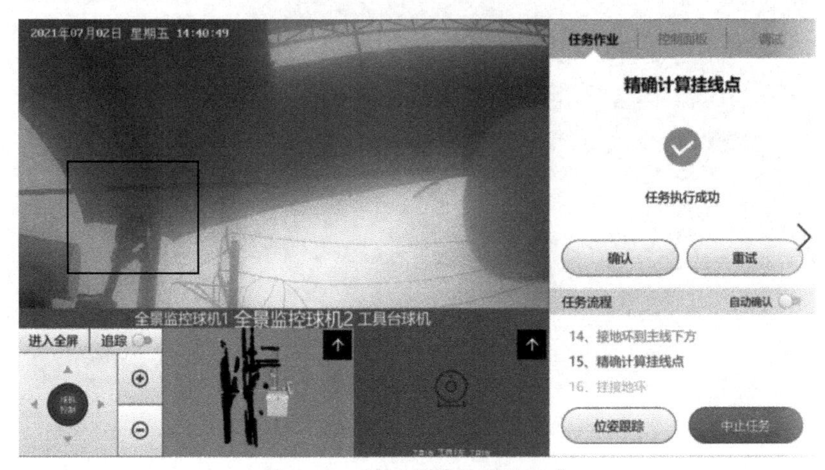

图 5-22　精确计算挂线点任务

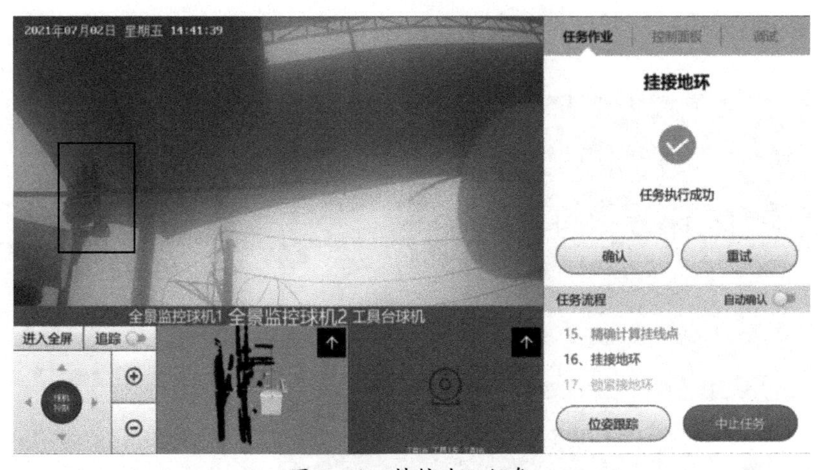

图 5-23　挂接地环任务

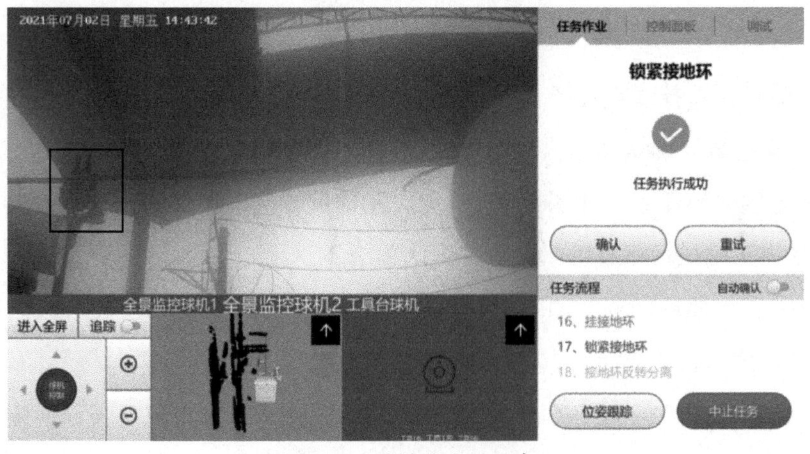

图 5-24　锁紧接地环任务

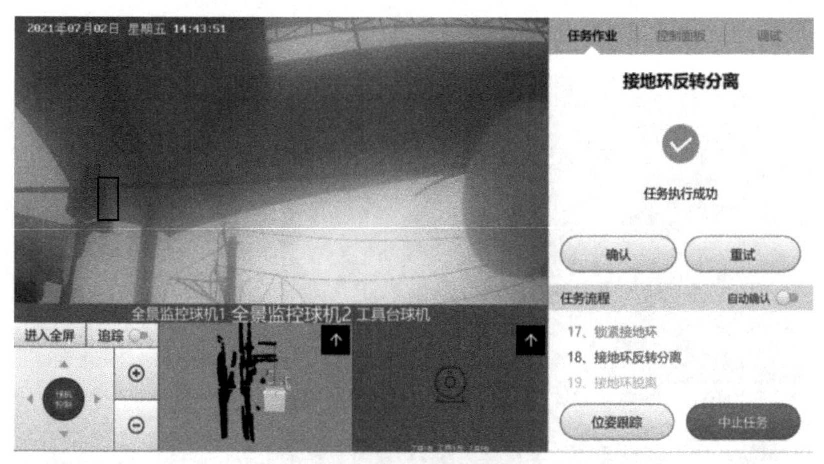

图 5-25　接地环反转分离任务

8）执行接地环脱离任务，如图 5-26 所示。左臂先向后移动再向下移动，使工具底座脱离接地环，确认动作正确完成后，点击“确认”。

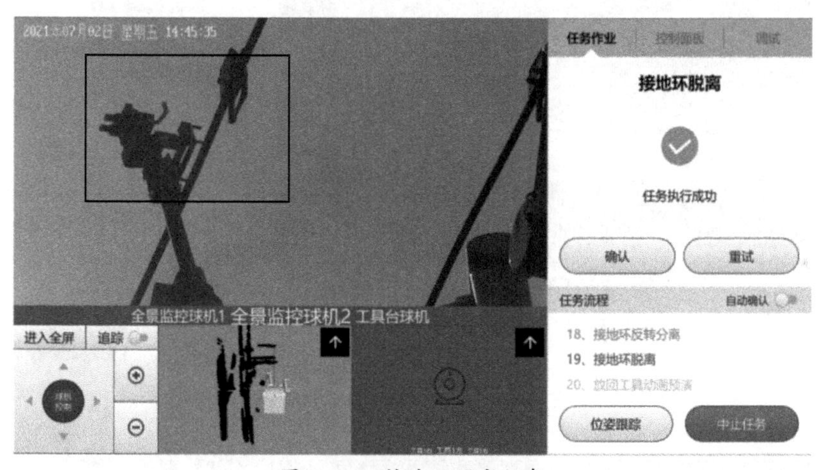

图 5-26　接地环脱离任务

9）执行放回工具动画预演任务，如图 5-27 所示。通过界面观察机器人运动轨迹，确认动作安全无误后，点击“确认”。

10）执行放回接地环工具任务，如图 5-28 所示。左臂移动到工具台上方，并将接地环工具放回工具台。确认动作执行到位后，点击“确认”。

（4）结束任务。

1）执行回建模位置任务，如图 5-29 所示。双臂从工具位置回到机器人两侧，确认动作安全无误后，点击“确认”。

2）执行结束任务步骤，如图 5-30 所示，点击“确认”，完成中相线路作业流程。

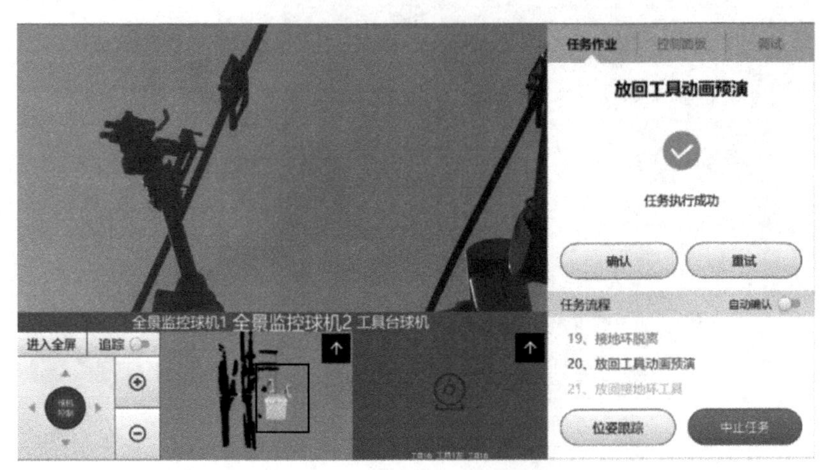

图 5-27　放回工具动画预演任务

图 5-28　放回接地环工具任务

图 5-29　回建模位置任务

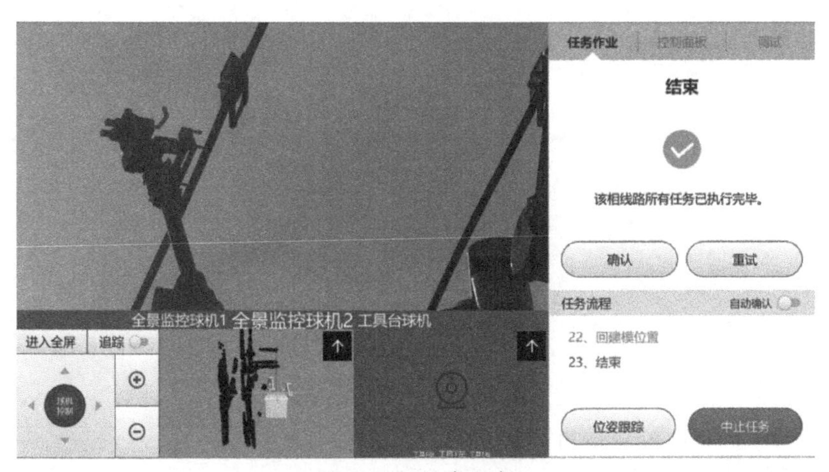

图 5-30 结束任务

8. 其他相作业流程

带电电缆接地环作业流程还需要完成中相和远相接地环任务，详情请参照本节 5～7 所有步骤。

5.1.2 带电安装驱鸟器作业流程

1. 带电安装磁吸式驱鸟器作业流程

（1）登录终端界面。

步骤 1：打开控制终端平板，点击 ▮ 进入配网带电作业机器人控制系统。

步骤 2：GUI 登录界面如图 5-31 所示。选择用户名“admin”，输入密码“666”，点击登录，系统跳转到“作业数据录入”界面，如图 5-32 所示。

图 5-31 GUI 登录界面

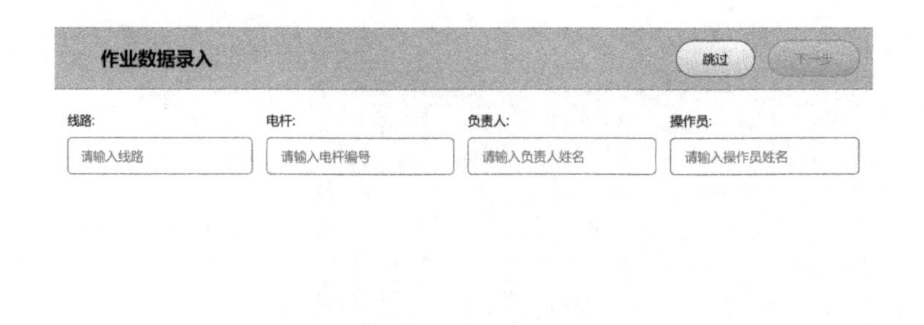

图 5-32 “作业数据录入”界面

步骤 3：根据实际情况填写正确的作业信息后点击“下一步”。

（2）选择作业场景。

步骤 1：“工作类别选择”界面如图 5-33 所示，选择工作类别为“接线”，点击“下一步”。系统跳转到“接线场景选择”界面，如图 5-34 所示。

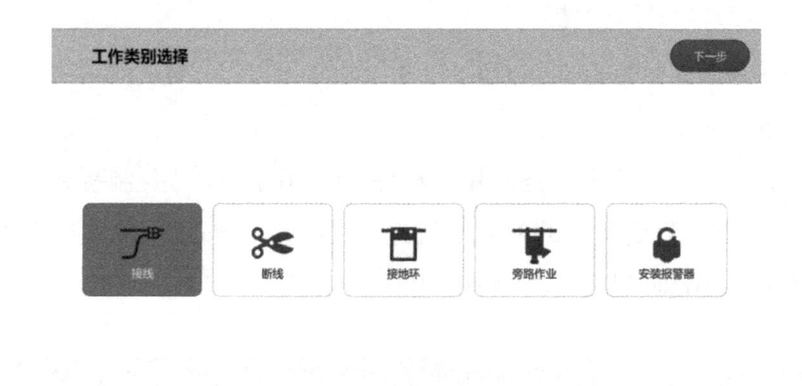

图 5-33 “工作类别选择”界面

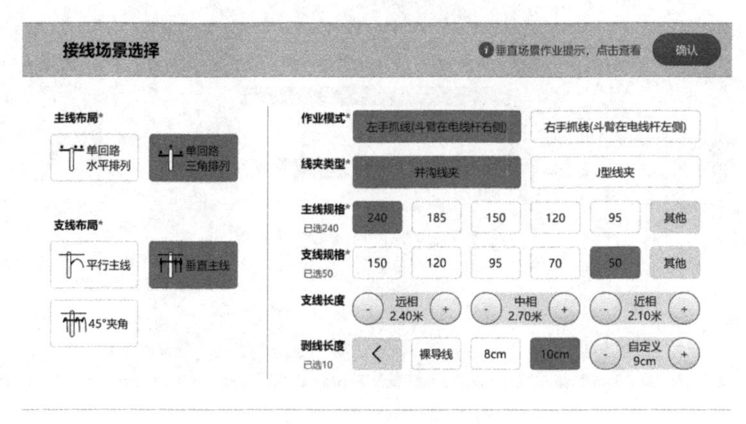

图 5-34 “接线场景选择”界面

步骤 2：选择作业场景参数，点击“确认”按钮。系统跳转到自检界面。

步骤 3：自动检查系统预设的检查项。等待大约 5s，系统显示自检结果。

注意： 如果自检列表有不成功项，表示当前机器人软件或硬件情况不满足作业要求，需要排查解决后再进行作业。

步骤 4：点击“下一步”，跳转到停车点标定界面。

（3）停车点标定。此功能不需要执行停车点标定，直接点击下一步。

（4）位姿建模。此功能不需要执行位姿建模，直接点击下一步。

（5）抓取工具实物如图 5-35 所示。下发取工具指令，自动控制手臂取工具。

（6）控斗运动。

步骤 1：粗调整车辆斗臂。控制机器人斗臂升空到距离安装驱鸟器横担水平距离 1.5m 处。

步骤 2：精调整车辆斗臂，使车辆斗臂到合适的停斗位置。

步骤 3：切换到手动控制模型，微调手臂位置。使机器人手臂高于横担且水平向横担靠近，直至驱鸟器可完整贴合到横担表面合适位置上方，如图 5-36 所示。

图 5-35　抓取工具实物

图 5-36　驱鸟器放置

（7）单向作业流程。

1）摇操放置。执行摇操任务，手动控制手臂，使得磁吸式驱鸟器完全贴合横担，并吸附在横担表面，如图 5-37 所示。

2）微调检测。执行检测任务，驱鸟器安装后，施加一定力度遥控手臂去检测驱鸟器底座吸附是否牢固，晃动不脱落则说明安装牢固。

3）驱鸟器脱离。控制末端执行器张开，摇操手臂远离驱鸟器装置，如图 5-38 所示。

4）工具放回。在确认周围没有干扰的情况下，控制手臂远离横担，单击对应手臂放回工具即可。

图 5-37　摇操放置

图 5-38　驱鸟器脱离

5）结束任务。执行双臂回到建模位置。

（8）其他相作业流程。驱鸟器作业流程还需要安装第二相驱鸟器，详情参照上述的所有步骤。

2. 带电安装固定式驱鸟器作业流程

说明： 以下示例操作流程的作业场景如下：① 作业模式为机器人左手操作；② 斗臂车有融合控斗功能。

（1）登录终端界面。

步骤 1：打开控制终端平板，点击 进入配网带电作业机器人控制系统。

步骤 2：GUI 登录界面如图 5-39 所示。选择用户名"admin"，输入密码"666"，点击登录，系统跳转到"作业数据录入"界面，如图 5-40 所示。

步骤 3：根据实际情况填写正确的作业信息后点击"下一步"。

图 5-39　GUI 登录界面

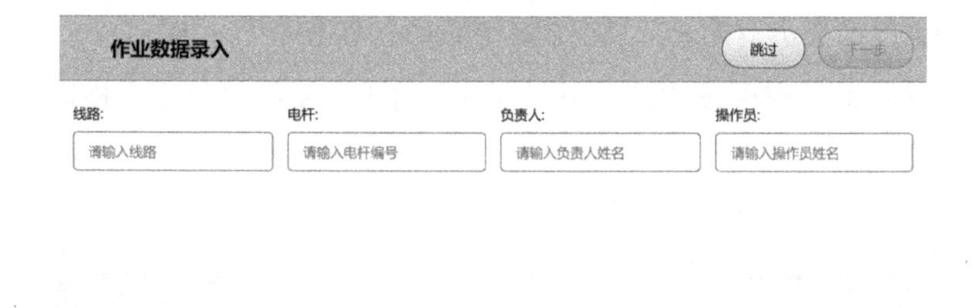

图 5-40 作业数据录入

（2）选择作业场景。

步骤 1："工作类别选择"界面如图 5-41 所示，选择工作类别为"驱鸟器"，点击"下一步"。系统将跳转到"安装驱鸟器场景选择"界面，如图 5-42 所示。

步骤 2：选择作业场景参数"左手操作"，点击"确认"按钮。

图 5-41 "工作类别选择"界面

图 5-42 "安装驱鸟器场景选择"界面

步骤 3：根据界面提示，检查工具摆放是否正确，单击“下一步”。

步骤 4：系统自动检查预设的检查项，等待大约 5s，系统将显示自检结果，如图 5-43 所示。

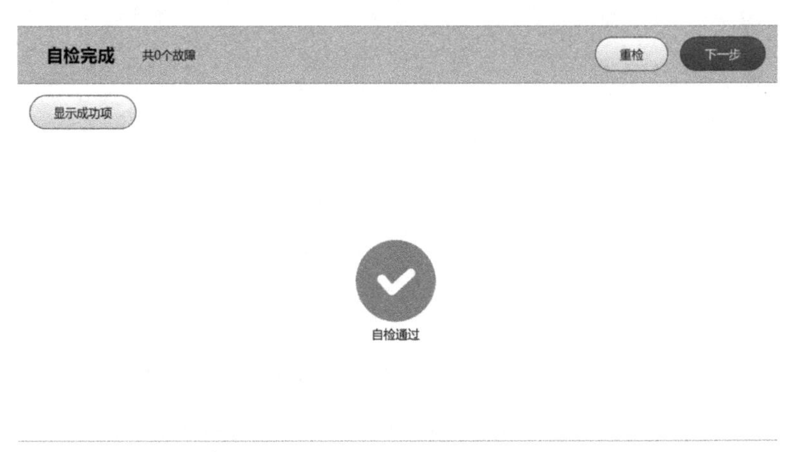

图 5-43　自检完成

注意：如果自检列表有不成功项，表示当前机器人软件或硬件情况不满足作业要求，需要排查解决后再进行作业。

步骤 5：点击“下一步”，跳转到“停车点标定”界面，如图 5-44 所示。

图 5-44　“停车点标定”界面

（3）停车点标定。

步骤 1：作业人员勘察作业环境，将绝缘斗臂车停在合适的作业位置。

步骤 2：检查机器人斗臂是否处于界面提示的位置上。

步骤 3：确认位置正确后，点击“标定”，系统记录斗臂车原点信息。

注意：停车点标定完成后，在作业过程中不能再移动 RTK 基站的位置，也不能更换 RTK 电池。

（4）位姿建模。

步骤 1：检查机械臂初始位置，如图 5-45 所示。如果手臂处于装箱位置时，先点击“手臂回工具”，再点击“手臂回建模位”，使双臂回到机器人两侧。

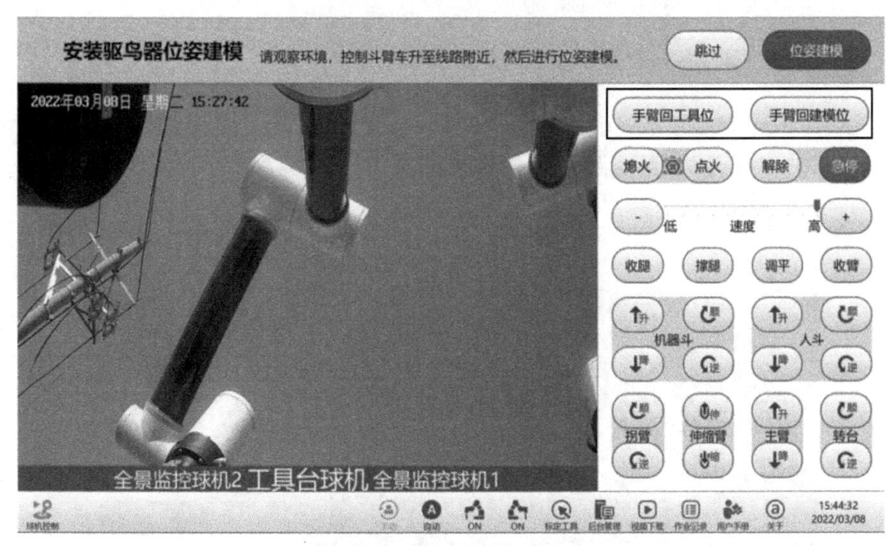

图 5-45　检查机械臂初始位置

步骤 2：将机器人上升至可以位姿建模的位置，点击“位姿建模”，如图 5-46 所示。

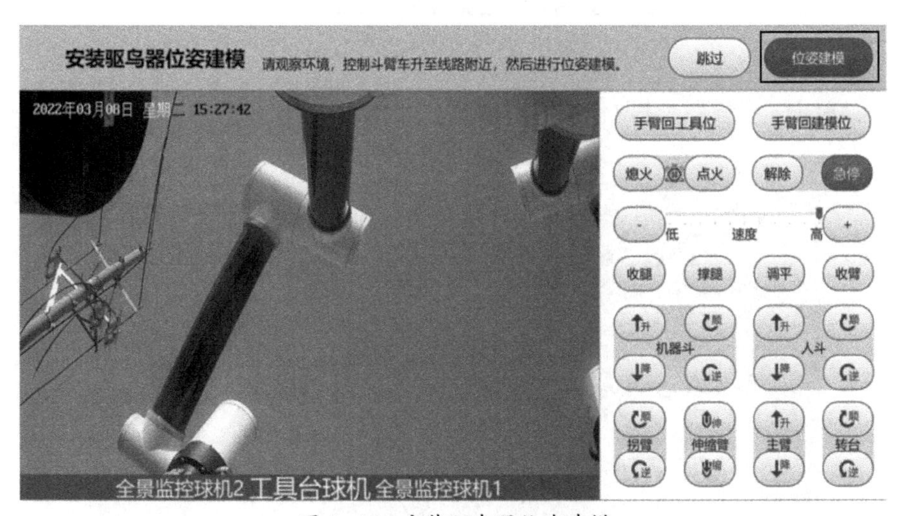

图 5-46　安装驱鸟器位姿建模

步骤 3：系统完成位姿建模后，将出现点云模型和“选点”按钮，如图 5-47 所示。

图 5-47　建模完成

步骤 4：点击“选点”，系统跳转到位姿界面选点，如图 5-48 所示。手动在点云模型选择横杆点和安装驱鸟器的点。

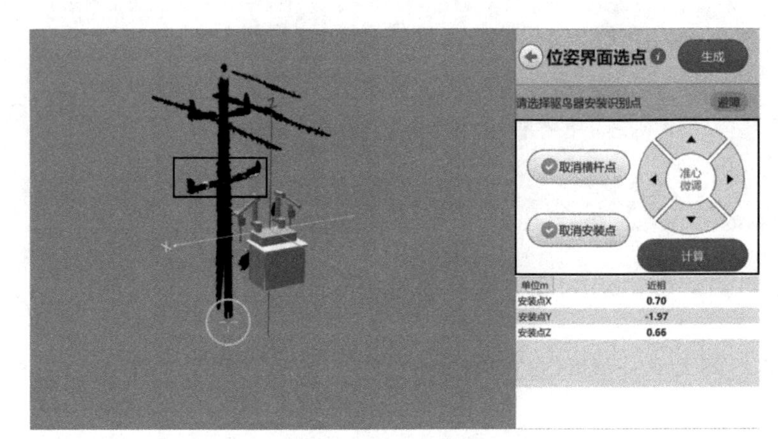

图 5-48　位姿选点

步骤 5：单击“计算”，获取作业点位数据，如图 5-49 所示。

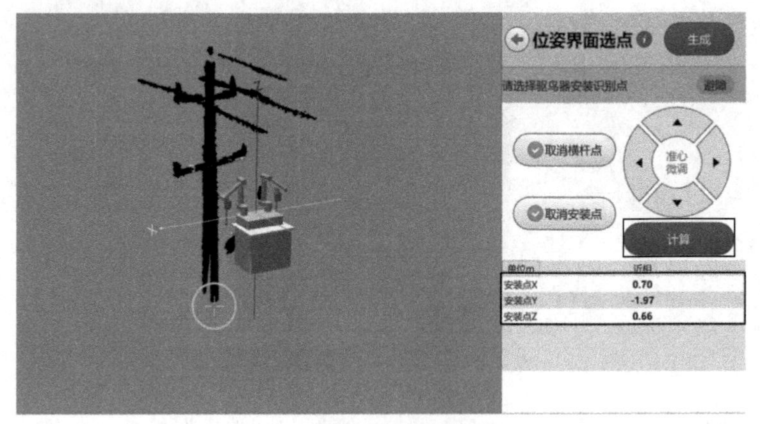

图 5-49　作业点位数据

步骤 6：点击“生成”，会弹出提示框，询问是否继续生成位姿数据，如图 5-50（a）所示。如果继续，点击“是”按钮，显示位姿计算成功，如图 5-50（b）所示。点击“确认”，系统跳转到任务作业界面。

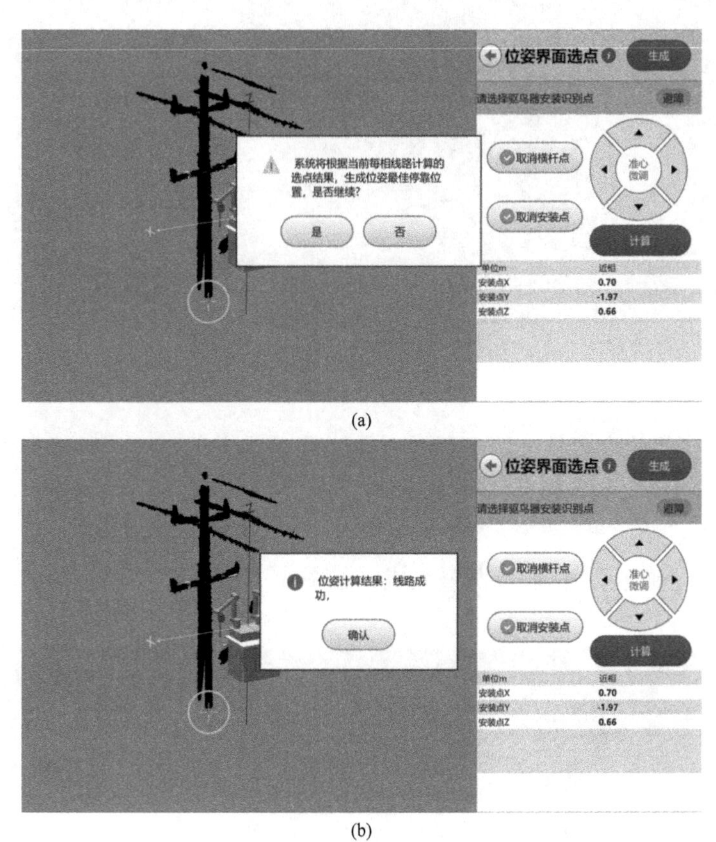

(a)

(b)

图 5-50　位姿计算

（5）单相位姿调整。

步骤 1：点击“位姿调整”，系统跳转到位姿调整界面，如图 5-51 所示。

图 5-51　位姿调整界面

步骤 2：调整绝缘斗到界面中红框位置，如图 5–52 所示。

图 5–52　调整绝缘斗位置

说明：当 X、Y、Z 的方向偏差及 Z 轴旋转偏差小于误差范围时，数值由红色变为绿色，表示当前斗臂车已经在可作业位置。

步骤 3：点击“确定”，作业位调整完成，如图 5–53 所示。

图 5–53　作业位调整完成

（6）单相位姿建模。

步骤 1：点击“单相建模”，跳转到单相建模界面，如图 5–54 所示。当单相建模完成时，界面的“选点”按钮将点亮，如图 5–55 所示。

步骤 2：点击“选点”，跳转到单相建模选点界面。

步骤 3：手动在点云模型选择横杆点和安装驱鸟器的点，如图 5–56 所示。点击“计算”，获取作业点位数据。点击“生成”，完成单相建模，跳转到任务作业界面。

图 5-54　单相建模界面

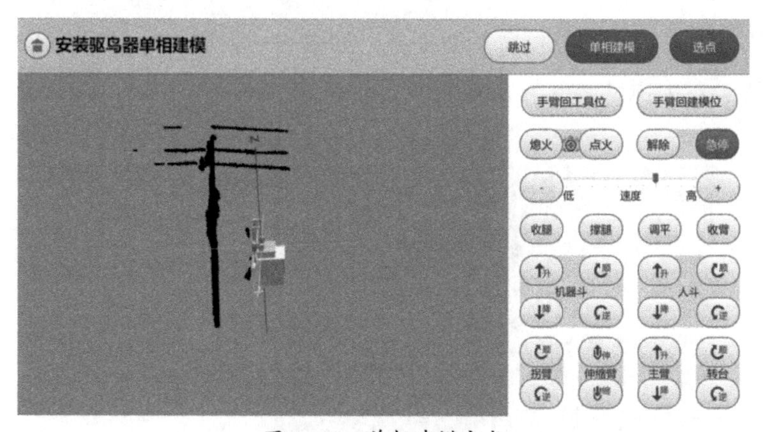

图 5-55　单相建模完成

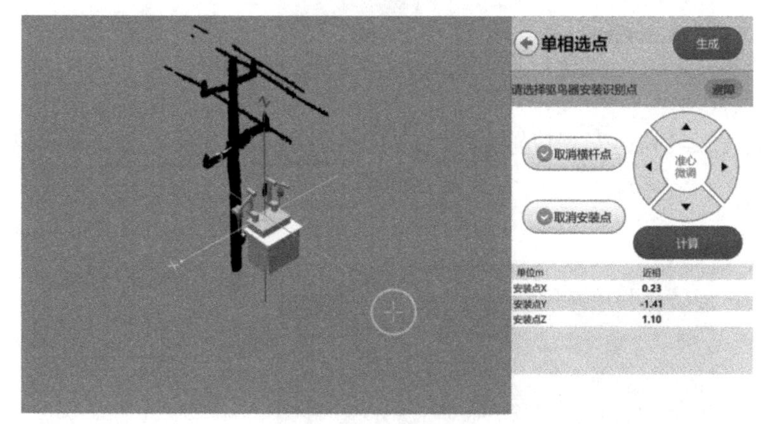

图 5-56　单相选点

（7）作业流程。

1）开始任务。点击“开始任务”按钮，开始执行任务流程，如图 5-57 所示。

图 5-57　开始任务

2）安装驱鸟器。

步骤 1：执行工具到达安装位置预演任务，如图 5-58 所示。通过界面观察机器人运动轨迹，确认动作安全无误后，点击“确认”。

图 5-58　工具到达安装位置预演任务

步骤 2：执行工具到达安装位置任务。左臂移动到横杆下方，确认动作执行到位后，点击“确认”，如图 5-59 所示。

图 5-59　工具到达安装位置任务

步骤 3：执行精确识别安装点任务。左臂抬高进行横杆数据扫描计算，获取精准的安装点位置。确认动作执行到位后，点击“确认”，如图 5-60 所示。

图 5-60 精确识别安装点任务

步骤 4：执行绝缘杆预放回预演任务，如图 5-61 所示。通过界面观察机器人运动轨迹，确认动作安全无误后，点击“确认”。

图 5-61 绝缘杆预放回预演任务

步骤 5：执行绝缘杆预放回任务。左臂回到工具位，确认动作执行到位后，点击“确认”，如图 5-62 所示。

步骤 6：执行工具扣入角钢动画预演任务，如图 5-63 所示。通过界面观察机器人运动轨迹，确认动作安全无误后，点击“确认”。

步骤 7：执行取驱鸟器工具任务，如图 5-64 所示。左臂移动到工具台上方，从工具台取出驱鸟器工具，确认动作执行到位后，点击“确认”。

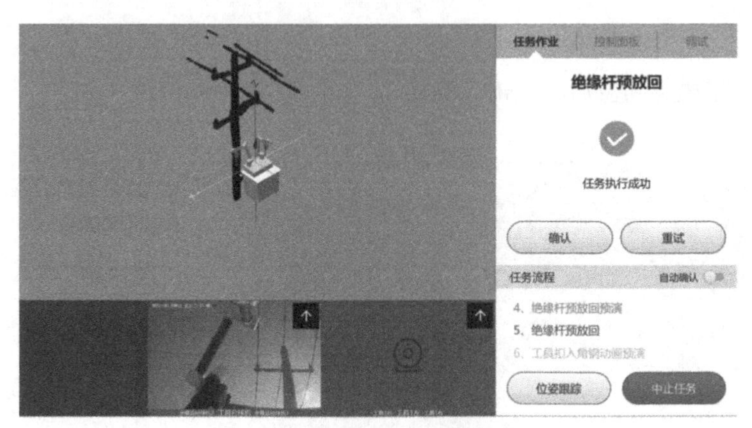

图 5-62　绝缘杆预放回任务

图 5-63　工具扣入角钢动画预演任务

图 5-64　取驱鸟器工具任务

步骤 8：执行工具扣入角钢任务，如图 5-65 所示。左臂带着驱鸟器工具上移，运动规划到与横杆平行位置。确认动作正确执行完成后，点击“确认”。

步骤 9：执行工具扣紧角钢任务，如图 5-66 所示。左臂将驱鸟器工具移入横杆，确认动作正确执行完成后，点击“确认”。

图 5-65　工具扣入角钢

图 5-66　工具扣紧角钢

步骤 10：执行拧紧螺母任务，如图 5-67 所示。左臂末端电机将驱鸟器推入横杆底部，压板下压后，将驱鸟器底部的螺母拧紧，确认动作正确执行完成后，点击“确认”。

图 5-67　拧紧螺母任务

步骤 11：执行工具松开角钢任务，如图 5-68 所示。工具压板上抬，使工具松开角钢，确认动作正确完成后，点击“确认”。

图 5-68　工具松开角钢任务

步骤 12：执行脱离角钢任务，如图 5-69 所示。左臂向后移，使驱鸟器工具脱离角，钢确认动作安全无误后，点击“确认”。

图 5-69　工具脱离角钢任务

步骤 13：执行移斗任务，如图 5-70 所示。自动跳转到位姿调整界面，根据界面提示内容，将斗臂降至离作业面 2 米高且远离线杆的位置，确认调整位置完成后，点击“确定”。跳转回任务作业界面，点击“确认”。

图 5-70　移斗任务

步骤 14：执行驱鸟器工具放回动画预演任务，如图 5-71 所示。通过界面观察机器人运动轨迹，确认动作安全无误后，点击“确认”。

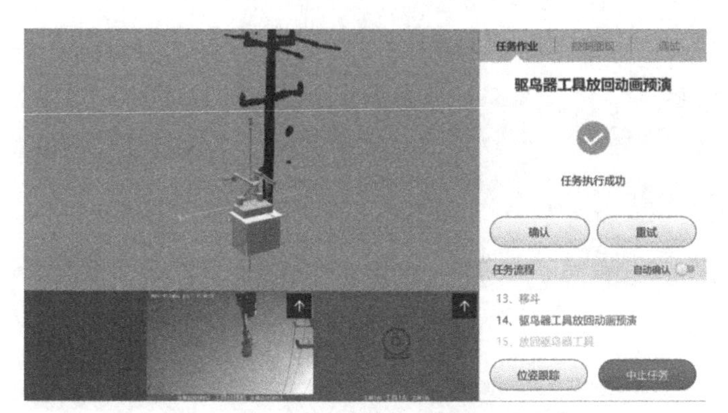

图 5-71 驱鸟器工具放回动画预演任务

步骤 15：执行放回驱鸟器工具任务，如图 5-72 所示。左臂将驱鸟器工具放回工具台，确认动作安全无误后，点击“确认”。

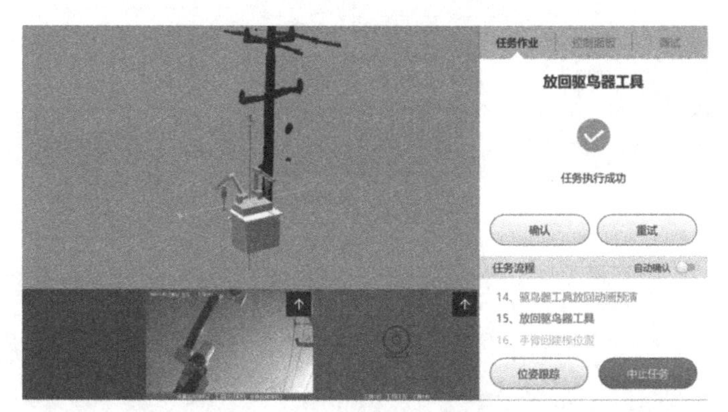

图 5-72 放回驱鸟器工具任务

3）结束任务。

步骤 1：执行手臂回建模位置任务，如图 5-73 所示。双臂从工具位置回到机器人两侧，确认动作安全无误后，点击“确认”。

步骤 2：执行结束任务步骤，如图 5-74 所示，点击“确认”，完成驱鸟器安装流程。

5.1.3 带电安装故障指示器作业流程

1. 登录终端界面

步骤 1：打开控制终端平板，点击 进入配网带电作业机器人控制系统。

步骤 2：GUI 登录界面如图 5-75 所示。选择用户名“admin”，输入密码“666”，点击登录，系统将跳转到“作业数据录入”界面，如图 5-76 所示。

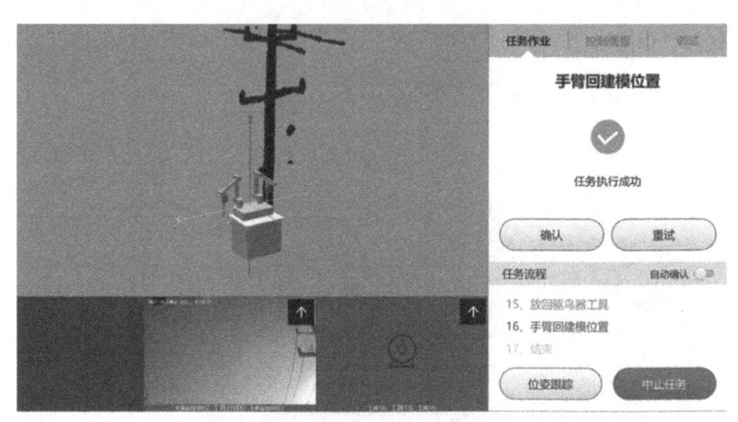

图 5-73　手臂回建模位置任务

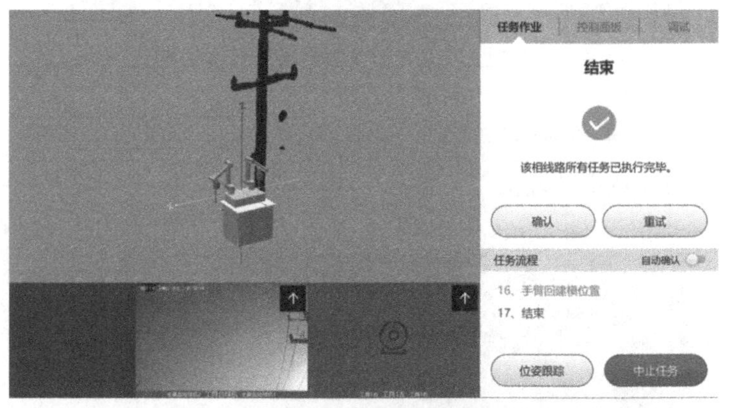

图 5-74　结束任务

图 5-75　GUI 登录界面

说明：以下示例操作流程的作业场景如下：① 主线布局为三角排列，规格为 150mm^2；② 斗臂车位置为电线杆在左侧，有融合控斗功能。

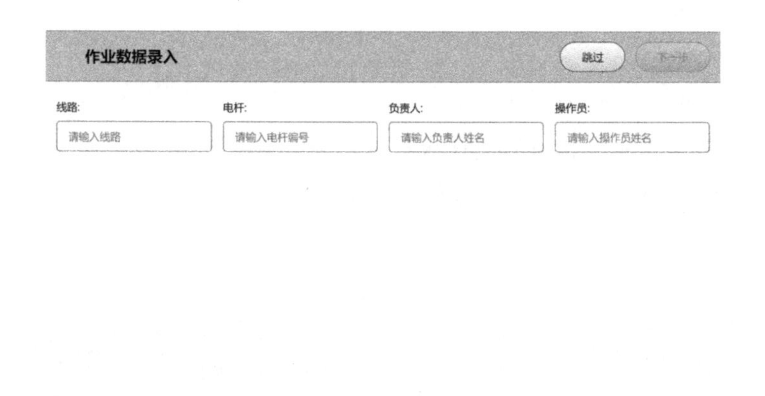

图 5-76 作业数据录入

步骤 3：根据实际情况填写正确的作业信息后点击“下一步”。

2. 选择作业场景

步骤 1：“工作类别选择”界面如图 5-77 所示，选择工作类别为“安装报警器”，点击“下一步”。系统将跳转到“安装报警器场景选择”界面，如图 5-78 所示。

步骤 2：选择作业场景参数后点击“确认”按钮。

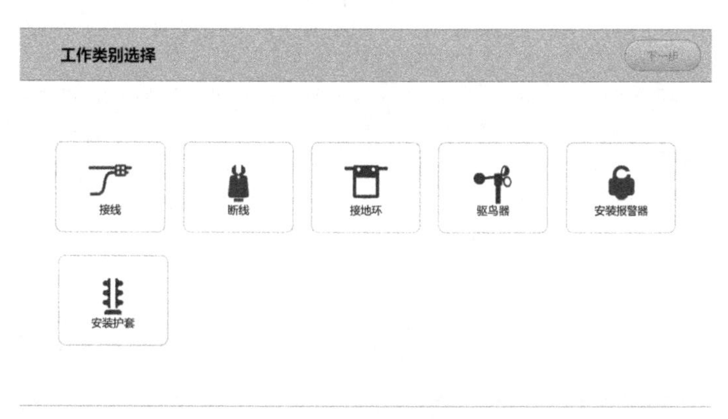

图 5-77 工作类别选择

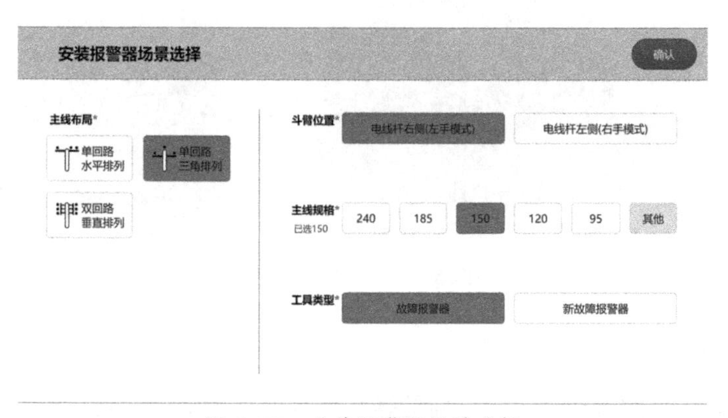

图 5-78 安装报警器场景选择

说明：工具类型选择故障报警器类型，将启动相应的作业流程。

步骤 3：根据界面提示，检查工具摆放是否正确，单击“下一步”。

步骤 4：系统自动检查预设的检查项。等待大约 5s，系统显示自检结果，如图 5-79 所示。

图 5-79　自检结果

注意：如果自检列表有不成功项，表示当前机器人软件或硬件情况不满足作业要求，需要排查解决后再进行作业。

步骤 5：点击“下一步”，跳转到“停车点标定”界面，如图 5-80 所示。

图 5-80　停车点标定

3. 停车点标定

步骤 1：作业人员勘察作业环境，将绝缘斗臂车停在合适的作业位置。

步骤 2：检查机器人斗臂是否处于界面提示的位置上。

步骤 3：确认位置正确后，点击“标定”，系统记录斗臂车原点信息。

注意：停车点标定完成后，在作业过程中不能再移动 RTK 基站的位置，也不能更换 RTK 电池。

4. 位姿建模

步骤 1：检查机械臂初始位置，如图 5-81 所示。如果手臂处于装箱位置时，先点击“手臂回工具”，再点击“手臂回建模位”，使双臂回到机器人两侧。

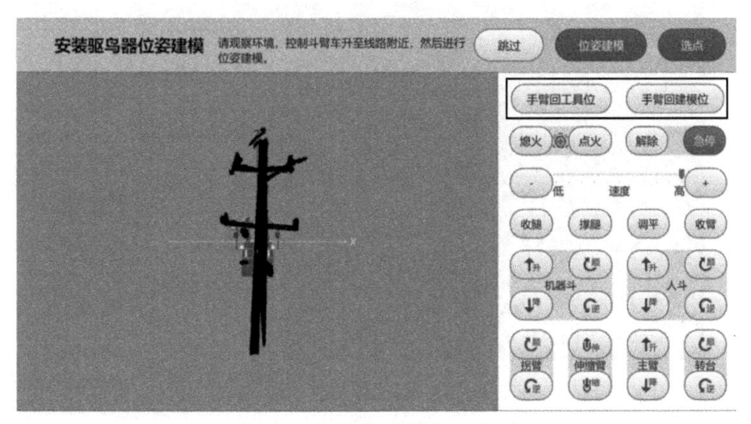

图 5-81　检查手臂初始位置

步骤 2：将机器人上升至可以位姿建模的位置，点击“位姿建模”，如图 5-82 所示。系统完成三相位姿建模后，将出现点云模型和“选点”按钮，如图 5-83 所示。

图 5-82　安装报警器位姿建模

步骤 3：点击“选点”。系统跳转到位姿建模选点界面，显示自动选点结果，如图 5-84 所示。

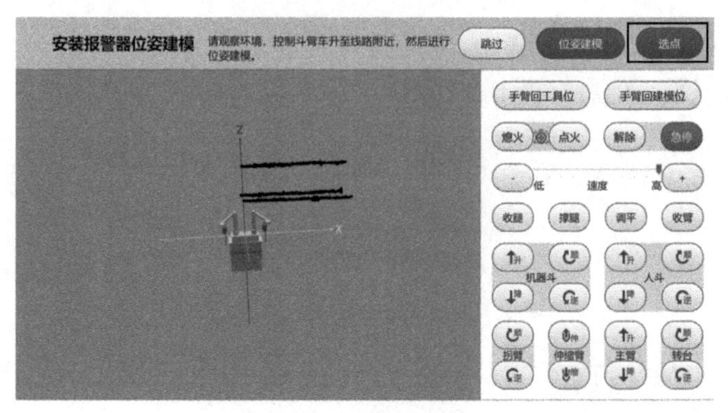

图 5-83　建模完成

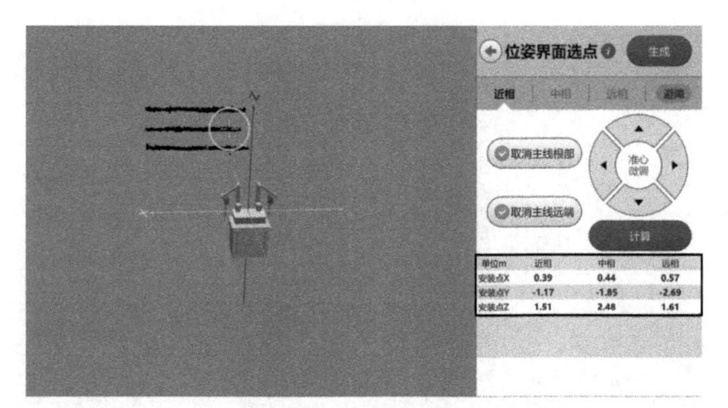

图 5-84　自动选点结果

说明： 系统自动选点结果分为：选点全部正确，选点部分正确，选点都不正确，需要作业人员通过点云模型判断。

步骤 4：判断每一相线路中系统选的作业点是否正确。如图 5-85 所示，若选点正确，则点击“计算”，获取作业点位数据；若选点不正确，则取消线路的选点，在点云模型上重新手动选点，再点击“计算”，获取作业点位数据。

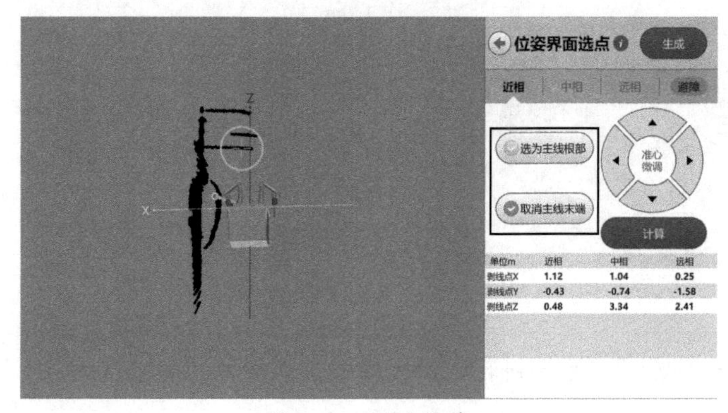

图 5-85　选点计算

步骤 5：确认自动点云分割计算出来的三相作业数据是否正确。如果计算正确，点击“生成”，会弹出提示框，询问是否继续生成位姿数据，如图 5-86（a）所示。如果继续，点击“是”按钮，显示位姿计算成功，如图 5-86（b）所示。点击“确认”，系统跳转到任务作业界面。

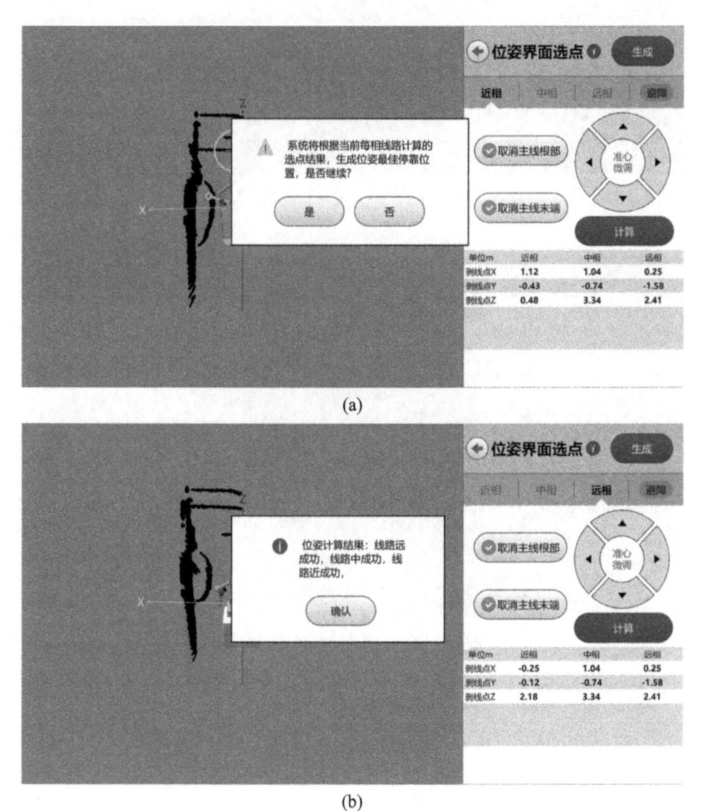

(a)

(b)

图 5-86 位姿计算

5. 单相位姿调整

注意： 在任务作业中，每条线路（近相、中相和远相）都需要进行“位姿调整→单相建模→单相选点”。

步骤 1：选择“近相”作业线路，点击“位姿调整”，如图 5-87 所示。系统将跳转到位姿调整界面。

步骤 2：调整绝缘斗到界面中红框位置，如图 5-88 所示。

步骤 3：点击“确定”，跳转到位姿建模界面，如图 5-89 所示。

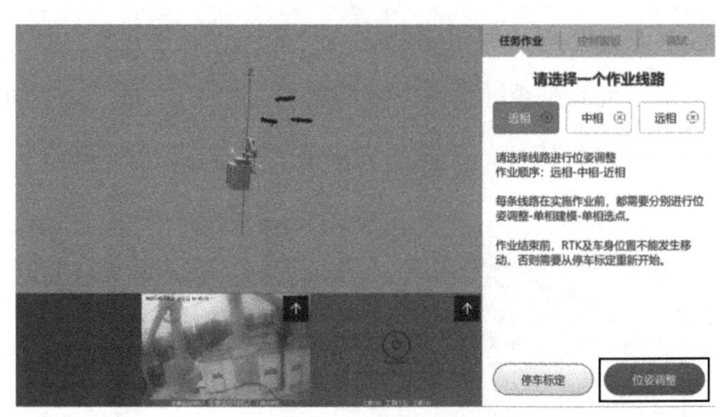

图 5-87　选择作业线路

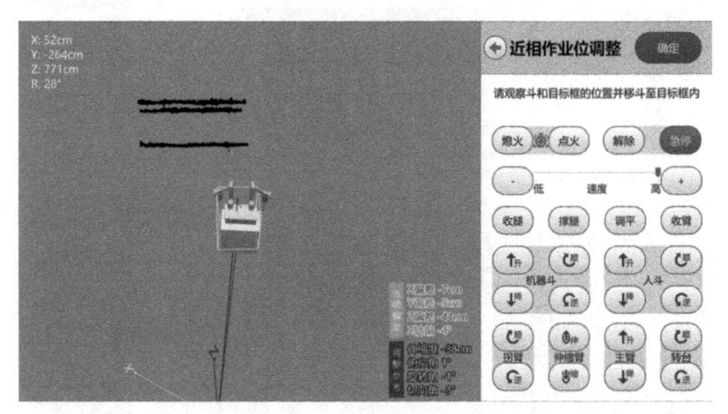

图 5-88　调整绝缘斗位置

说明：当 X、Y、Z 的方向偏差及 Z 轴旋转偏差小于误差范围时，数值由红色变为绿色，表示当前斗臂车已经在可作业位置。

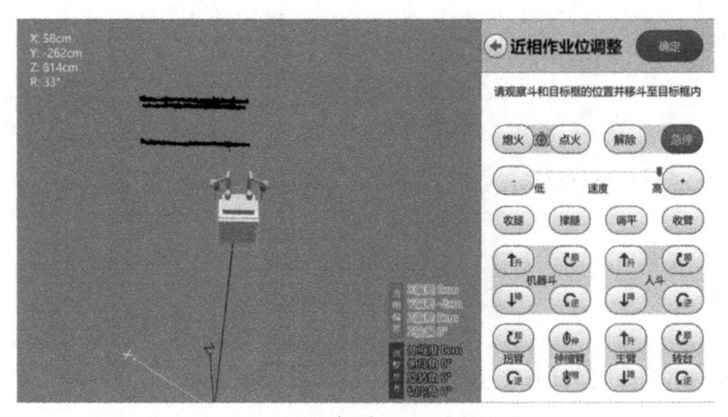

图 5-89　近相作业位调整完成

6. 单相位姿建模

步骤 1：点击“单相建模”，跳转到单相建模界面。当单相建模完成时，界面的“选点”

按钮点亮，如图 5-90 所示。

图 5-90　单相建模

步骤 2：点击“选点”，跳转到单相建模选点界面，如图 5-91 所示。

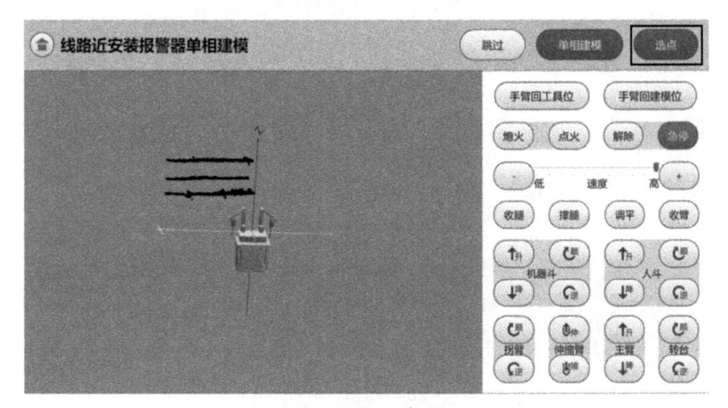

图 5-91　选点

步骤 3：判断近相线路系统选的两个作业点是否正确，如图 5-92 所示。若选点正确，则点击“计算”，获取作业点位数据，若选点不正确，则手动选点，再点击“计算”，获取作业点位数据。

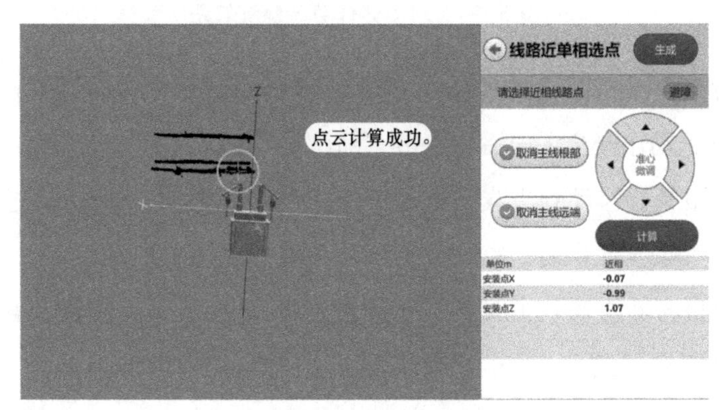

图 5-92　线路近单相选点

步骤 4：点击“生成”，完成单相建模，跳转到任务作业界面。

7. 单相作业流程

（1）开始任务。点击“开始任务”按钮，开始执行任务流程，如图 5-93 所示。

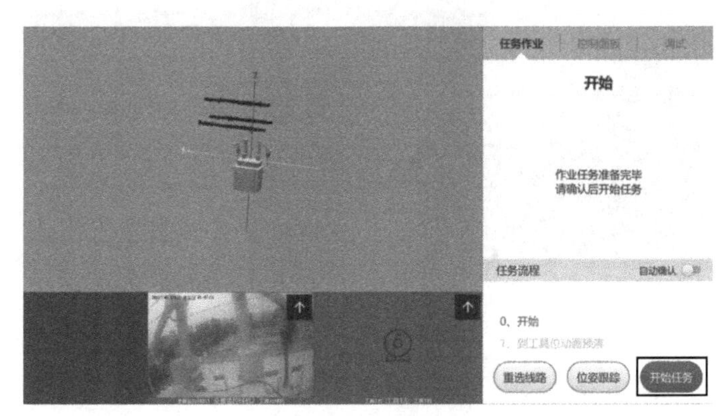

图 5-93　开始任务

（2）抓线流程。

步骤 1：执行到工具位动画预演任务，如图 5-94 所示。通过界面观察机器人运动轨迹，确认动作安全无误后，点击“确认”。

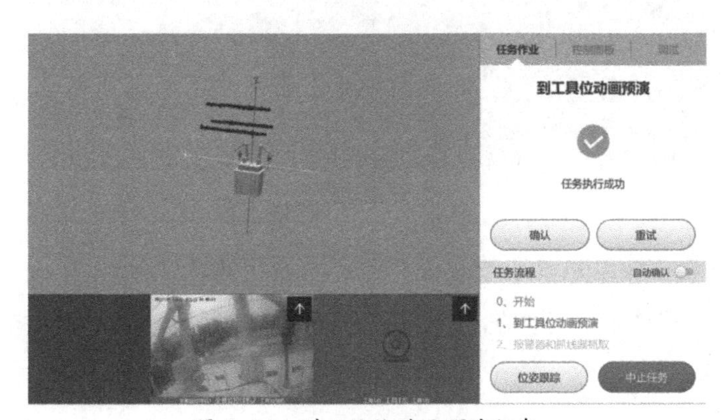

图 5-94　到工具位动画预演任务

步骤 2：执行报警器和抓线器抓取，如图 5-95 所示。双臂移动到工具台上方，取出报警器和抓线器，确认动作安全无误后，点击“确认”。

步骤 3：执行报警器移动到主线下方预演任务，如图 5-96 所示。通过界面观察机器人运动轨迹，确认动作安全无误后，点击“确认”。

步骤 4：执行报警器移动到主线下方任务，如图 5-97 所示。左臂带着报警器移动到主线下方，确认动作安全无误后，点击“确认”。

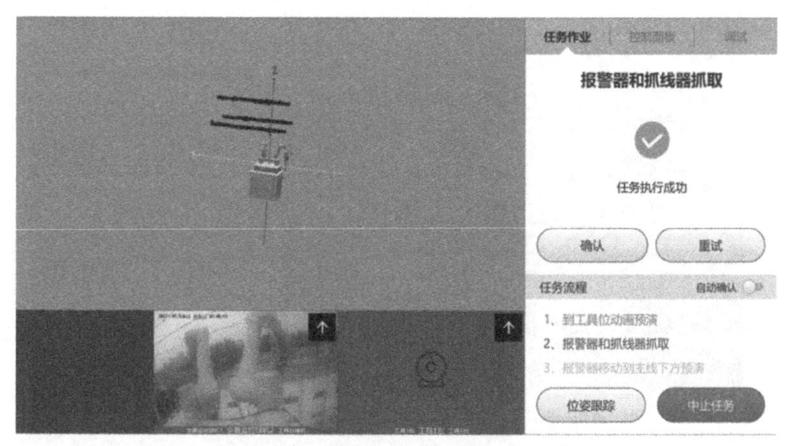

图 5-95　报警器和抓线器抓取任务

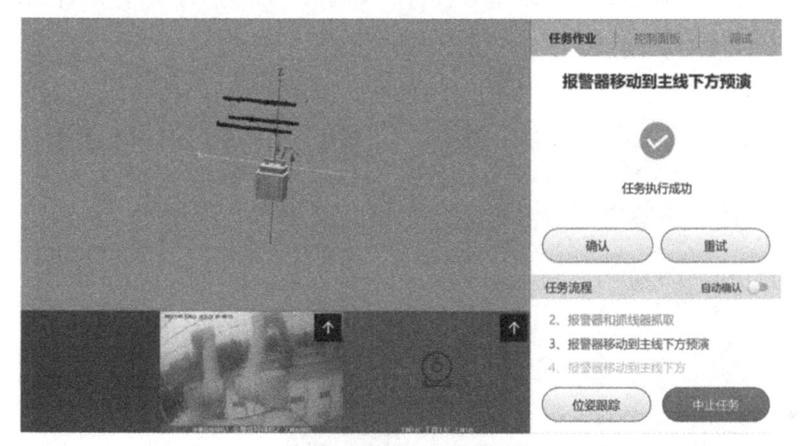

图 5-96　报警器移动到主线下方预演任务

图 5-97　报警器移动到主线下方

步骤 5：执行抓线器移动到主线下方预演任务，如图 5-98 所示。通过界面观察机器人运动轨迹，确认动作安全无误后，点击“确认”。

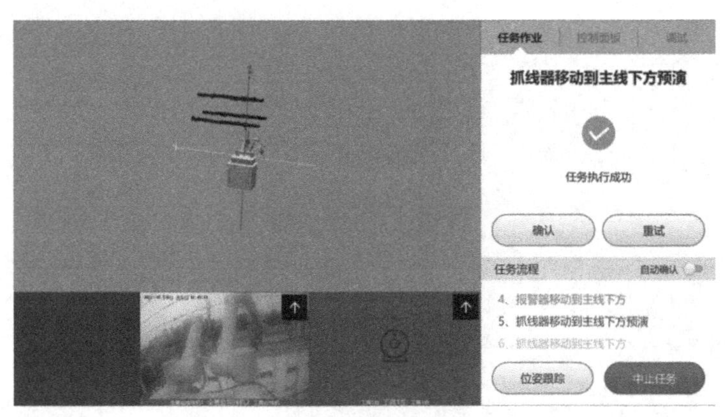

图 5-98　抓线器移动到主线下方预演任务

步骤 6：执行抓线器移动到主线下方任务，如图 5-99 所示。右臂抓着抓线器移动到主线下方，确认动作安全无误后，点击“确认”。

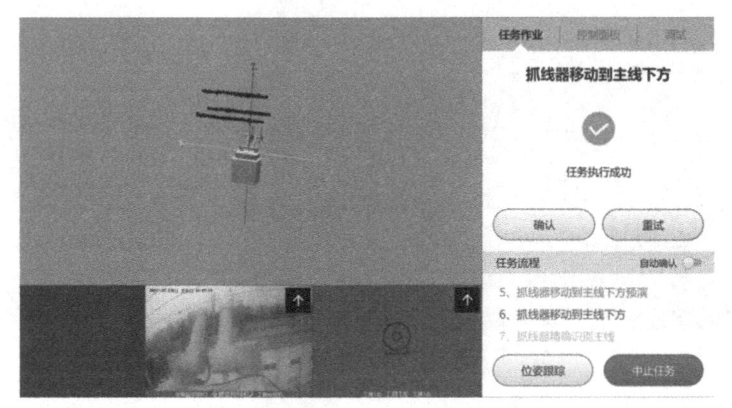

图 5-99　抓线器移动到主线下方任务

步骤 7：执行抓线器精确识别主线任务，如图 5-100 所示。右臂抬高进行主线数据扫描计算，获取精准的抓线点位置。确认动作执行到位后，点击“确认”。

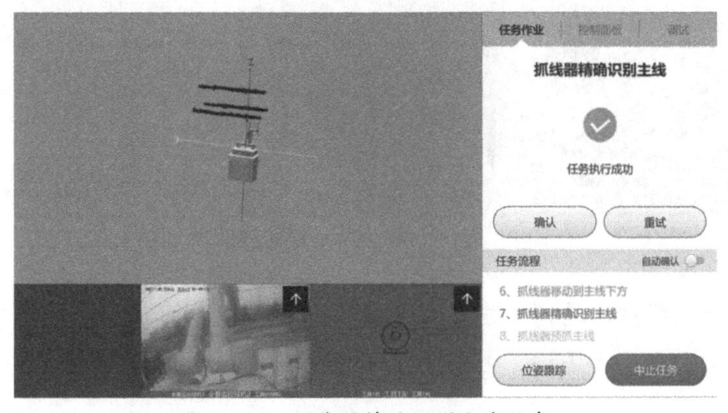

图 5-100　抓线器精确识别主线任务

步骤 8：执行抓线器预抓主线任务，如图 5-101 所示。右臂移动到主线附近，抓线器移动扣住主线，确认动作执行到位后，点击“确认”。

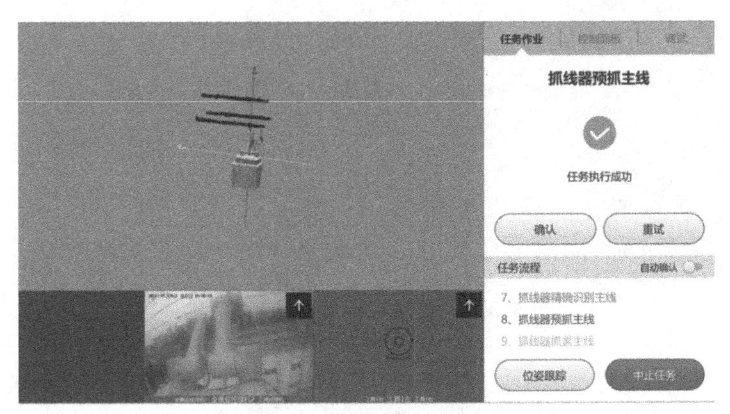

图 5-101　抓线器预抓主线任务

步骤 9：执行抓线器抓紧主线任务，如图 5-102 所示。右臂转动电机旋转使抓线器夹紧主线，确认动作执行到位后，点击“确认”。

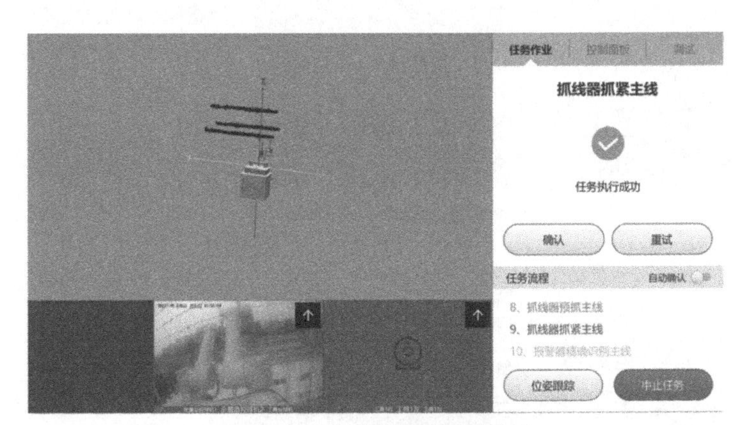

图 5-102　抓线器抓紧主线任务

（3）安装报警器。

步骤 1：执行报警器精确识别主线任务，如图 5-103 所示。左臂抬高进行主线数据扫描计算，获取精准的安装报警器位置。确认动作执行到位后，点击“确认”。

步骤 2：执行报警器靠近主线任务，如图 5-104 所示。左臂抓着报警器移动到主线下方，确认动作执行到位后，点击“确认”。

步骤 3：执行报警器预扣主线任务，如图 5-105 所示。左臂移动到主线附近，使报警器移动扣住主线，确认动作安全无误后，点击“确认”。

步骤 4：执行报警器扣紧主线任务，如图 5-106 所示。左臂推动报警器工具，使报警器卡紧在主线上，确认动作安全无误后，点击“确认”。

图 5-103　报警器精确识别主线任务

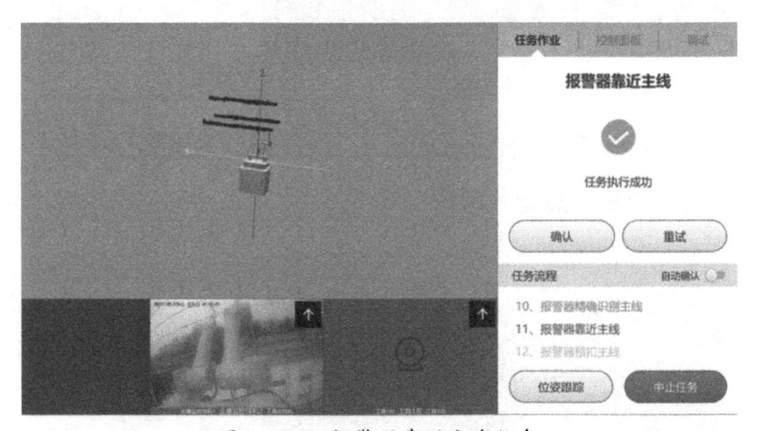

图 5-104　报警器靠近主线任务

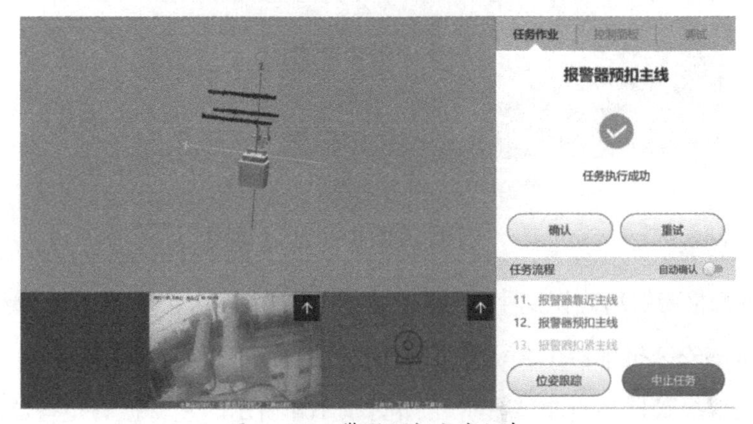

图 5-105　警器预扣主线任务

步骤 5：执行报警器从安装工具中分离任务，如图 5-107 所示。左臂反转单机使报警器安装工具张开，再向下移动报警工具与脱离报警器。确认动作执行到位后，点击“确认”。

步骤 6：执行报警器安装工具离开主线任务，如图 5-108 所示。左臂先向后移动再向下移动，使工具底座脱离报警器，确认动作正确完成后，点击“确认”

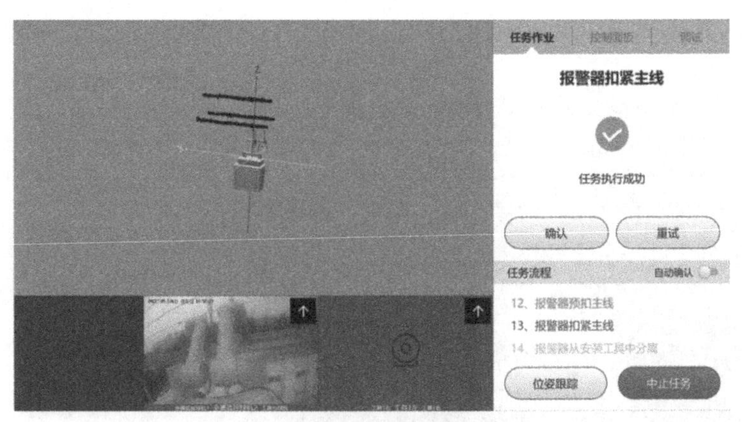

图 5-106　报警器扣紧主线任务

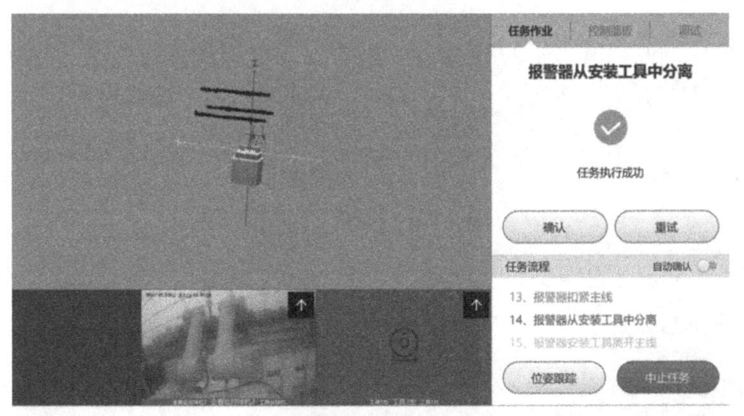

图 5-107　报警器从安装工具中分离任务

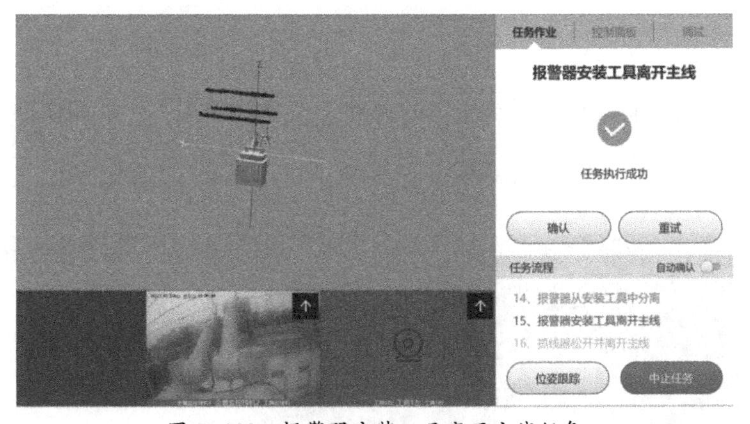

图 5-108　报警器安装工具离开主线任务

步骤 7：执行抓线器松开并离开主线任务，如图 5-109 所示。右臂反转电机松开抓线器，然后右臂向后再向下移动，使夹抓线器离开主线，确认动作正确完成后，点击“确认”。

步骤 8：执行双手到工具位预演任务，如图 5-110 所示。通过界面观察机器人运动轨迹，确认动作安全无误后，点击“确认”。

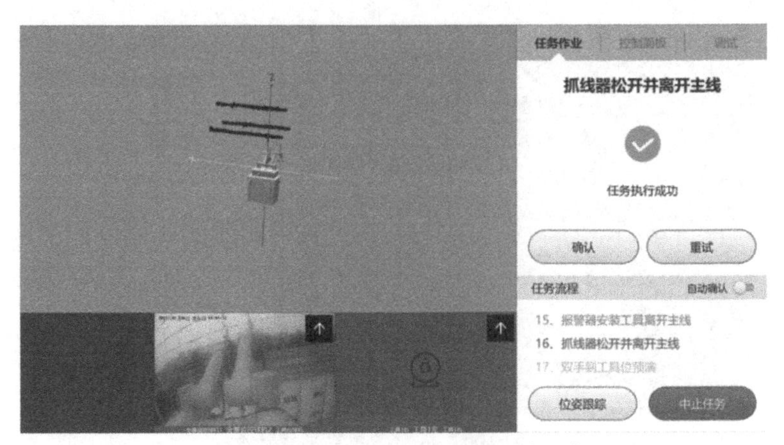

图 5-109　抓线器松开并离开主线任务

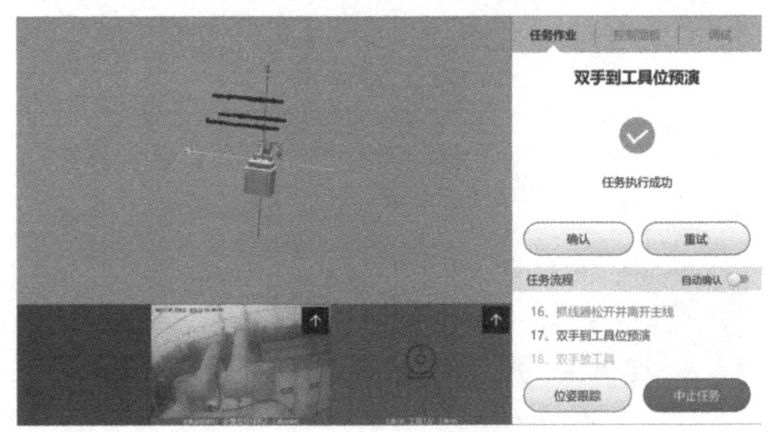

图 5-110　双手到工具位预演任务

步骤 9：执行双手放工具任务，如图 5-111 所示。左臂移动到工具台上方，并将报警器工具放回工具台。右臂移动到工具台上方，并将抓线器放回工具台。确认动作执行到位后，点击“确认”。

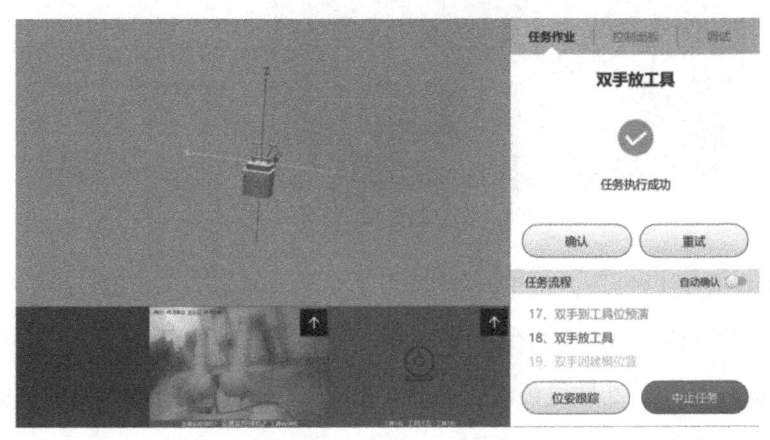

图 5-111　双手放工具任务

（4）结束任务。

步骤 1：执行双手回建模位置任务，如图 5-112 所示。双臂从工具位置回到机器人两侧，确认动作安全无误后，点击“确认”。

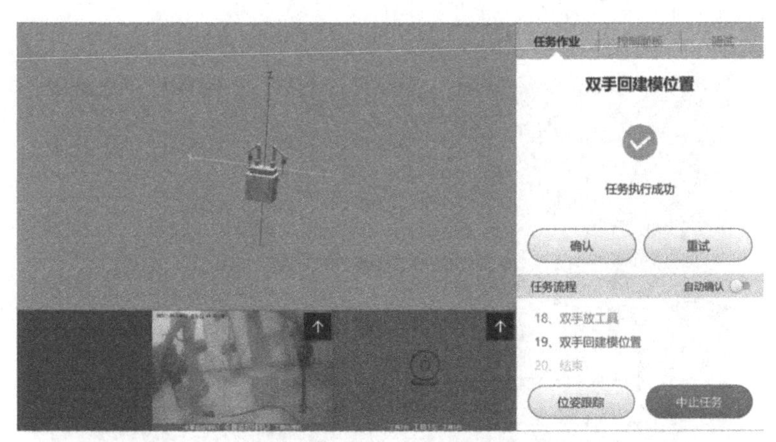

图 5-112　双手回建模位置任务

步骤 2：执行结束任务步骤，点击“确认”，完成中相线路作业流程，如图 5-113 所示。

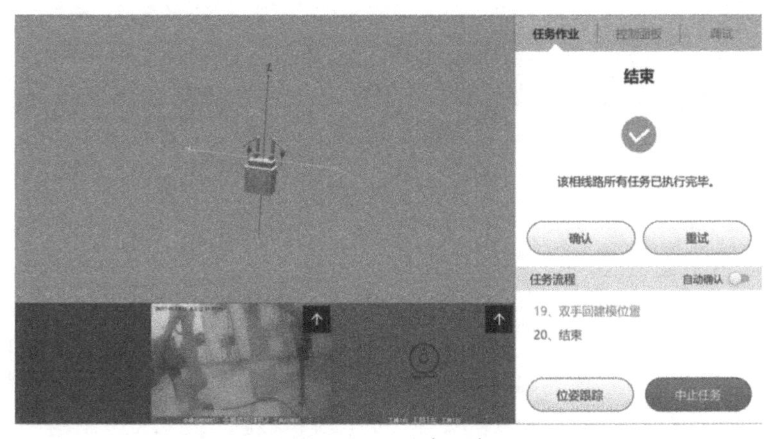

图 5-113　结束任务

8. 其他相作业流程

带电电缆安装报警器作业流程还需要完成中相和远相报警器安装，详情请参照本节 5～7 所有步骤。

5.1.4　带电安装绝缘罩

说明： 以下示例操作流程的作业场景如下：① 作业模式为机器人左手操作；② 斗臂车有融合控斗功能。

1. 登录终端界面

步骤 1：打开控制终端平板，点击 进入配网带电作业机器人控制系统。

步骤 2：GUI 登录界面如图 5-114 所示。选择用户名“admin”，输入密码“666”，点击登录，统将跳转到“作业数据录入”界面，如图 5-115 所示。

图 5-114 GUI 登录界面

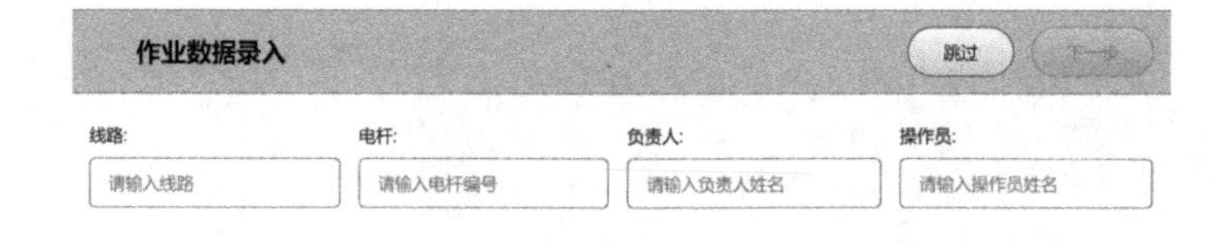

图 5-115 作业数据录入

步骤 3：根据实际情况填写正确的作业信息后点击“下一步”。

2. 选择作业场景

步骤 1：“工作类别选择”界面如图 5-116 所示，选择工作类别为“安装护套”，点击“下一步”。系统将跳转到“安装护套场景选择”界面，如图 5-117 所示。

步骤 2：选择作业场景参数“左手操作”，点击“确认”按钮。

步骤 3：根据界面提示，检查工具摆放是否正确后单击“下一步”，如图 5-118 所示。

步骤 4：系统自动检查预设的检查项。等待大约 5s，系统将显示自检结果，如图 5-119 所示。

图 5-116 “工作类别选择”界面

图 5-117 “安装护套场景选择”界面

注意：如果自检列表有不成功项，表示当前机器人软件或硬件情况不满足作业要求，需要排查解决后再进行作业。

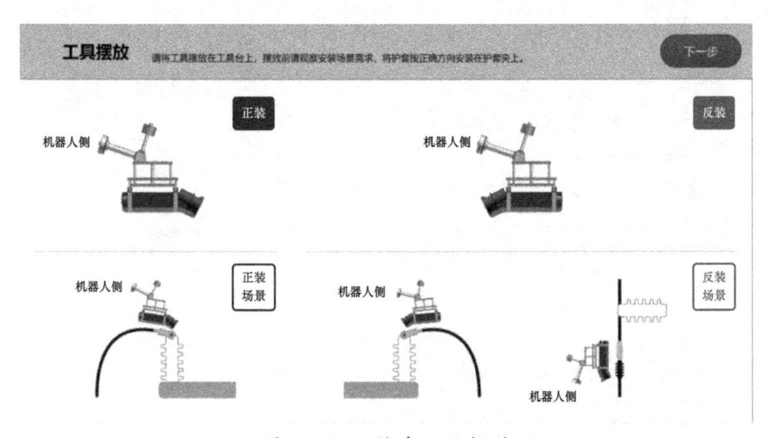

图 5-118 检查工具摆放

图 5-119　自检结果

步骤 5：点击“下一步”，跳转到停车点标定界面。

3. 作业流程

（1）取工具。

步骤 1：点击“取工具”，等待手臂完成取工具流程，如图 5-120 所示。

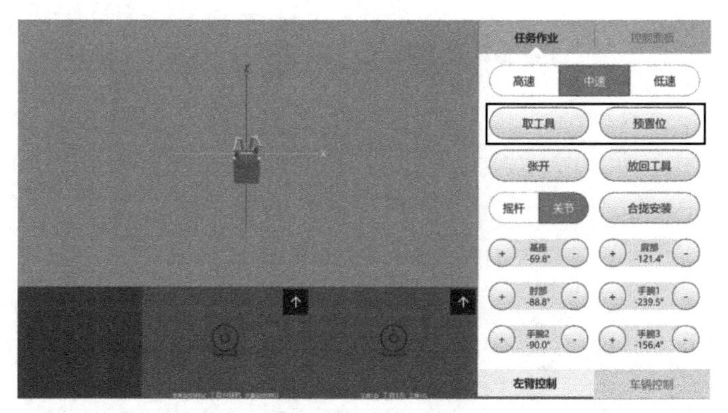

图 5-120　取工具

步骤 2：点击“预置位”，选择与实际安装场景最符合的预置位，如图 5-121 所示。

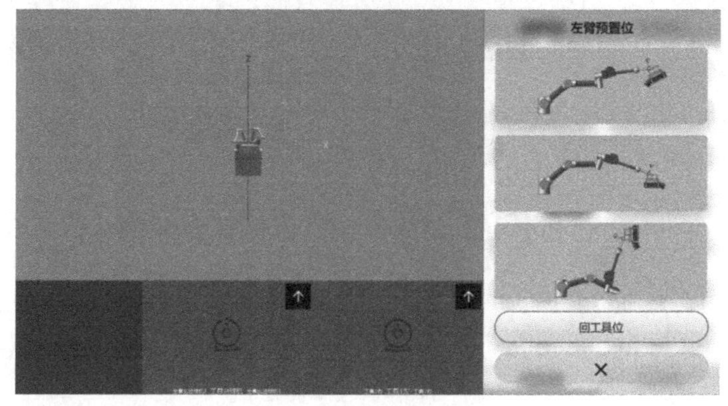

图 5-121　选择预置位

（2）安装保护套。

步骤 1：将斗臂车摇操到作业位附近，如图 5-122 所示。

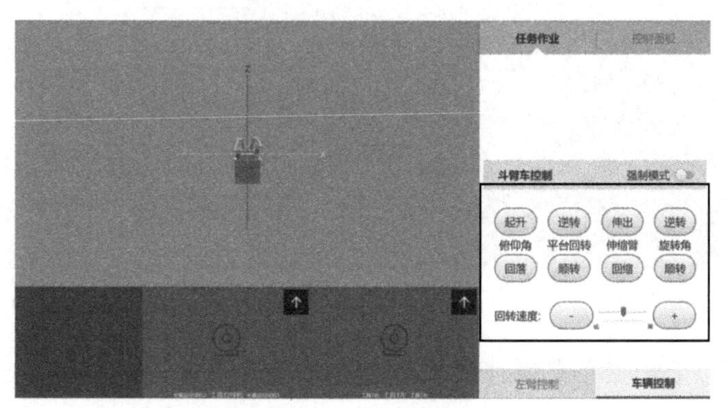

图 5-122　斗臂车控制

步骤 2：点击“控制面板”，如图 5-123 所示，摇操手臂和关节。

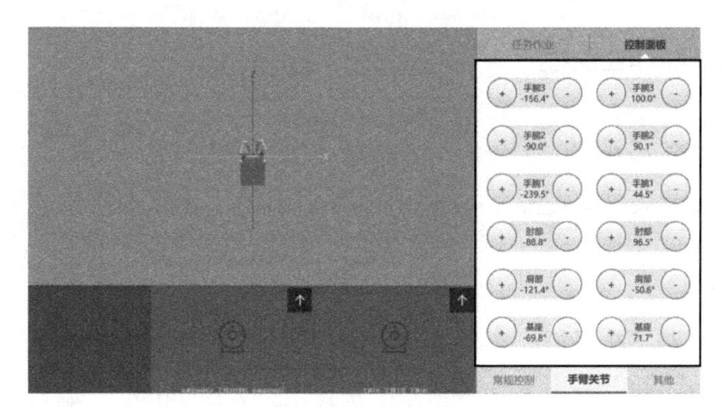

图 5-123　控制面板

步骤 3：当保护套可以完全套住作业位后，点击“合拢安装”，如图 5-124 所示。

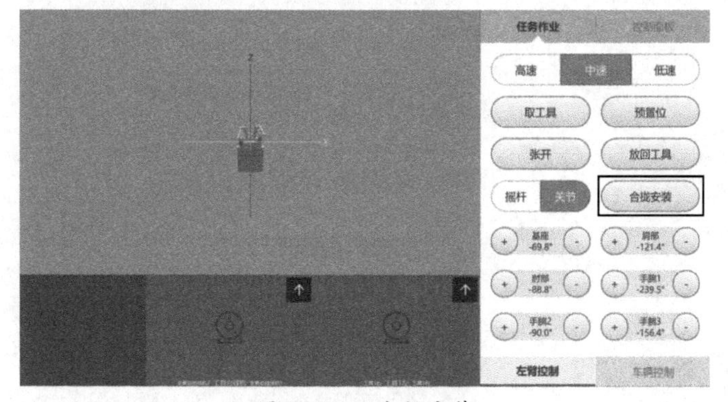

图 5-124　合拢安装

步骤 4：点击“张开”松开工具，摇操手臂和关节，离开作业位，如图 5-125 所示。

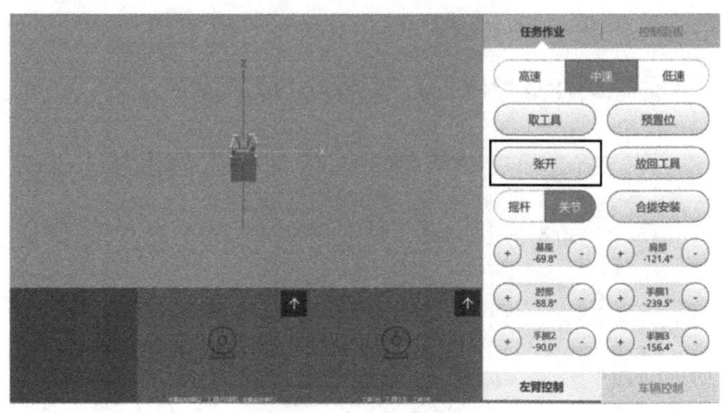

图 5-125　松开工具

步骤 5：重复以上步骤完成其他作业位安装保护套。

5.2　带电断接引流线类

5.2.1　带电断引流线作业流程

说明： 以下示例操作流程的作业场景如下：① 主线布局为三角排列；② 支线接线方式为机器人接线（竖刀断线器）；③ 斗臂车位置为电线杆在左侧，没有融合控斗功能。

1. 登录终端界面

步骤 1：打开控制终端平板，点击 进入配网带电作业机器人控制系统。

步骤 2：GUI 登录界面如图 5-126 所示。选择用户名“admin”，输入密码“666”，点击登录，系统将跳转到“作业数据录入”界面，如图 5-127 所示。

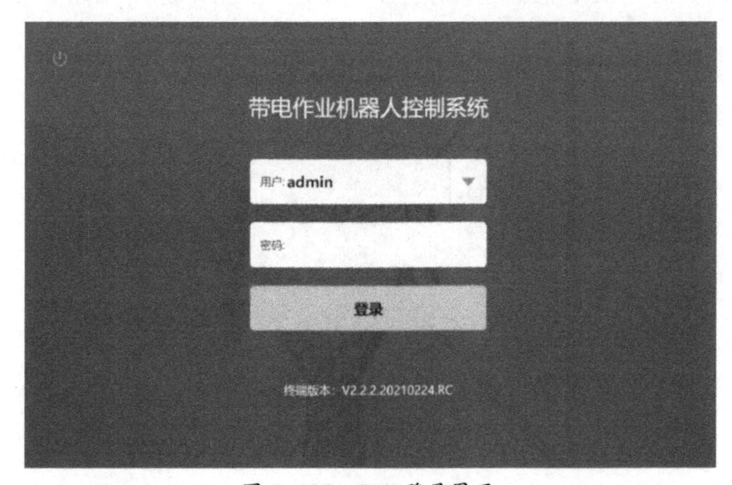

图 5-126　GUI 登录界面

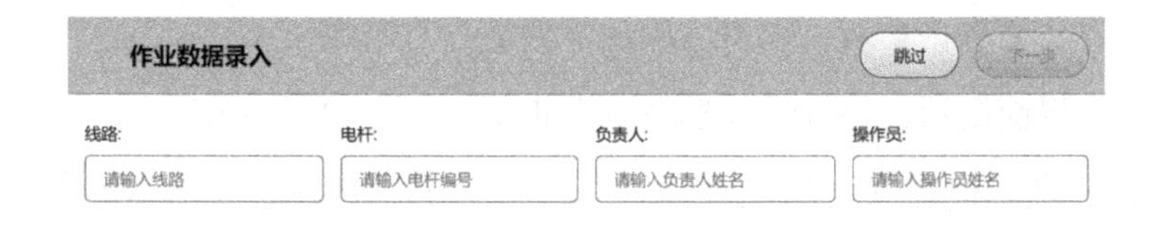

图 5-127　“作业数据录入”界面

步骤 3：据实际情况填写正确的作业信息后点击“下一步”。

2. 选择作业场景

步骤 1：“工作类别选择”界面如图 5-128 所示，选择工作类别为“断线”，点击“下一步”。系统将跳转到“断线场景选择”界面，如图 5-129 所示。

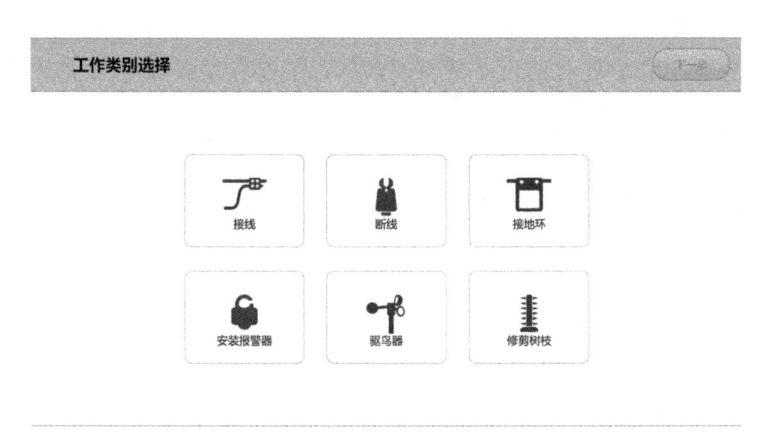

图 5-128　“工作类别选择”界面

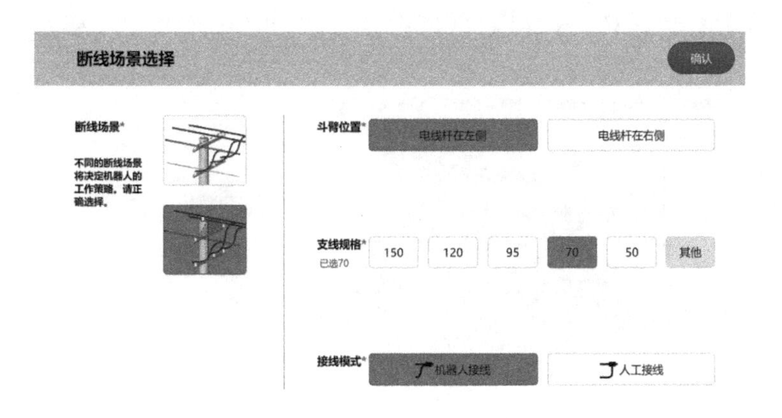

图 5-129　“断线场景选择”界面

步骤 2：选择作业场景参数，点击“确认”按钮。

步骤 3：根据界面提示，检查工具摆放是否正确，单击“下一步”。

步骤 4：系统自动检查预设的检查项。等待大约 5s，系统显示自检结果，如图 5-130 所示。

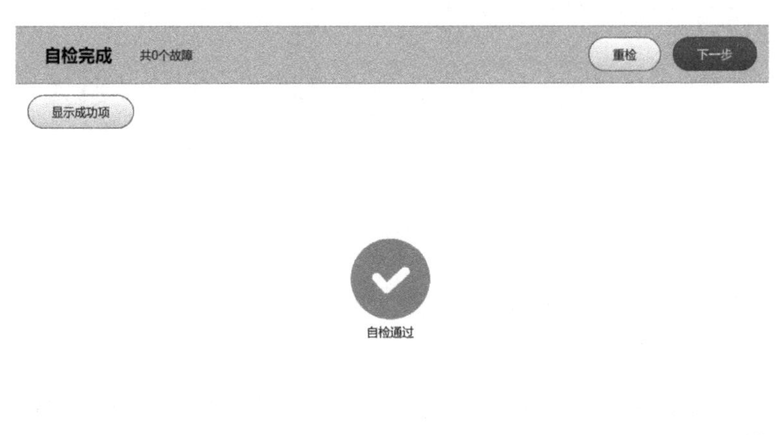

图 5-130　自检结果

注意：如果自检列表有不成功项，表示当前机器人软件或硬件情况不满足作业要求，需要排查解决后再进行作业。

步骤 5：点击“下一步”，跳转到停车点标定界面。

3. 停车点标定

步骤 1：作业人员勘察作业环境，将绝缘斗臂车停在合适的作业位置。

步骤 2：检查机器人斗臂是否处于界面提示的位置上。

步骤 3：确认位置正确后，点击“标定”，系统记录斗臂车原点信息，如图 5-131 所示。

图 5-131　停车点标定

注意：停车点标定完成后，在作业过程中不能再移动 RTK 基站的位置，也不能更换 RTK 电池。

4. 位姿建模

步骤 1：检查机械臂初始位置。如果手臂处于装箱位置时，先点击“手臂回工具”，再点击“手臂回建模位”，使双臂回到机器人两侧，如图 5-132 所示。

图 5-132　检查机械臂初始位置

步骤 2：将机器人上升至可以位姿建模的位置，点击“位姿建模”，如图 5-133 所示。系统完成三相位姿建模后，将出现点云模型和“选点”按钮，如图 5-134 所示。

图 5-133　位姿建模

步骤 3：点击“选点”。系统跳转到位姿建模选点界面，显示自动选点结果，如图 5-135 所示。

图 5-134　位姿建模完成

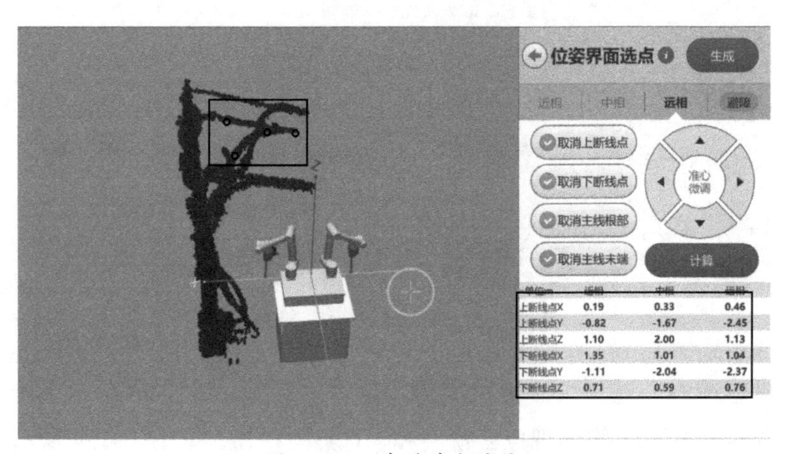

图 5-135　自动选点结果

说明： 系统自动选点结果分为：选点全部正确，选点部分正确，选点都不正确，需要作业人员通过点云模型判断。

步骤 4：判断每一相线路中系统选的 4 个作业点是否正确，如图 5-136 所示。若选点正确，则点击“计算”，获取作业点位数据；若选点不正确，则取消线路的选点，在点云模型上重新手动选点，再点击“计算”，获取作业点位数据。

步骤 5：确认自动点云分割计算出来的三相作业数据是否正确。如果计算正确，点击“生成”，弹出提示框，询问是否继续生成位姿数据，如图 5-137（a）所示；如果继续，点击“是”按钮，显示位姿计算成功，如图 5-137（b）所示；点击“确认”，系统跳转到任务作业界面。

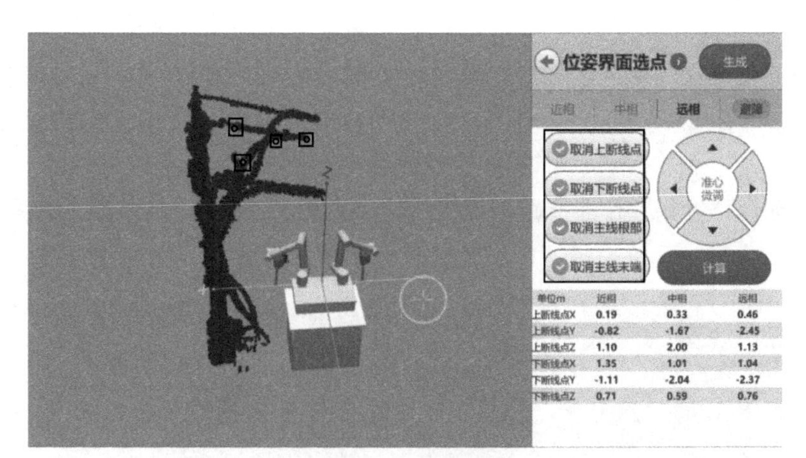

图 5-136　选点计算

(a)

(b)

图 5-137　位姿计算

5. 单相位姿调整

注意：在任务作业中，每条线路（近相、中相和远相）都需要进行“位姿调整→单相建模→单相选点”。

步骤 1：选择“近相”作业线路，点击“位姿调整”，如图 5-138 所示。系统将跳转到位姿调整界面。

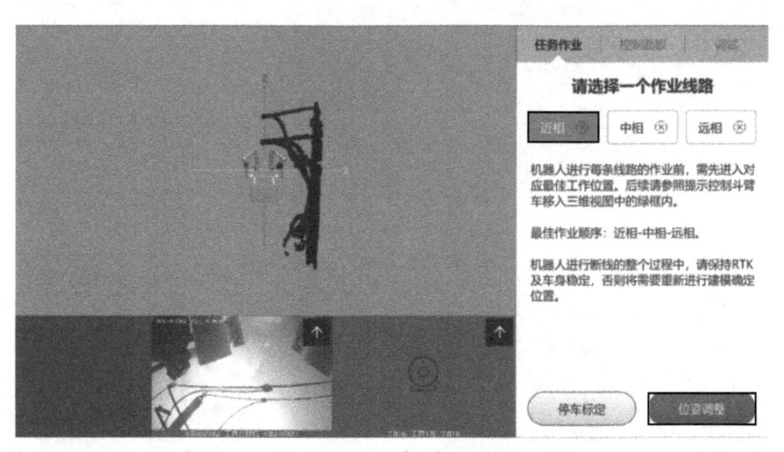

图 5-138　选择作业线路

说明：当 X、Y、Z 的方向偏差及 Z 轴旋转偏差小于误差范围时，数值由红色变为绿色，表示当前斗臂车已经在可作业位置。

步骤 2：调整绝缘斗到界面中红框位置，如图 5-139 所示。

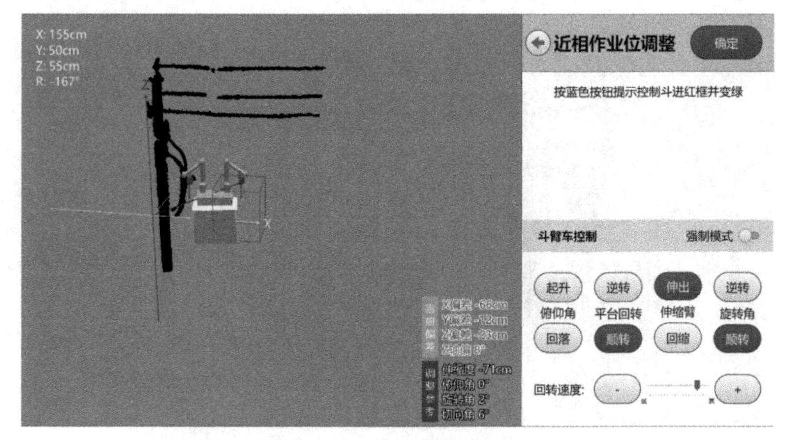

图 5-139　调整绝缘斗位置

步骤 3：调整完成后的状态如图 5-140 所示。点击“确定”，跳转到位姿建模界面。

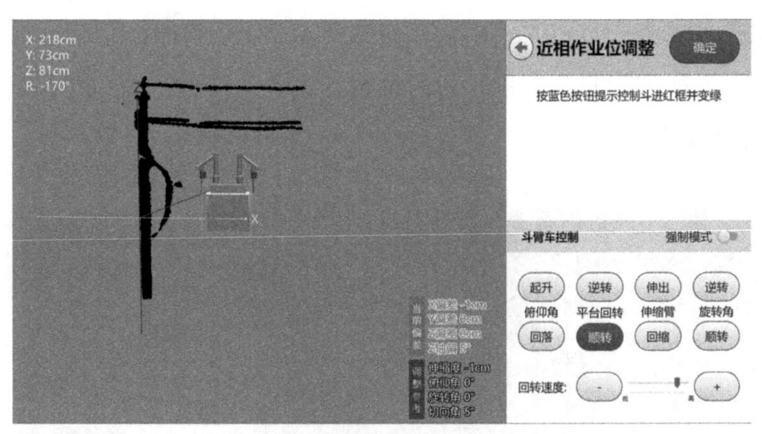

图 5-140 绝缘斗位置调整完成

6. 单相位姿建模

步骤 1：点击“单相建模”，如图 5-141 所示，跳转到单相建模界面。当单相建模完成时，界面的“选点”按钮将点亮，如图 5-142 所示。

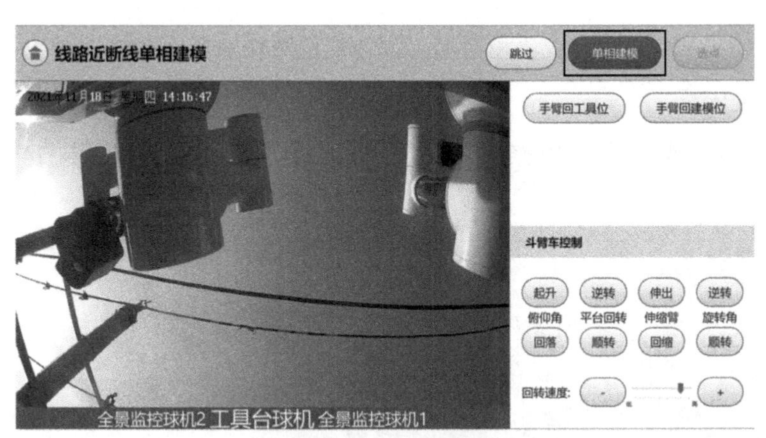

图 5-141 单相建模

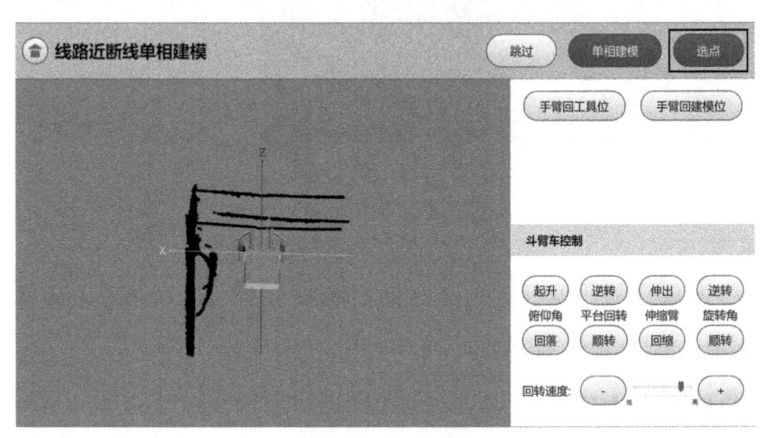

图 5-142 选点

步骤 2：点击“选点”，判断中相线路系统选的 4 个作业点是否正确，如图 5-143 所示。若选点正确，则点击“计算”，获取作业点位数据；若选点不正确，则手动选点，再点击“计算”，获取作业点位数据。

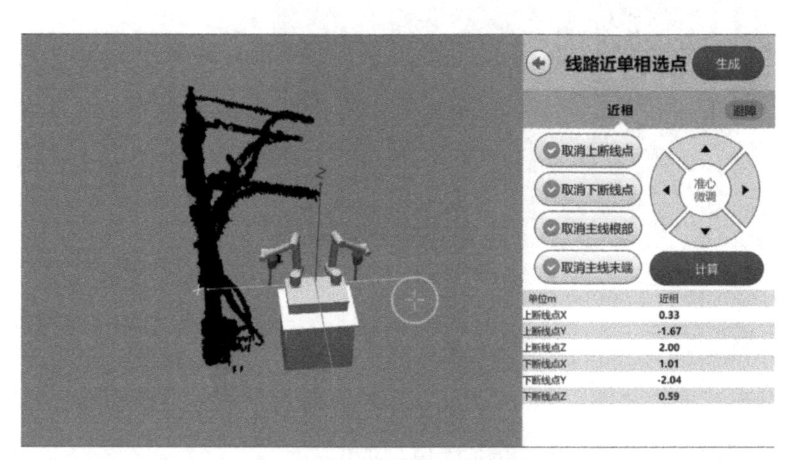

图 5-143　获取作业点位数据

步骤 3：点击“生成”，完成单相建模，跳转到任务作业界面。

7. 单相作业流程

（1）开始任务。点击“开始任务”按钮，开始执行任务流程，如图 5-144 所示。

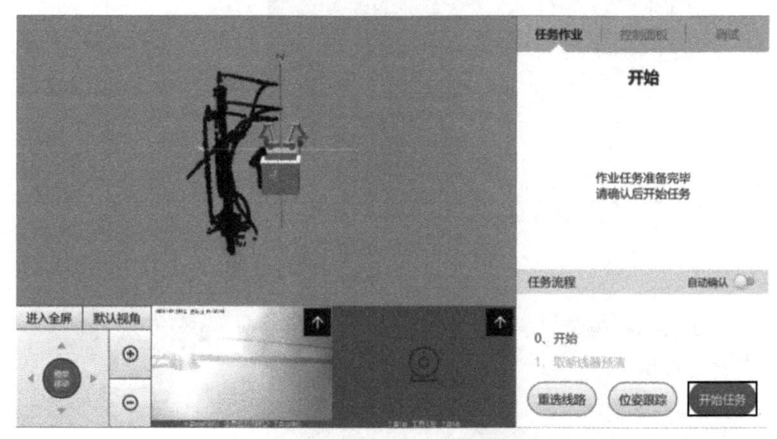

图 5-144　开始任务

（2）断线流程。

步骤 1：执行取剥线器预演任务。通过界面观察机器人运动轨迹，确认动作安全无误后，点击“确认”，如图 5-145 所示。

步骤 2：执行取断线器任务。双臂从建模位置移动到工具台上方，双臂分别取出同侧竖刀断线器，确认工具成功抓取后，点击“确认”，如图 5-146 所示。

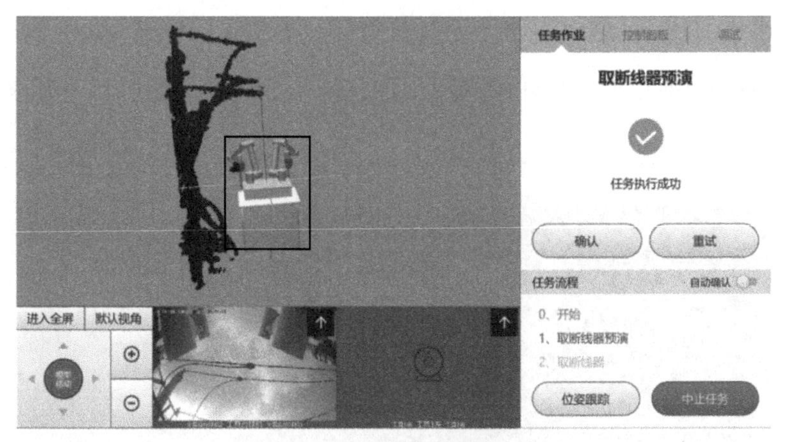

图 5-145　取断线器预演任务

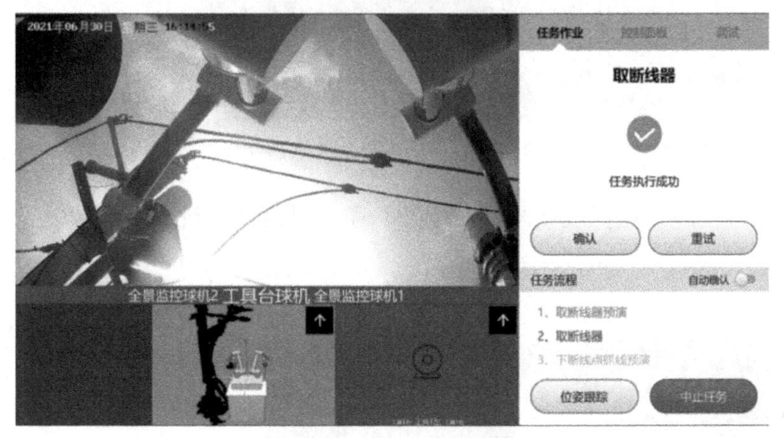

图 5-146　取断线器任务

步骤 3：执行下断线点抓线动画预演任务。通过界面观察机器人运动轨迹，确认动作安全无误后，点击“确认”，如图 5-147 所示。

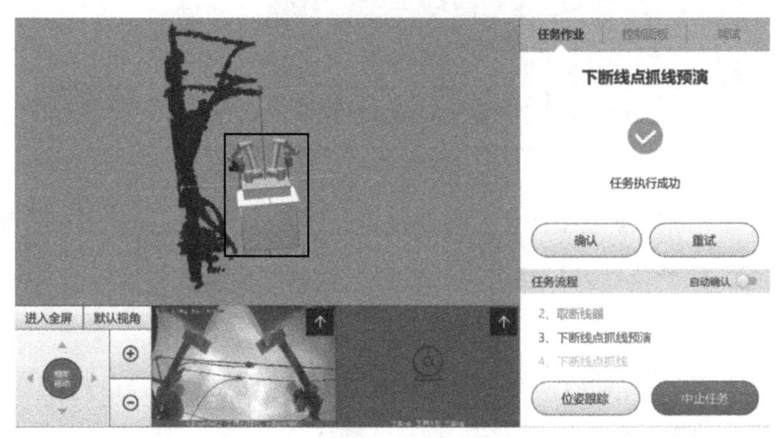

图 5-147　下断线点抓线预演任务

步骤4：执行下断线点抓线任务。左臂执行断线器标定，使断线器张开到最大，左臂移动到支线根部，使断线器开口扣进支线根部。确认动作执行到位后，点击“确认”，如图5-148所示。

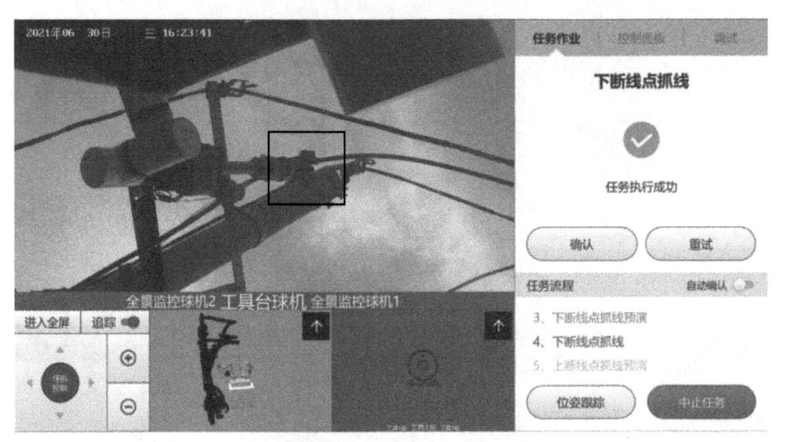

图5-148 下断线点抓线任务

步骤5：执行上断线点抓线动画预演任务。通过界面观察机器人运动轨迹，确认动作安全无误后，点击“确认”，如图5-149所示。

图5-149 上断线点抓线预演任务

步骤6：执行上断线点抓线任务。右臂执行断线器标定，使断线器张开到最大，右臂移动到支线根部，使断线器开口扣进支线根部。确认动作执行到位后，点击“确认”，如图5-150所示。

步骤7：执行上断线点断线任务。右臂电机开始正转带动断线器收紧，等待约半分钟后切断上支线。确认动作正确执行完成后，点击“确认”，如图5-151所示。

步骤8：执行下断线点断线任务，如图5-152所示。左臂电机开始正转带动断线器收紧，等待约半分钟后切断下支线。确认动作正确执行完成后，点击“确认”。

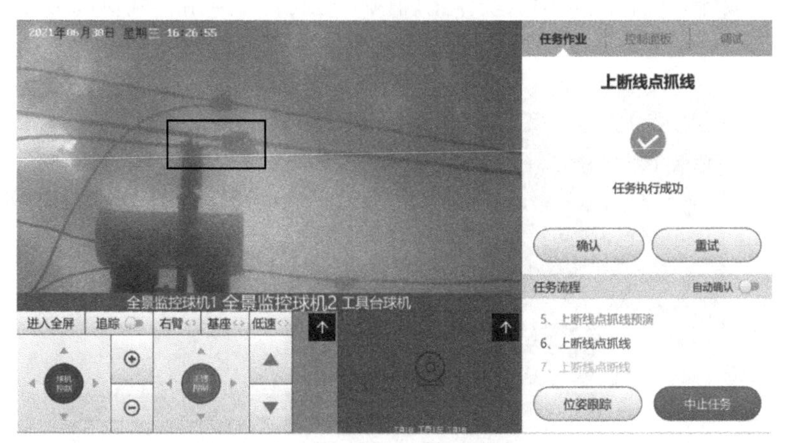

图 5-150 上断线点抓线任务

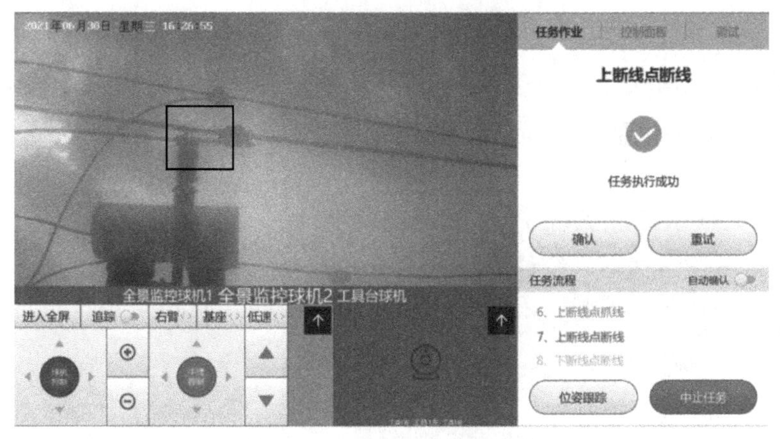

图 5-151 上断线点断线任务

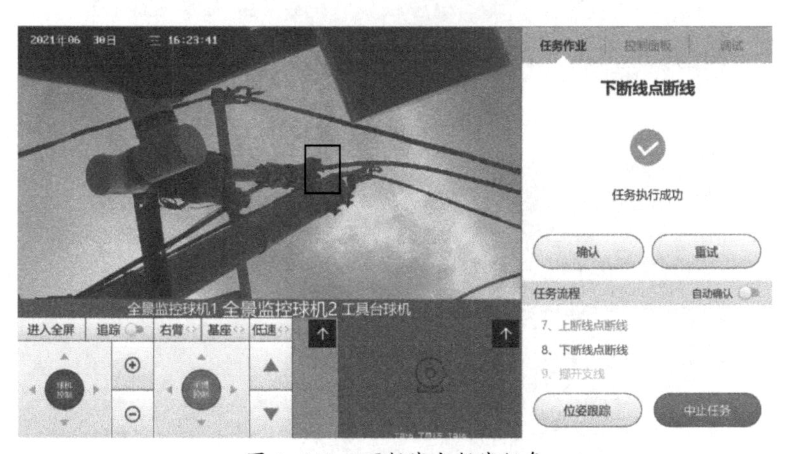

图 5-152 下断线点断线任务

注意：断线残留长度不大于 10cm。

步骤 9：执行挪开支线任务。双臂断线器夹块夹住已经剪断的支线，双臂同时向下移动后，再向远离电线杆方向移动。确认动作正确执行完成后，点击“确认”，如图 5-153 所示。

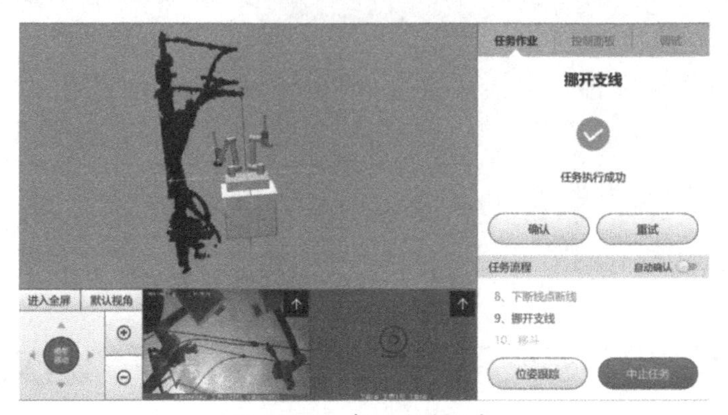

图 5-153　挪开支线任务

步骤 10：执行移斗任务。自动跳转到位姿调整界面，根据界面提示内容，将斗臂降至离作业面 2 米高且远离线杆的位置，确认调整位置完成后，点击“确定”，如图 5-154 所示。系统将跳转回任务作业界面，如图 5-155 所示，点击“确认”。

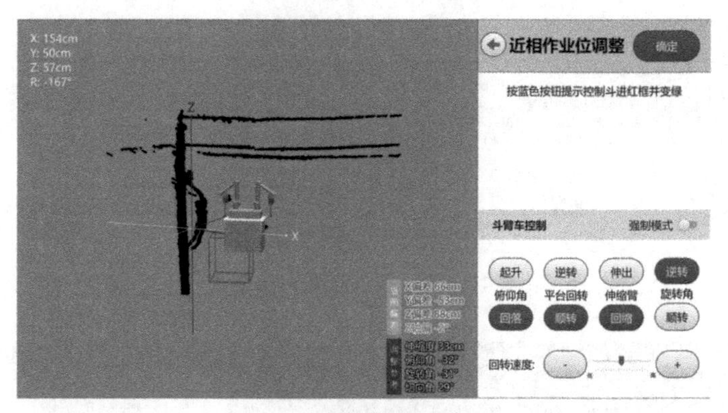

图 5-154　移斗任务

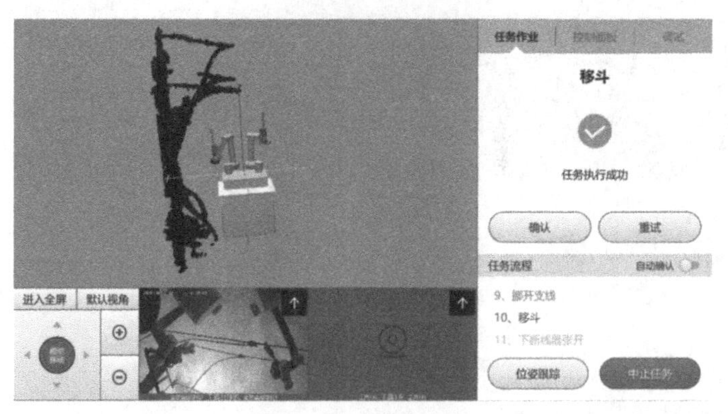

图 5-155　移斗完成

注意：移斗步骤是为了避免作业过程中的高空抛物，请按照指导说明执行移斗操作。

步骤 11：执行下断线器张开任务。左臂电机反转带动断线器夹块张开，松开下支线。确认动作正确执行完成后，点击“确认”，如图 5-156 所示。

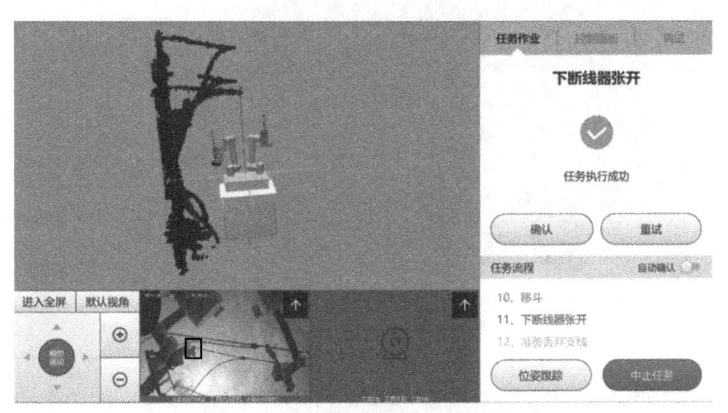

图 5-156　下断线器张开任务

步骤 12：执行准备丢弃支线任务。左臂回到工具位置，右臂绝缘杆倾斜 45 度，保证支线垂直于地面。确认动作正确执行完成后，点击“确认”，如图 5-157 所示。

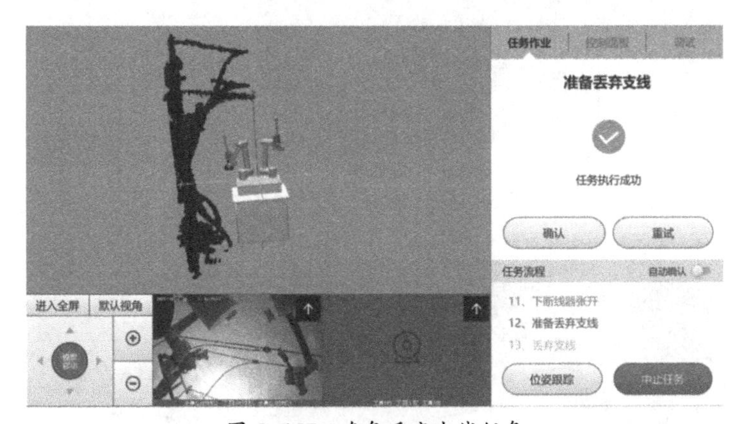

图 5-157　准备丢弃支线任务

注意：对于人工搭接场景，该步骤右臂不需要移动。

步骤 13：执行丢弃支线任务。右臂电机反转带动断线器夹块张开，松开上支线。确认动作正确执行完成后，点击“确认”，如图 5-158 所示。

步骤 14：执行放回工具预演任务。通过界面观察机器人运动轨迹，确认动作安全无误后，点击“确认”，如图 5-159 所示。

步骤 15：执行放回工具任务。双臂回到工具位置，并移动到工具台上，分别将两把竖刀断线器放回工具台。确认动作安全无误后，点击“确认”，如图 5-160 所示。

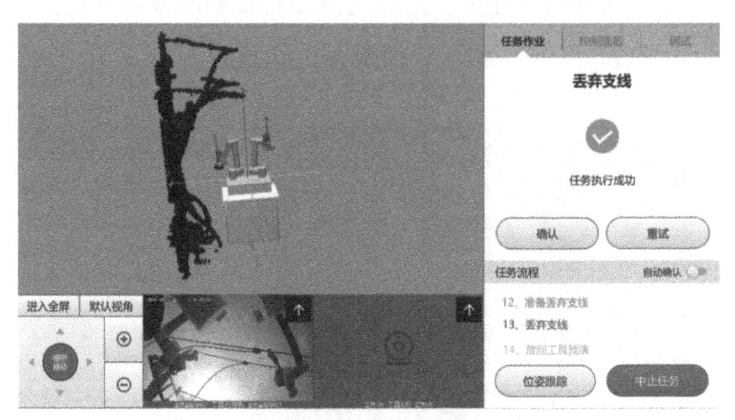

图 5-158　丢弃支线任务

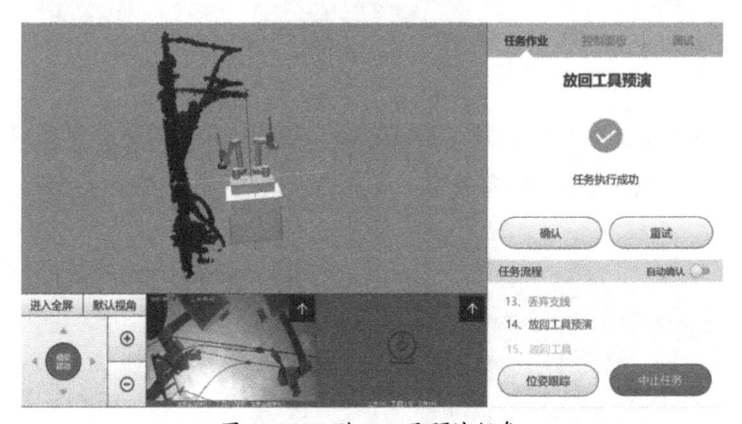

图 5-159　放回工具预演任务

图 5-160　放回工具任务

（3）结束任务。执行回建模位置任务，双臂从工具位置回到机器人两侧，确认动作安全无误后，点击“确认”，如图 5-161 所示。

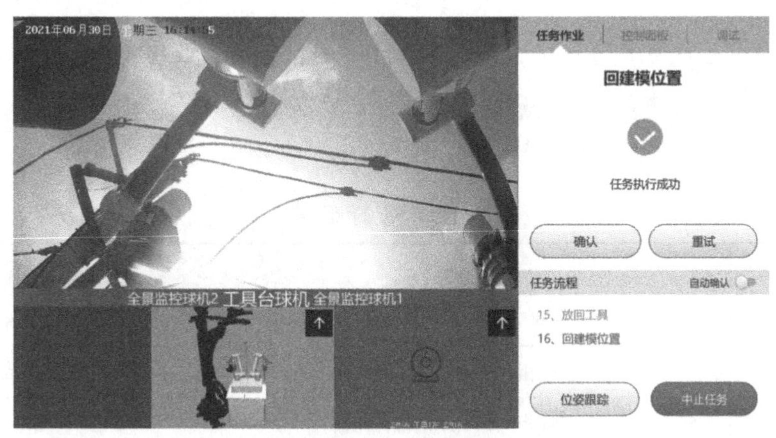

图 5-161　回建模位置任务

8. 其他相作业流程

带电断引线作业流程还需要断中相和远相的引线，详情请参照本节 5～7 所有步骤。

5.2.2　带电接引流线作业流程

1. 接线场景要求

（1）顺接场景。

1）主线、支线周围 2m 范围内，不应有树木遮挡，否则会影响机器人 3D 激光建模。

2）如果使用并沟线夹，支线末端应剥开 12～13cm；如果使用 J 线夹型，支线末端应剥开 9cm。

3）支线在未受力的情况下应尽量直，连接跌落式熔断器宜向斜上方伸出，且末端必须直，不应存在弯曲，如图 5-162 所示，图中三个圆圈表示三根支线末端。

（2）垂直场景。以主线三角排列，支线垂直主线的单回线路，主线和支线采用 1.5m 主流横担为例，如图 5-163 所示。垂直场景的距离说明见表 5-1。

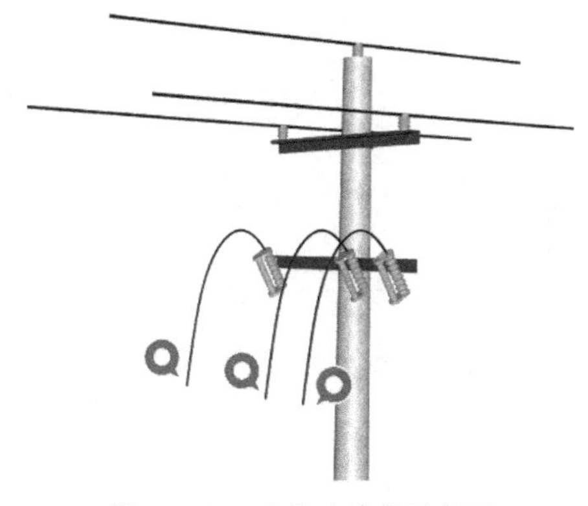

图 5-162　连接跌落式熔断器

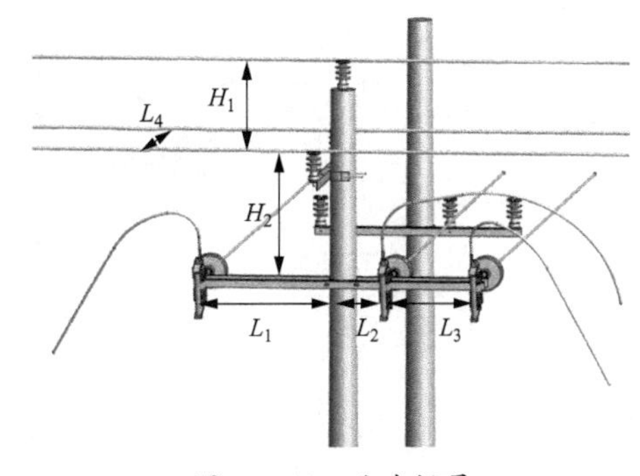

图 5-163　垂直场景

注意：支线垂直主线场景作业中，需要移动斗臂车，为了降低移斗作业的难度，在满足安全条件下，尽量缩短支线和主线横担的距离。

表 5-1　　垂直场景的距离

距离	说明	规格
H_1	三角排列主线，中相和边相距离	$0<H_1<100\text{cm}$
H_2	边相和支线横担垂直距离	$120\text{cm}\geqslant H_2\geqslant 70\text{cm}$
L_1	远相绝缘子距离线杆距离	$L_1=70\text{cm}$
L_2	中相支线距离线杆距离	$L_2\geqslant 30\text{cm}$
L_3	近相支线距离线杆距离	$L_3\geqslant 40\text{cm}$
L_4	主线远相和近相距离	$L_4=150\text{cm}$

在支线垂直主线场景的作业中，应注意以下几点。

1）中相的引线搭在近相引线上，方便作业时抓取中相支线。引线放置如图 5-164 所示。

图 5-164　引线放置

2）引线尽量与主线朝向一致。中相和近相引线的朝向要和远相引线朝向相反，引线末端应保持笔直。搭接方式如图 5-165 所示。

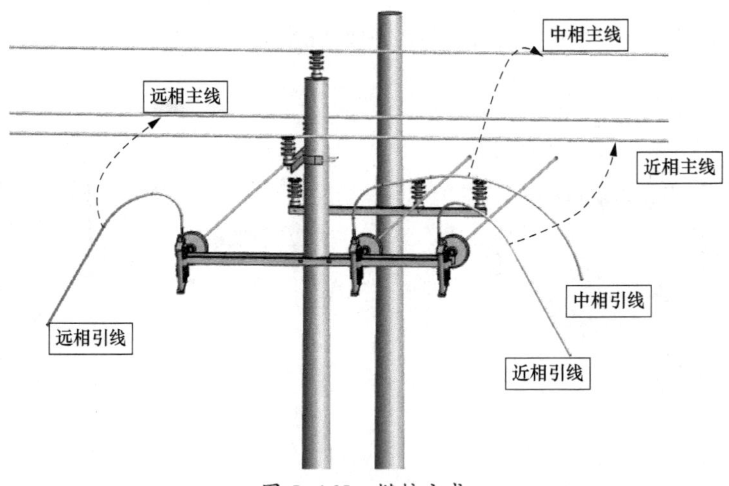

图 5-165　搭接方式

2. 登录终端界面

说明： 以下示例操作流程的作业场景如下：① 主线线径规格为 240mm²，布局为三角排列；② 支线线径规格为 50mm²，布局为垂直主线；③ 作业模式为机器人左手抓线；④ 斗臂车没有融合控斗功能。

步骤 1：打开控制终端平板，点击 进入配网带电作业机器人控制系统。

步骤 2：GUI 主界面如图 5-166 所示，选择用户名“admin”，输入密码“666”，点击登录。系统将跳转到作业数据录入界面，如图 5-167 所示。

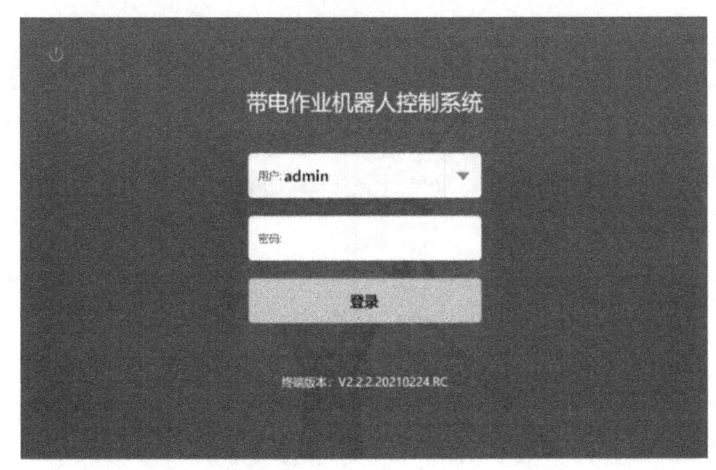

图 5-166 GUI 主界面

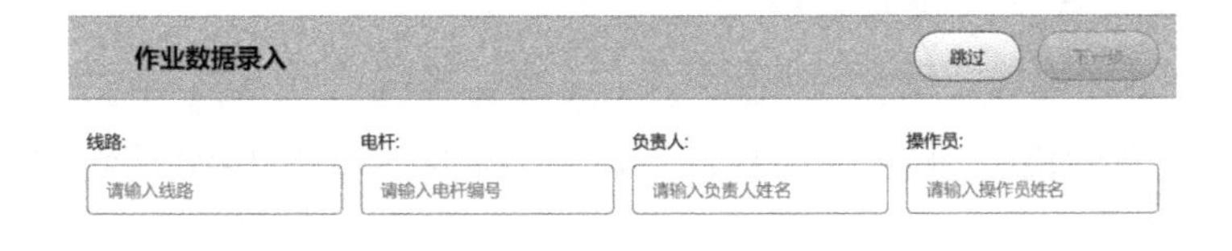

图 5-167 作业数据录入

步骤 3：根据实际情况填写正确的作业信息，点击“下一步”。

3. 选择作业场景

步骤 1：“工作类别选择”界面如图 5-168 所示，选择工作类别为“接线”，点击“下一步”。系统将跳转到“接线场景选择”界面，如图 5-169 所示。

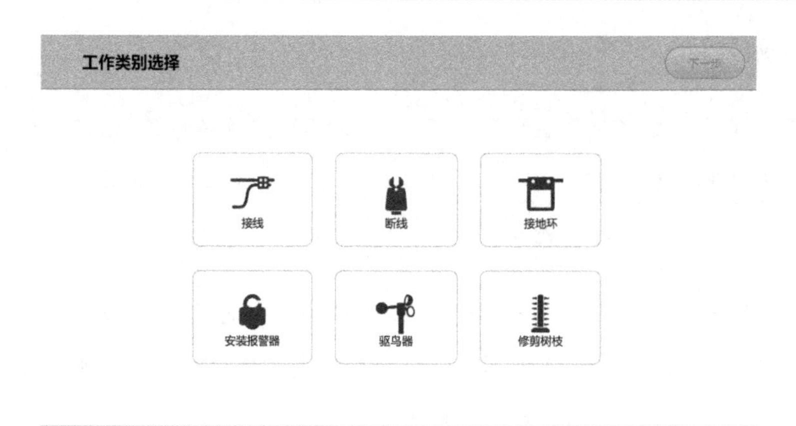

图 5-168 “工作类别选择”界面

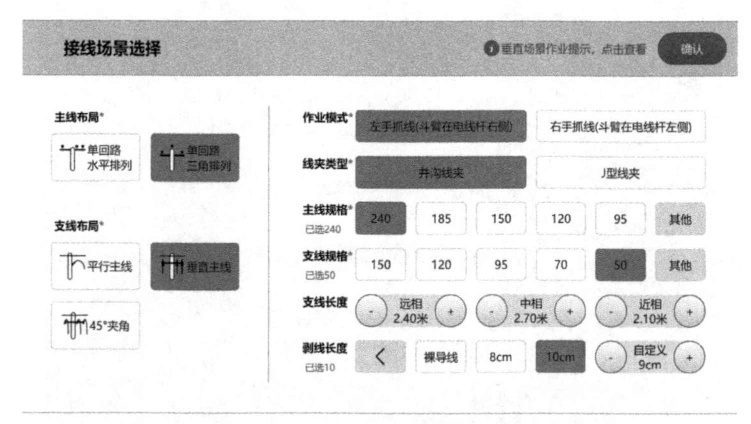

图 5-169 “接线场景选择”界面

步骤 2：选择作业场景参数，点击“确认”按钮。

步骤 3：根据界面提示，检查工具摆放是否正确，单击“下一步”。

步骤 4：系统自动检查预设的检查项。等待大约 5s，系统显示自检结果，如图 5-170 所示。

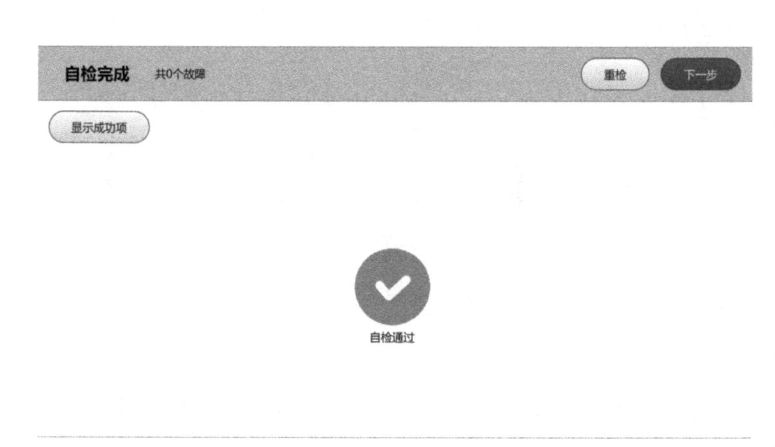

图 5-170 自检结果

注意：如果自检列表有不成功项，表示当前机器人软件或硬件情况不满足作业要求，需要排查解决后再进行作业。

步骤 5：点击“下一步”，跳转到停车点标定界面。

4. 停车点标定

注意：停车点标定完成后，在作业过程中不能再移动 RTK 基站的位置，也不能更换 RTK 电池，否则需要重新标定。

步骤 1：作业人员勘察作业环境，将绝缘斗臂车停在合适的作业位置。

步骤 2：检查机器人斗臂是否处于界面提示的位置上。

步骤 3：确认位置正确后，点击“标定”，如图 5-171 所示，系统记录斗臂车原点信息。

图 5-171　停车点标定

5. 位姿建模

步骤 1：检查机械臂初始位置。如果手臂处于装箱位置时，先点击“手臂回工具”，再点击“手臂回建模位”，使双臂回到机器人两侧，如图 5-172 所示。

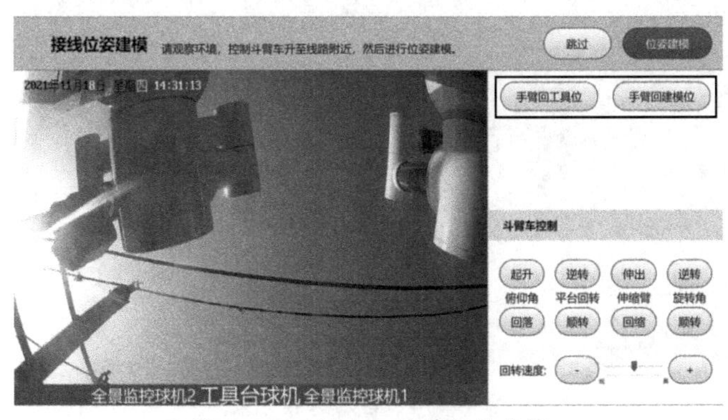

图 5-172　检查机械臂初始位置

步骤 2：将机器人上升至可以位姿建模的位置，点击“位姿建模”，如图 5-173 所示。系统完成三相位姿建模后，将出现点云模型和“选点”按钮，如图 5-174 所示。

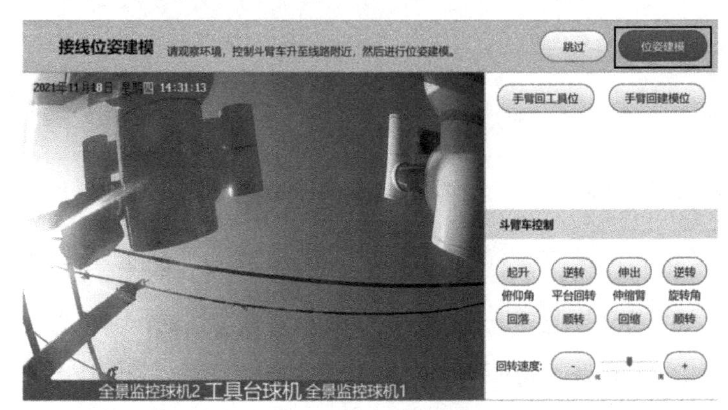

图 5-173　位姿建模

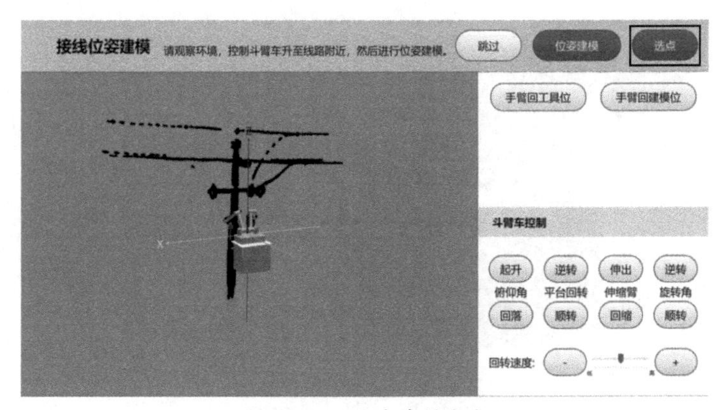

图 5-174　位姿建模完成

步骤 3：点击“选点”。系统跳转到位姿建模选点界面，显示自动选点结果，如图 5-175 所示。

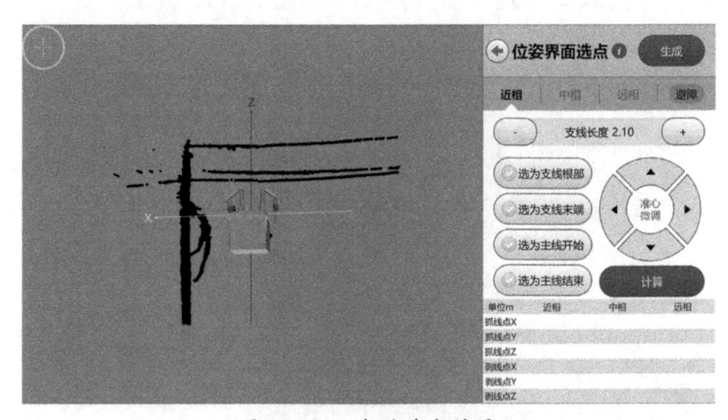

图 5-175　自动选点结果

说明：系统自动选点结果分为选点全部正确、选点部分正确、选点都不正确 3 种，需要作业人员通过点云模型判断。

步骤 4：判断每一相线路中系统选的 4 个作业点是否正确，如图 5-176 所示。若选点正确，则点击“计算”，获取作业点位数据；若选点不正确，则取消线路的选点，在点云模型上重新手动选点，再点击“计算”，获取作业点位数据。

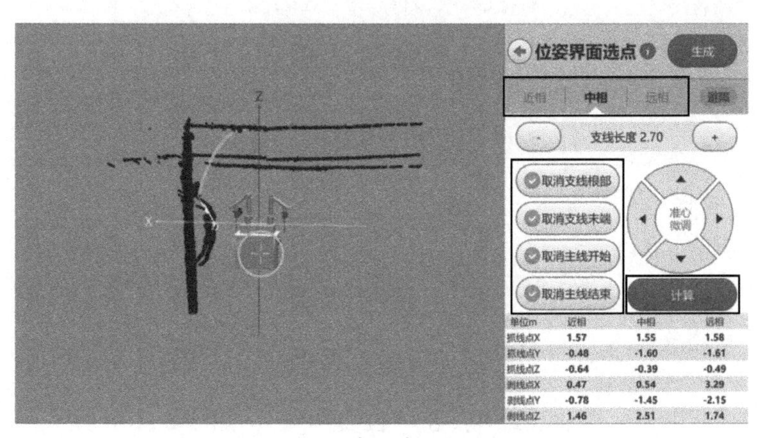

图 5-176　获取作业点位数据

步骤 5：确认自动点云分割计算出来的三相作业数据是否正确。如果计算正确，点击“生成”，会弹出提示框，询问是否继续生成位姿数据，如图 5-177（a）所示；如果继续，点击“是”按钮，显示位姿计算成功，如图 5-177（b）所示；点击“确认”，系统跳转到任务作业界面。

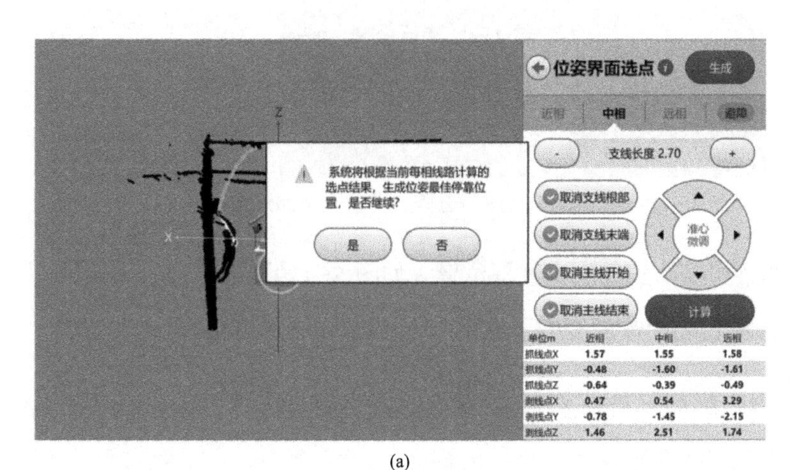

(a)

图 5-177　位姿计算（一）

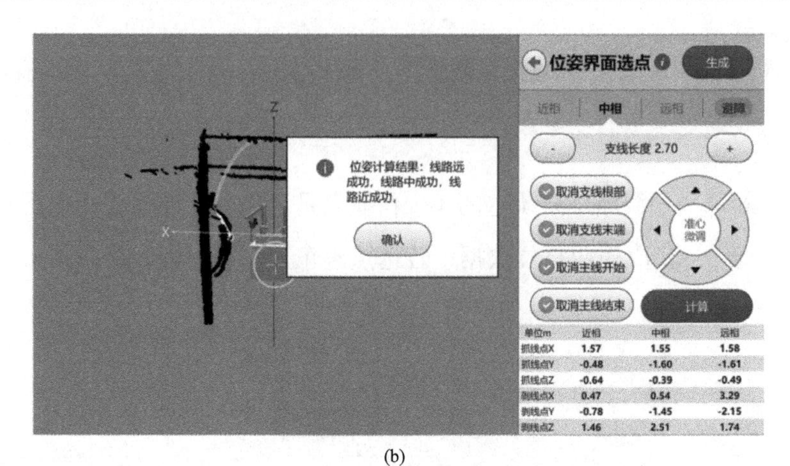

单位m	近相	中相	远相
抓线点X	1.57	1.55	1.58
抓线点Y	-0.48	-1.60	-1.61
抓线点Z	-0.64	-0.39	-0.49
剥线点X	0.47	0.54	3.29
剥线点Y	-0.78	-1.45	-2.15
剥线点Z	1.46	2.51	1.74

(b)

图 5-177　位姿计算（二）

6. 单相位姿调整

注意：在任务作业中，每条线路（近相、中相和远相）都需要进行“位姿调整→单相建模→单相选点”。

步骤 1：选择“中相”作业线路，点击“位姿调整”，如图 5-178 所示。

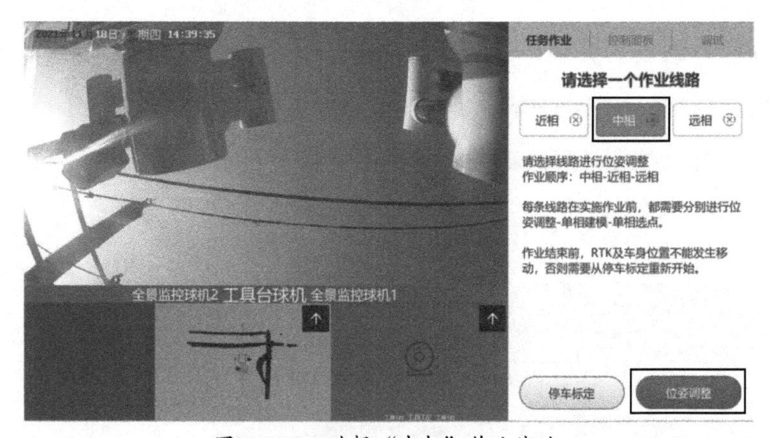

图 5-178　选择“中相”作业线路

步骤 2：调整绝缘斗到界面中红框位置，如图 5-179 所示。

步骤 3：绝缘斗位置调整完成后点击“确定”，如图 5-180 所示。

说明：当 X、Y、Z 的方向偏差及 Z 轴旋转偏差小于误差范围时，数值由红色变为绿色，表示当前斗臂车已经在可作业位置。

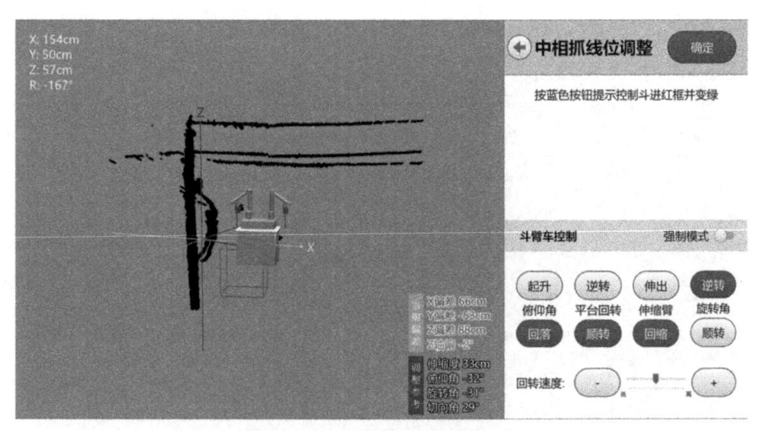

图 5-179 调整绝缘斗位置

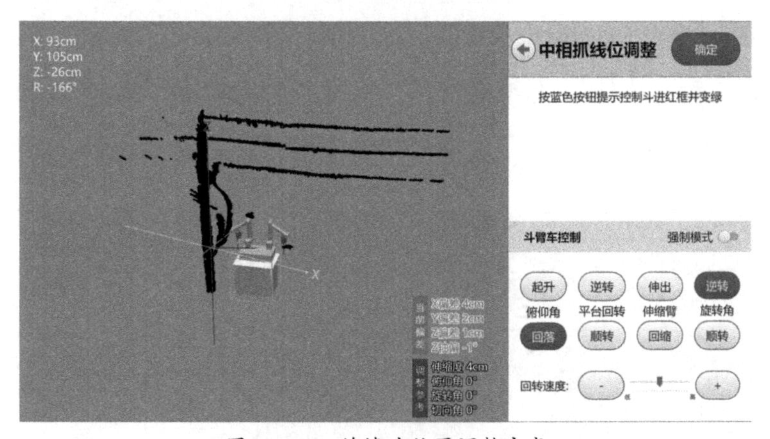

图 5-180 绝缘斗位置调整完成

7. 单相位姿建模

步骤 1：点击“单相建模”，如图 5-181 所示；当单相建模完成时，界面的“选点”按钮将点亮，如图 5-182 所示。

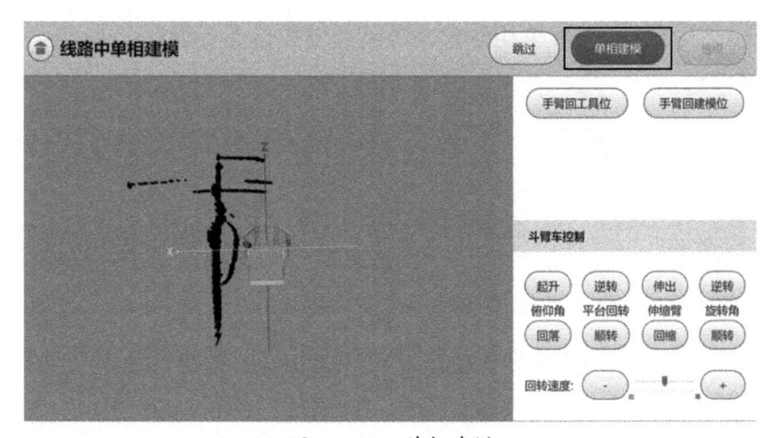

图 5-181 单相建模

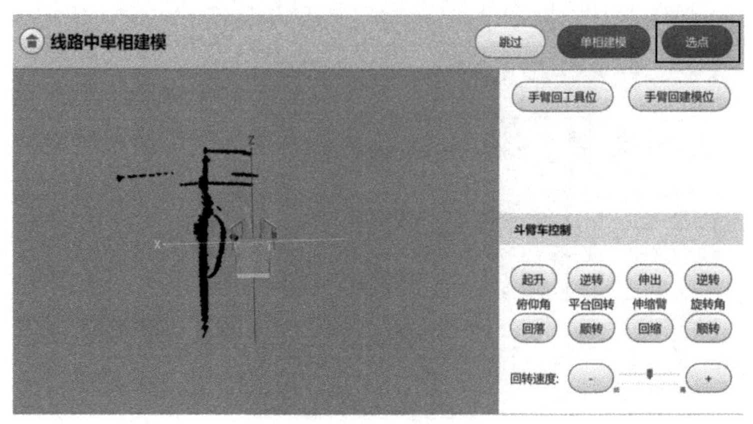

图 5-182　单相建模完成

步骤 2：点击“选点”，判断中相线路系统选的 4 个作业点是否正确，如图 5-183 所示。若选点正确，则点击“计算”，获取作业点位数据；若选点不正确，则手动选点，再点击“计算”，获取作业点位数据。

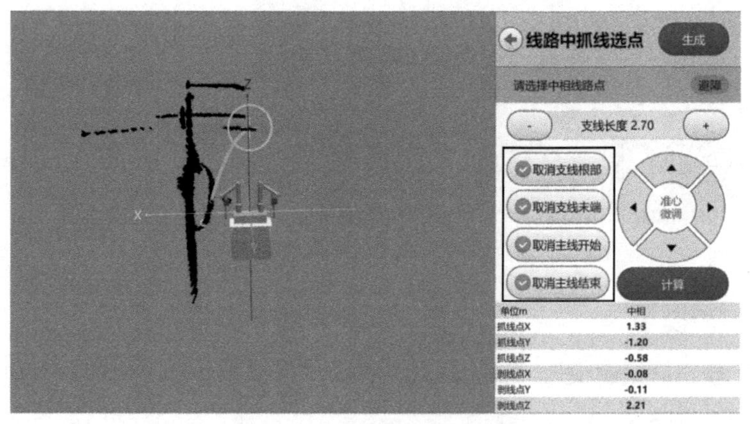

图 5-183　获取作业点位数据

步骤 3：点击“生成”，完成单相建模，跳转到任务作业界面。

8. 单相作业流程

（1）开始任务。点击“开始任务”按钮，开始执行任务流程，如图 5-184 所示。

（2）抓线流程。

步骤 1：执行到工具位置动画预演任务。通过界面观察机器人运动轨迹，确认动作安全无误后，点击“确认”，如图 5-185 所示。

步骤 2：执行剥线器和夹线器抓取任务。双臂从安全位置移动到工具台上方，取出剥线器和螺旋夹线器，确认工具成功抓取后，点击“确认”，如图 5-186 所示。

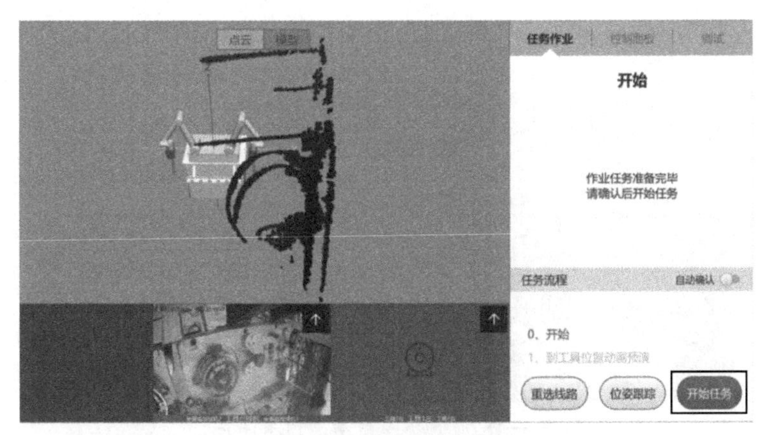

图 5-184　开始任务

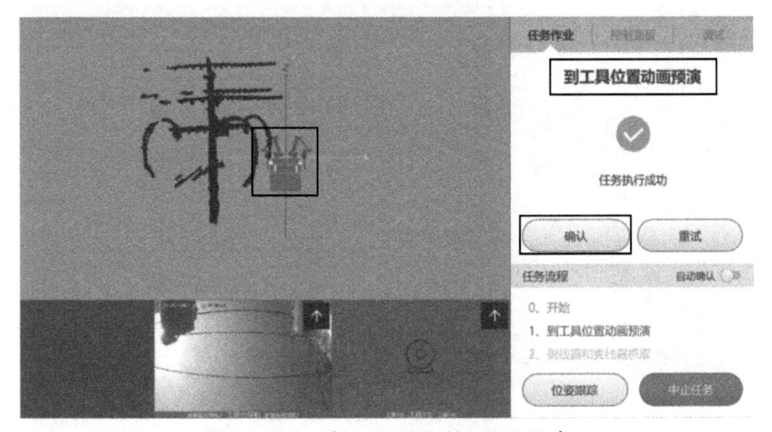

图 5-185　到工具位置动画预演任务

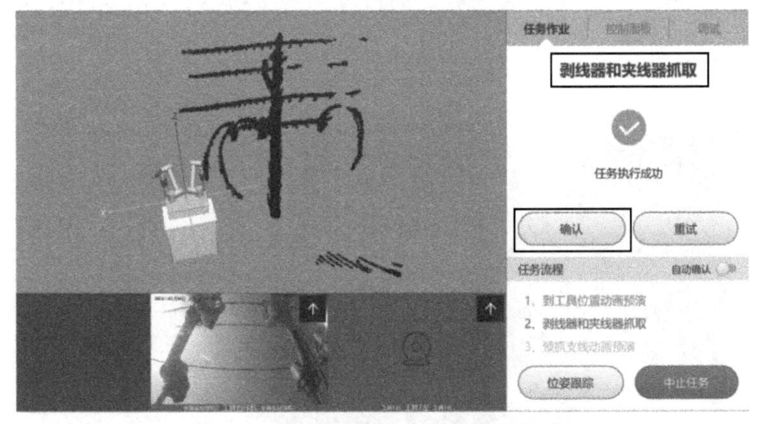

图 5-186　剥线器和夹线器抓取任务

步骤 3：执行预抓支线动画预演任务。通过界面观察机器人运动轨迹，确认动作安全无误后，点击“确认”，如图 5-187 所示。

步骤 4：执行预抓支线任务。左臂进行螺旋夹线器位置标定，左臂移动到支线下方，右臂移动到合适位置便于局部建模。确认动作执行到位后，点击“确认”，如图 5-188 所示。

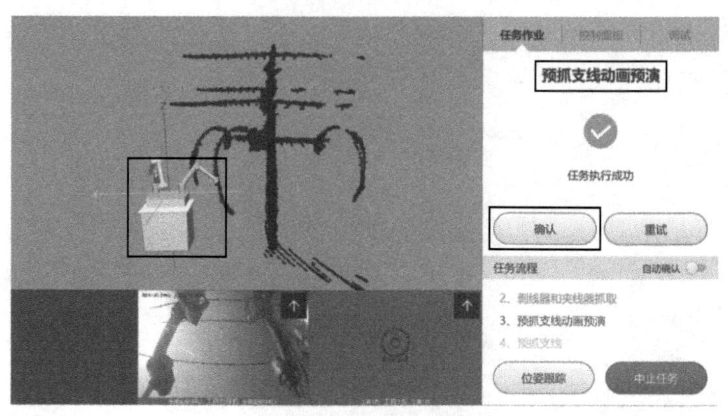

图 5-187　预抓支线动画预演任务

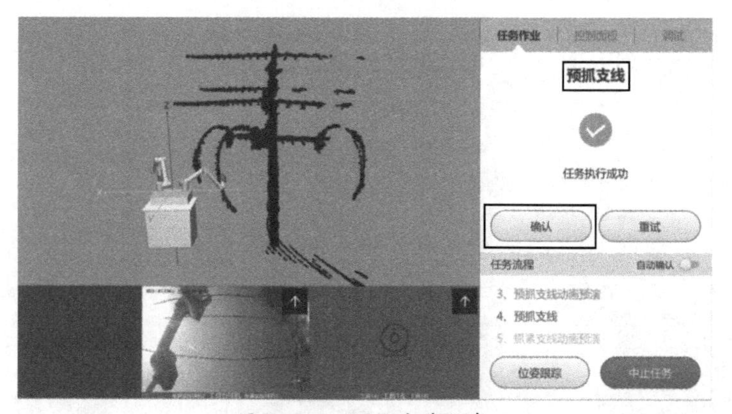

图 5-188　预抓支线任务

步骤 5：执行抓紧支线动画预演任务。通过界面观察机器人运动轨迹，确认动作安全无误后，点击“确认”，如图 5-189 所示。

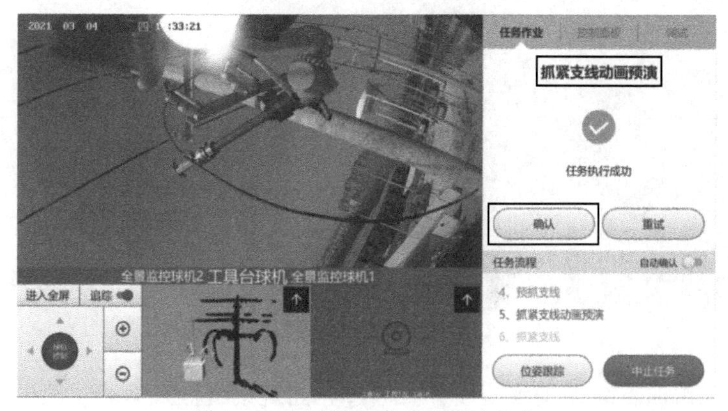

图 5-189　抓紧支线动画预演任务

步骤 6：执行抓紧支线任务。左臂往上抬抓住支线，螺旋夹线器开始预收紧，防止举线时支线滑落。确认支线成功抓紧后，点击“确认”，如图 5-190 所示。

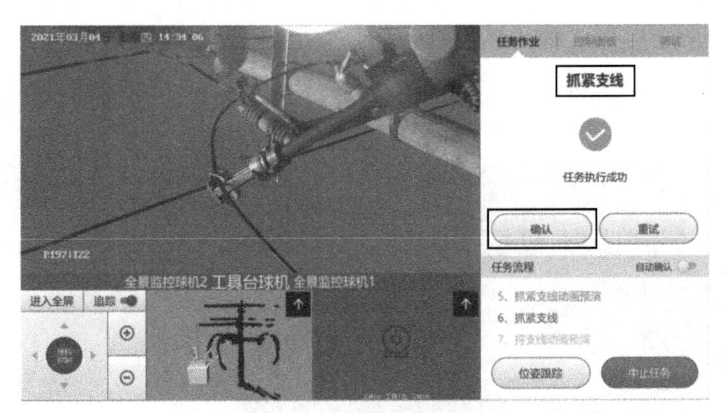

图 5-190　抓紧支线任务

步骤 7：执行捋支线动画预演任务。通过界面观察机器人运动轨迹，确认动作安全无误后，点击“确认”，如图 5-191 所示。

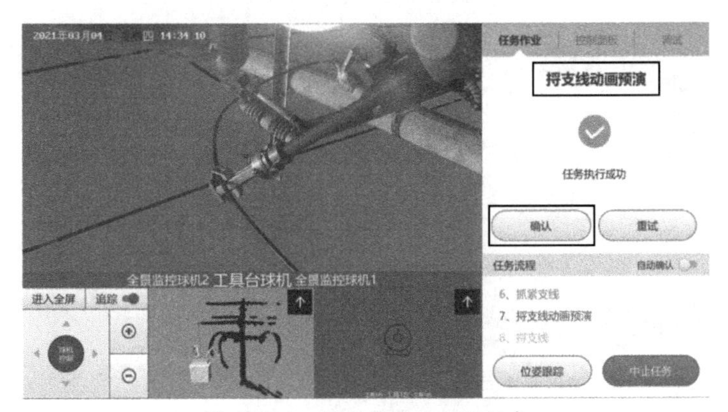

图 5-191　捋支线动画预演任务

步骤 8：执行捋支线任务。左臂捋支线，并将支线移动到主线下方稍低的位置，确认动作执行到位后，点击“确认”，如图 5-192 所示。

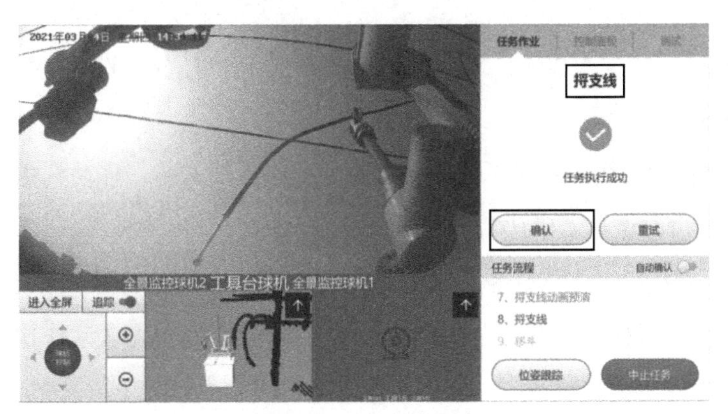

图 5-192　捋支线任务

步骤 9：执行移斗任务。根据界面指示，调整机器人斗臂到目标位置，将机器人移动到中相作业位置，如图 5-193 所示。确认动作执行到位后，点击“确认”，如图 5-194 所示。

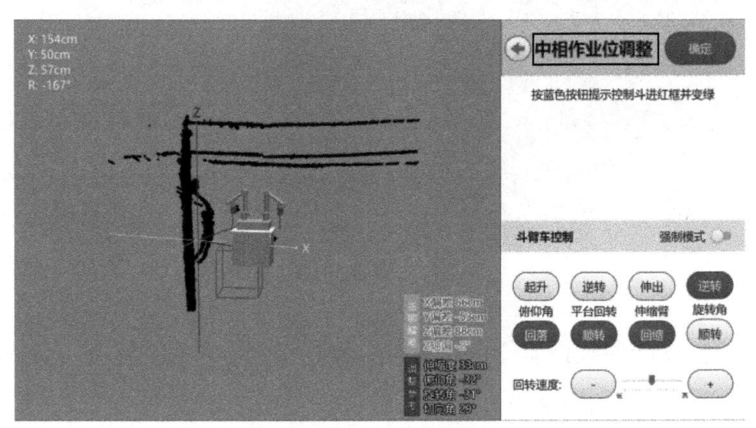

图 5-193　移斗任务

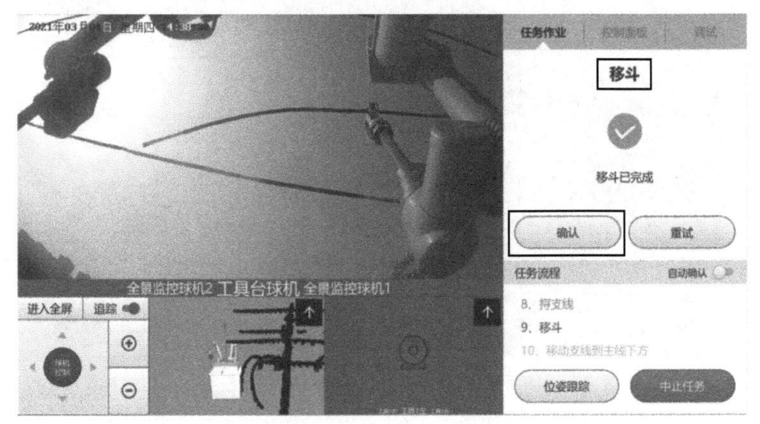

图 5-194　移斗完成

注意：在支线垂直主线场景作业中，当执行中相和远相线路作业时，会触发移斗任务步骤。

（3）剥线流程。

步骤 1：执行移动支线到主线下方任务。左臂抓起支线右移，移动到主线下方 30cm 处，确认执行动作到位后，点击“确认”，如图 5-195 所示。

步骤 2：执行支线靠近主线任务。右臂移动到左臂下方，通过面阵激光进行局部环境建模获取支线数据。左臂抓住支线，并上移至主线下方 5cm 处，确认动作执行到位后，点击“确认”，如图 5-196 所示。

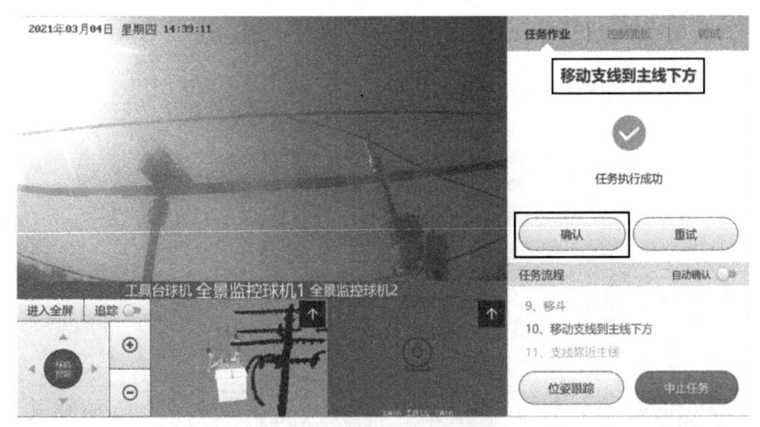

图 5-195　移动支线到主线下方任务

图 5-196　支线靠近主线任务

步骤 3：执行计算剥线点位置任务。左臂拉动支线，拉到支线变成受力状态，系统推算出剥线点位置，任务流程显示成功后，点击“确认”，如图 5-197 所示。

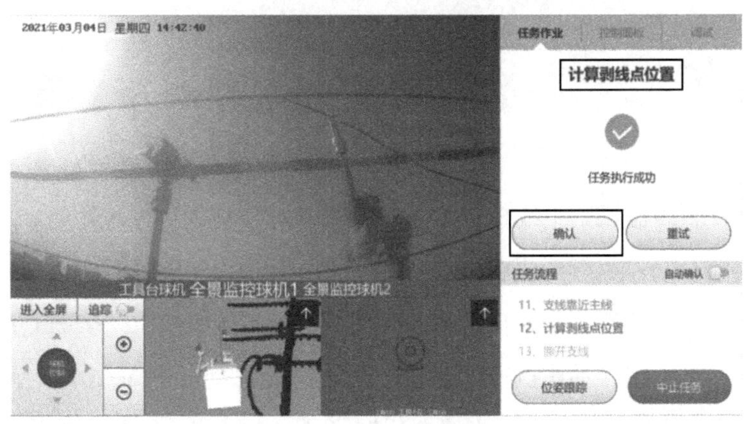

图 5-197　计算剥线点位置任务

步骤 4：执行挪开支线任务。左臂松开支线，右臂右移避开支线，左臂左移将支线从主线下方挪开，确认动作执行到位后，点击“确认”，如图 5-198 所示。

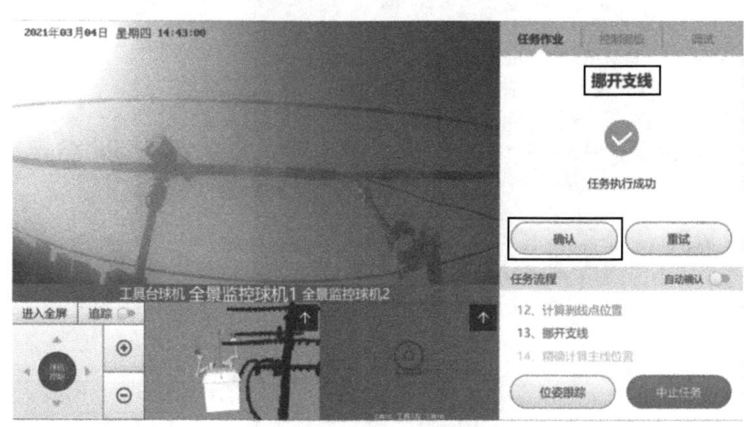

图 5-198　挪开支线任务

步骤 5：执行精确计算主线位置任务。左臂松开支线移动到一边，右臂抬高扫描计算主线数据，获取精准的剥线点位置，任务流程显示成功后，点击“确认”，如图 5-199 所示。

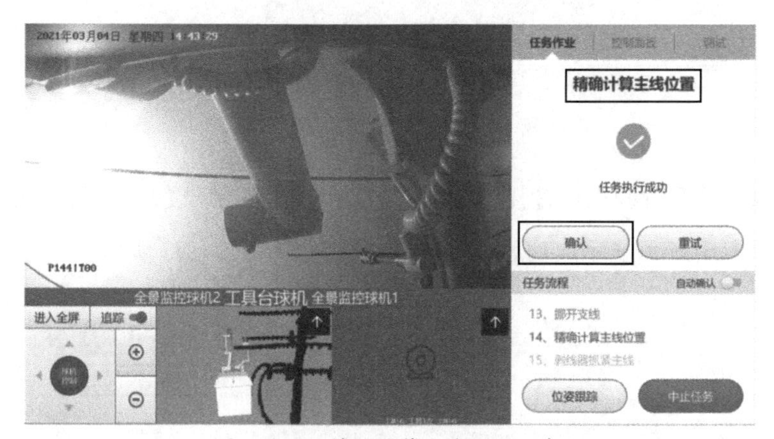

图 5-199　精确计算主线位置任务

步骤 6：执行剥线器抓紧主线任务。准备剥线，右臂移动到主线附近，剥线器张开后，移动扣紧主线，确认动作执行到位后，点击“确认”，如图 5-200 所示。

步骤 7：执行剥线任务。右臂开始剥线，剥线器旋转剥线皮 12～15cm 主线后停止，剥线器夹线块松开主线。确认动作执行到位后，点击“确认”，如图 5-201 所示。

步骤 8：执行剥线器退出任务。剥线器反转张开，右臂移动使剥线器退出主线。确认动作执行到位后，点击“确认”，如图 5-202 所示。

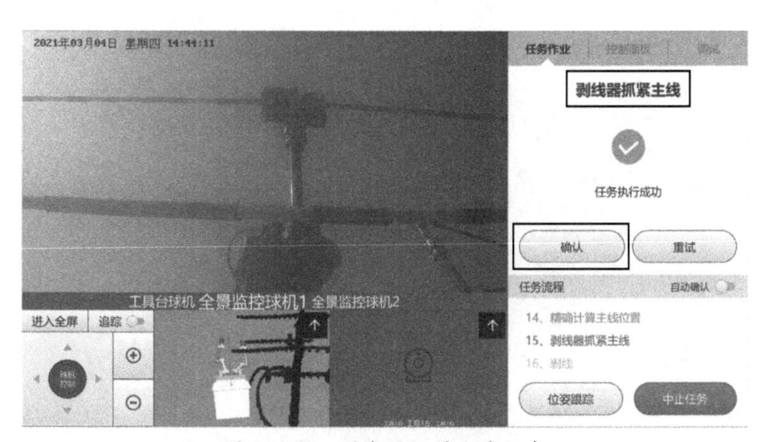

图 5-200 剥线器抓紧主线任务

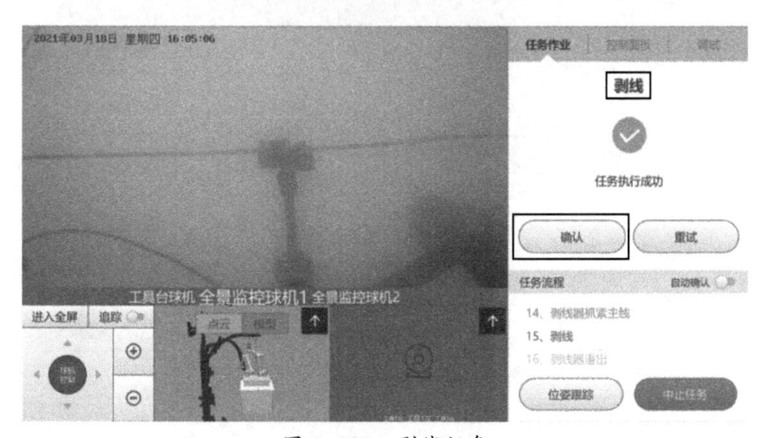

图 5-201 剥线任务

图 5-202 剥线器退出任务

步骤 9：执行放回剥线器动画预演任务，如图 5-203 所示。通过界面观察机器人运动轨迹，确认动作安全无误后，点击“确认”。

步骤 10：执行放回剥线器任务。右臂移动到工具台上方，并将剥线器放回工具台。确认动作执行到位后，点击“确认”，如图 5-204 所示。

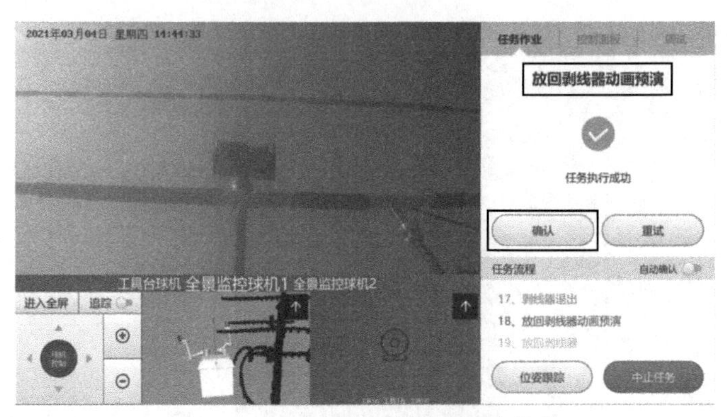

图 5-203　放回剥线器动画预演任务

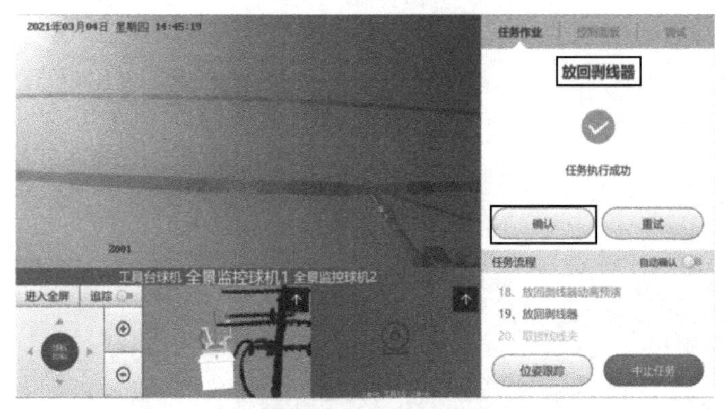

图 5-204　放回剥线器任务

（4）穿线流程。

步骤 1：执行取接线线夹任务。右臂移动到工具台上方，从工具台取出接线线夹，确认动作执行到位后，点击“确认”，如图 5-205 所示。

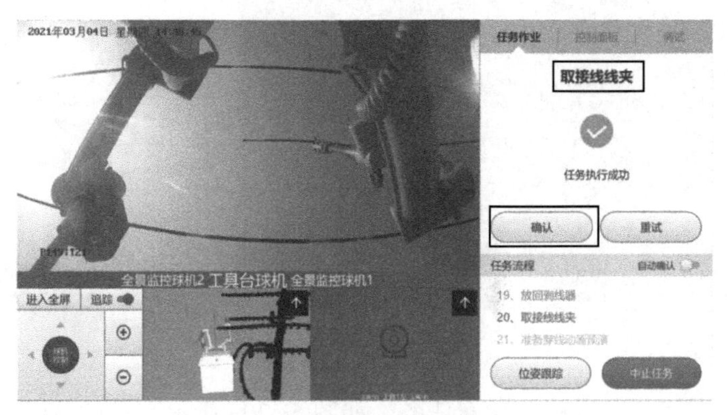

图 5-205　取接线线夹任务

步骤 2：执行准备穿线动画预演任务。通过界面观察机器人运动轨迹，确认动作安全无误后，点击“确认”，如图 5-206 所示。

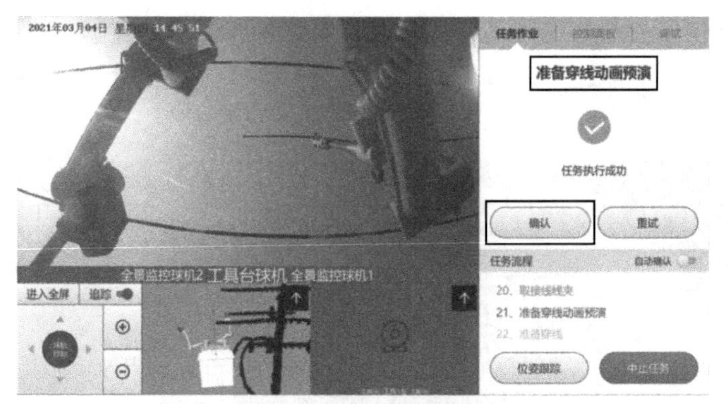

图 5-206 准备穿线动画预演任务

步骤 3：执行准备穿线任务。右臂从工具台前移动到穿线位置附近，确认动作执行到位后，点击“确认”，如图 5-207 所示。

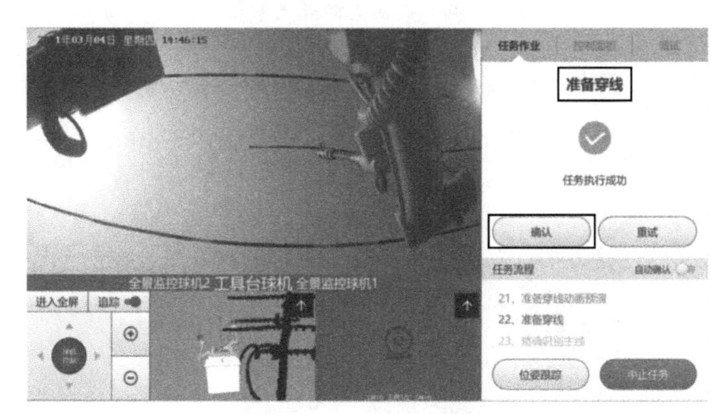

图 5-207 准备穿线任务

步骤 4：执行精准识别主线任务。剥线器右臂移动至主线下方 40cm 处，面阵激光开始扫描主线，根据手臂、机器人、面阵激光和主线的相对位置，获得精准剥线点。确认动作执行到位后，点击“确认”，如图 5-208 所示。

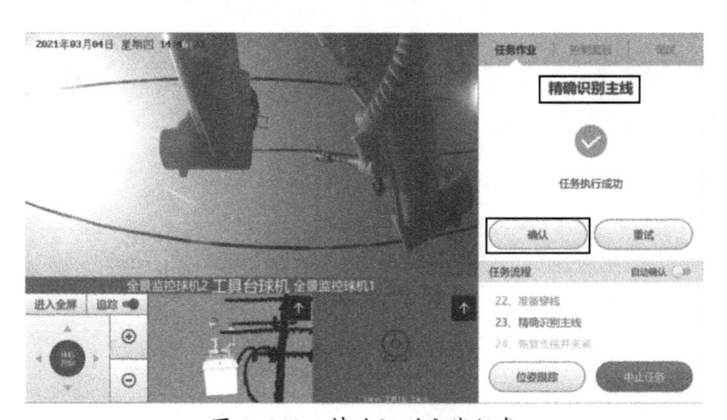

图 5-208 精确识别主线任务

步骤 5：执行恢复支线并夹紧任务。左臂移动到主线下方并夹紧支线，确认动作正确完成后，点击“确认”，如图 5-209 所示。

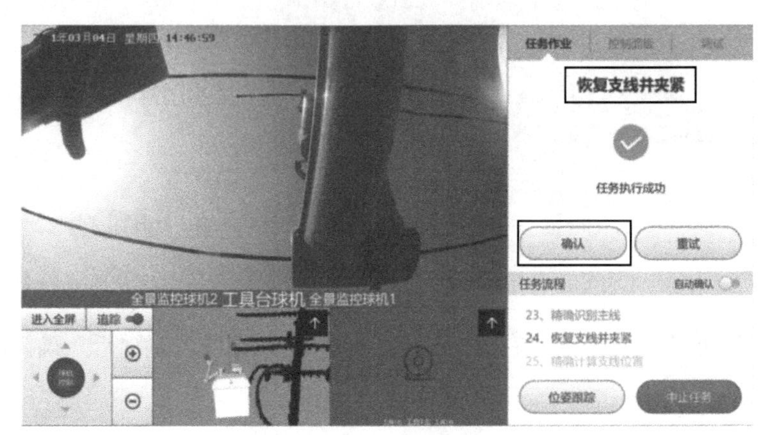

图 5-209 恢复支线并夹紧任务

步骤 6：执行精确计算支线位置任务。右臂移动到支线下方，进行局部建模，精确穿线位置计算。确认动作正确执行完成后，点击“确认”，如图 5-210 所示。

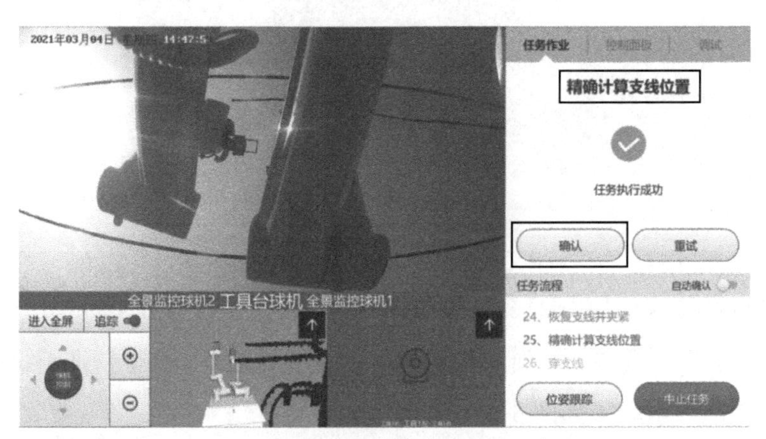

图 5-210 精确计算支线位置任务

步骤 7：执行穿支线任务。右臂移动到支线下方，支线末端扣进线夹内。确认动作正确执行完成后，点击“确认”，如图 5-211 所示。

（5）挂线流程。

步骤 1：执行挂线任务。右臂带着支线和线夹上移并向前扣，直至线夹挂上主线剥开处。确认动作正确执行完成后，点击“确认”，如图 5-212 所示。

步骤 2：执行锁紧线夹。左臂开始锁线夹，等待约 1min 后线夹锁紧。确认动作正确执行完成后，点击“确认”，如图 5-213 所示。

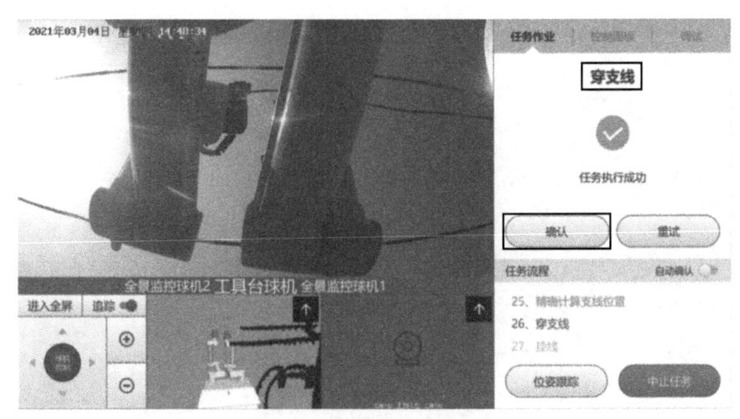

图 5-211 穿支线任务

图 5-212 挂线任务

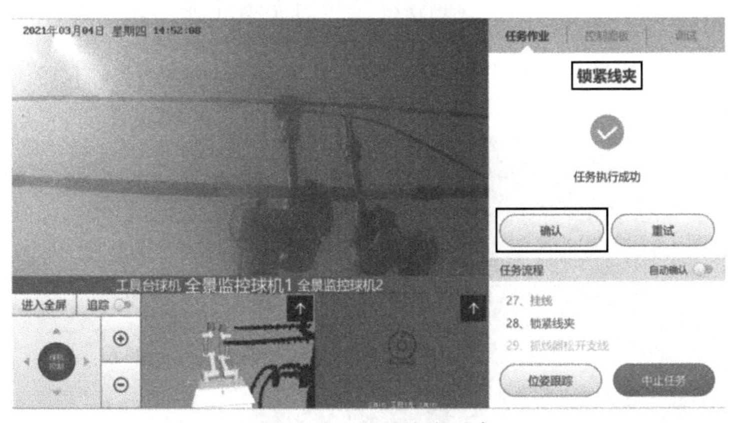

图 5-213 锁紧线夹任务

步骤 3：执行抓线器松开支线任务。左臂电机反转，抓线器松开后，左臂移动使抓线器脱离支线。确认动作正确执行完成后，点击“确认”，如图 5-214 所示。

步骤 4：执行线夹工具反转任务。右臂末端电机反转，使线夹与工具卡扣脱离，确认动作正确执行完成后，点击“确认”，如图 5-215 所示。

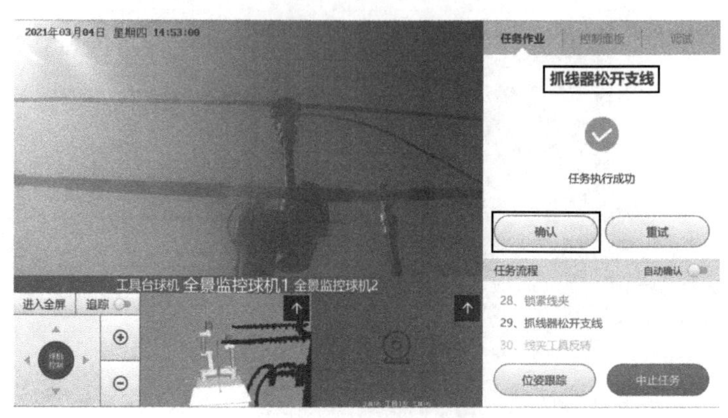

图 5-214　抓线器松开支线任务

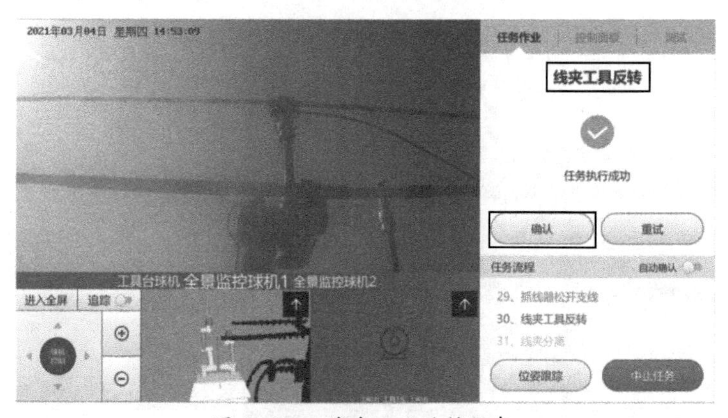

图 5-215　线夹工具反转任务

步骤 5：执行线夹分离任务。右臂脱离线夹工具脱离线夹，并且移动远离主线，确认动作正确完成后，点击“确认”，如图 5-216 所示。

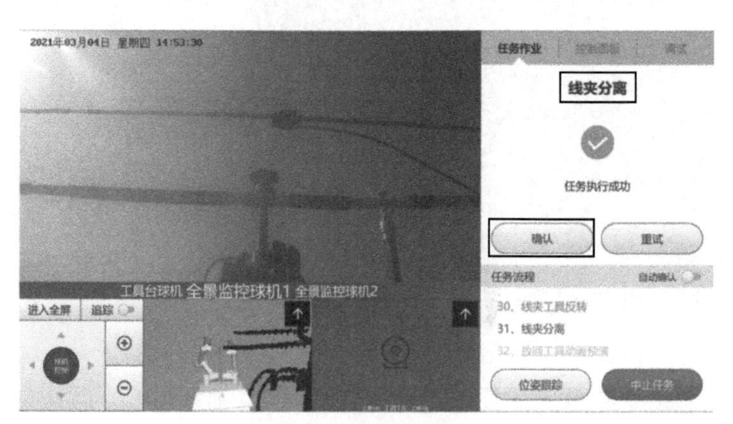

图 5-216　线夹分离任务

步骤 6：执行放回工具动画预演任务。通过界面观察机器人运动轨迹，确保动作正确无误后，点击“确认”，如图 5-217 所示。

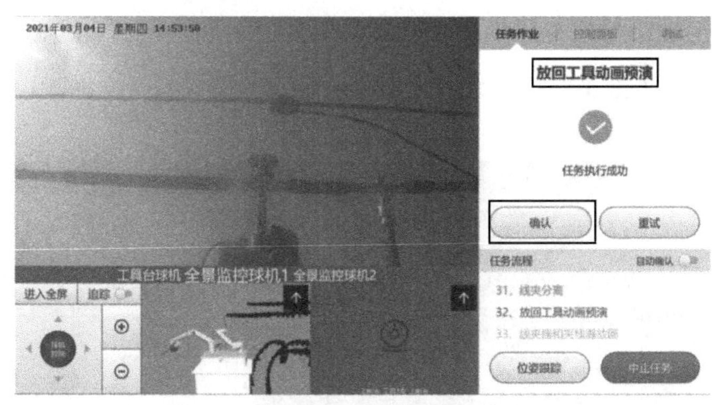

图 5-217　放回工具动画预演任务

步骤 7：执行线夹座和夹线器放回任务。双臂回到工具台前，将螺旋夹线器和线夹工具放回工具台。确认工具成功放回工具台后，点击“确认”，如图 5-218 所示。

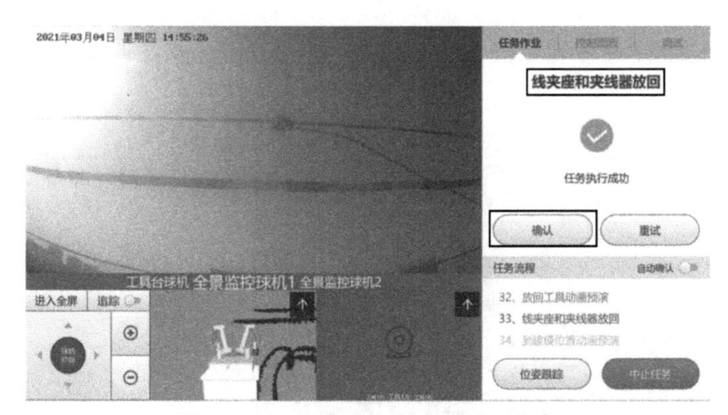

图 5-218　线夹座和夹线器放回任务

（6）结束任务。

步骤 1：执行到建模位置动画预演任务。通过界面观察机器人运动轨迹，确认动作安全无误后，点击“确认”，如图 5-219 所示。

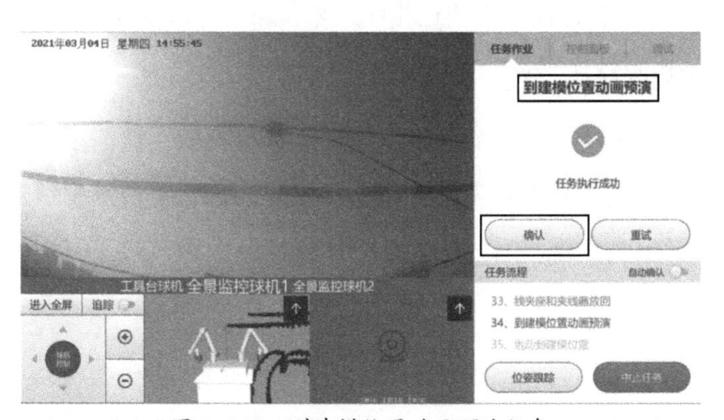

图 5-219　到建模位置动画预演任务

步骤 2：执行运动到建模位置任务。双臂从工具位置回到机器人两侧，确认动作安全无误后，点击“确认”，如图 5-220 所示。

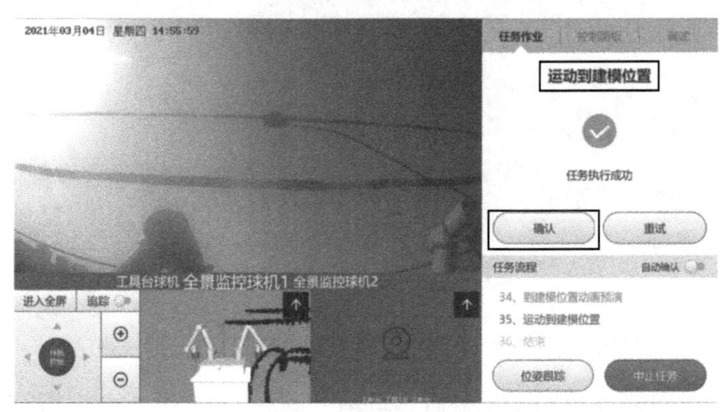

图 5-220 运动到建模位置任务

步骤 3：执行结束任务步骤，点击“确认”，完成中相线路作业流程，如图 5-221 所示。

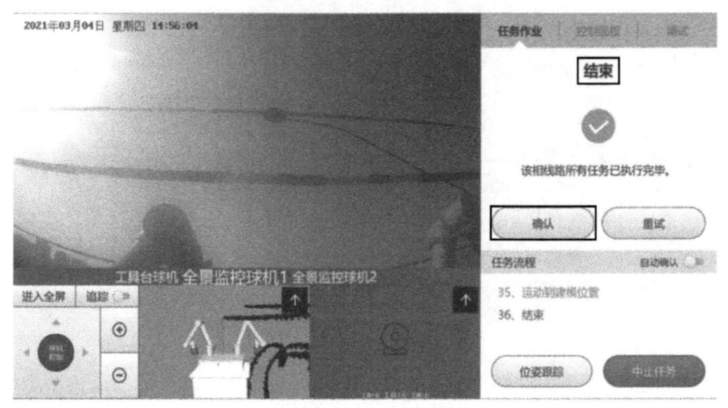

图 5-221 结束任务

9. 其他相作业流程

带电搭接引线作业流程还需要搭接近相和远相线路，详情请参照本节 5～7 所有步骤。

5.2.3 带电断直线耐张杆引流线

带电断直线耐张杆引流线作业流程跟断线作业流程类似，但需要注意带电断线过程中注意机器人和引线、主线的安全距离，若作业环境复杂，双手剪断引线后，保持双臂姿态不变，将机器人斗降至安全距离后，通过终端平板控制双臂末端工具电动机，松开工具夹爪，丢掉引线。

5.2.4 带电断双回线路引线

带电断双回线路引线为复杂线路作业，作业难易程度和时长跟场景复杂程度息息相关，排列的主线间距等因素影响机器人是否可以顺利进入作业核实的可作业范围。良好的停斗位置直接决定作业的顺畅度。

不论是单回路还是双回路，断线作业流程基本一致，区别在于双回路作业过程中更加注意安全，具体作业流程参考单回路断线作业流程。下一代机器人将支持该类型作业。

5.2.5 带电接双回线路引线

现有机器人主要支持带电接单回线路引线作业，接双回线路引线本身是复杂线路作业，作业的整个步骤较单回线路复杂，但整体思路基本一致。

双回线路接引线作业时，机器人要通过升降滑台将夹持引线的手臂送至可作业位置，整个作业过程中的流程和单回路接引线类似。下一代机器人将支持该类型作业。

5.3 带电更换避雷器

更换避雷器作业也是复杂作业类型中的一种，机器人在未来的作业场景中更多的是承担高危强压的工作，在作业过程中更多为带电作业人员减负，下一代机器人将支持该类型作业。

5.4 带电更换绝缘子

更换绝缘子作业较其他单回路作业复杂，因为整个作业过程中机器人动作要参考人工作业的步骤去实现。比如更换指数瓷瓶绝缘子，首先要考虑控制机器人将固定主线的捆扎绳解绑，松开固定绝缘子的装置，然后用机器人灵巧手臂托起主线，接下来拿掉即将要换掉的绝缘子，把需要更换的绝缘固定安装，同时再将主线陈放在绝缘子表面，最后固定主线，机器人完成作业。

5.5 辅助旁路作业

在配网不停电作业中，通常需要转移负荷来确保检修过程持续供电，旁路作业是其中一个重要方案，是复杂度最高的作业场景。

旁路作业的本质是架设临时线路，将检修的配电线路旁路一并切除，在保证所有低压用户连续用电的状态下，实现该配电线路的停电检修或其他施工工程。

旁路作业有以下几个特点。

（1）技术难度大。作业流程复杂，涉及到大量设备吊装、遮蔽、频繁移斗配合作业。

（2）投入资源多。以更换柱上开关场景为例，现场参与作业的工程车辆 5 辆，参与人员 8 人。

（3）作业周期长。工程普遍在 4h 以上，涉及设备拆线、吊装、接搭等。

目前机器人在旁路作业中承担部分工作，秉承着人机协同理念。在不远的将来，随着配网带电作业机器人技术的日益成熟，以及人工智能技术的发展，在复杂的旁路作业中看机器人将发扮演举足轻重的角色。

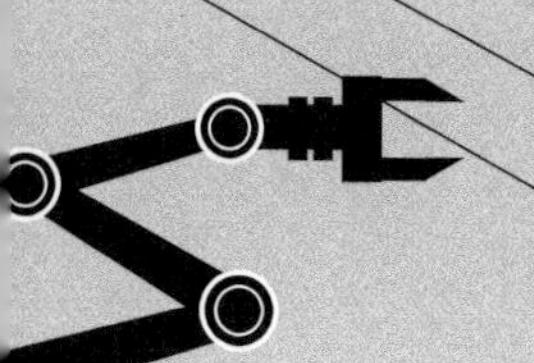

6 设备故障排除

6.1 install 和 GUI 升级

【问题 6-1】机器人升级完 install 后，修改的车辆参数不生效。

解决办法如下。

步骤 1：在 install/share/posing/soncfig/posing.yaml 文件中查看车辆参数，如图 6-1 所示。

```
posing.yaml (~/install/share/posing/config) - VIM
#配置目录
config_path:
#动态参数文件
dynamic_param_file:
#车辆类型 0: 海伦哲5132; 1:海伦哲单斗车（淮安）; 2:海伦哲5091; 3: 爱知双斗; 4: >
许继, 5:履带车 ）
car_type: 0
#GPS天线在车坐标系中的位姿
gps_in_car:
  - [1.213, -0.325, 0.905, 0.0, 0.0, -77.0]
  - [3.3, -0.1, 1.86, 0.0, 0.0, -80.0]
  - [2.94, -0.28, 0.7, 0.0, 0.0, -90.0]
  - [1.739, -0.425, -0.362, 0.0, 0.0, 0.0]
  - [3.96, 0.21 ,-0.25 , 0.0, 0.0, -110.0]
  - [2.05, 0.30, 1.35, 0.0, 0.0, -95.0]
#GPS天线在机器人坐标系中的位姿
gps_in_robot: [0.52, 0.73, 0.35, 0.00000, 0.00000, 90.0]
```

图 6-1 查看车辆参数

步骤 2：按照查阅的车辆参数，修改隐藏文件 ./ros/posing/posing.yaml 文件中的 car_type 参数，如图 6-2 所示。

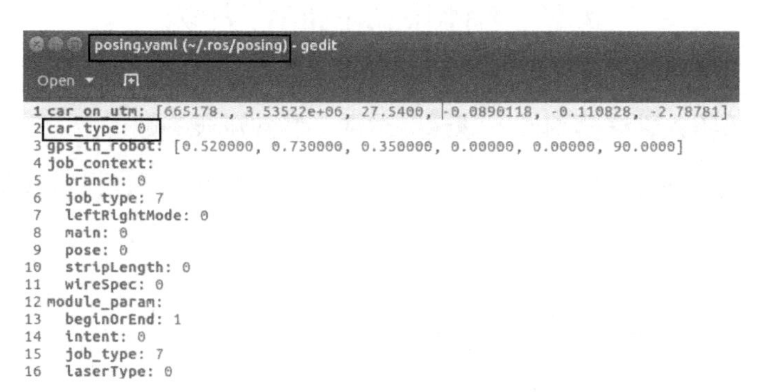

```
posing.yaml (~/.ros/posing) - gedit
Open
1 car_on_utm: [665178., 3.53522e+06, 27.5400, -0.0890118, -0.110828, -2.78781]
2 car_type: 0
3 gps_in_robot: [0.520000, 0.730000, 0.350000, 0.00000, 0.00000, 90.0000]
4 job_context:
5   branch: 0
6   job_type: 7
7   leftRightMode: 0
8   main: 0
9   pose: 0
10  stripLength: 0
11  wireSpec: 0
12 module_param:
13  beginOrEnd: 1
14  intent: 0
15  job_type: 7
16  laserType: 0
```

图 6-2 修改车辆参数

步骤 3：保存并重启 task 和 posing 节点。

【问题 6-2】机器人开机自检 task 节点闪退，机械臂中加载工具参数错误。

机械臂错误参数如图 6-3 所示。

```
/home/robot/install/share/task/v20.launch http://localhost:11311
auto-starting new master
process[master]: started with pid [26393]
ROS_MASTER_URI=http://localhost:11311

setting /run_id to b6180a22-7826-11ec-a3db-000c29420330
process[rosout-1]: started with pid [26408]
started core service [/rosout]
process[node_task-2]: started with pid [26425]
[ WARN] [1642486821.057029647]: 未找到全局硬件版本信息，默认使用2.0硬件
[ INFO] [1642486821.162690392]: tool: 绝缘杆
[ERROR] [1642486821.169093047]: 工具类型错(7)
[ERROR] [1642486821.169280919]: 获取右臂当前手臂工具错!
[ERROR] [1642486821.169235594]: 加载运行参数失败!
[ERROR] [1642486821.169255210]: 任务初始化失败!

db_sqlite3::close ...
```

图 6-3　机械臂错误参数

解决办法如下。

步骤 1：打开隐藏文件 .ros/task/dynamic_params.yaml，修改参数，如图 6-4 所示。

```
dynamic_params.yaml (~/.ros/task) - gedit
Open ▾
64   grounding_ring:
65     left_pole_mode:
66       hole:
67         - [ 3, 2, 1 ]
68         - [ 4, 1, 0 ]
69     right_pole_mode:
70       hole:
71         - [ 2, 3, 4 ]
72         - [ 1, 4, 5 ]
73 JobContext:
74   jobScenario: 24050
75   leftRightMode: 0
76   wireSpec: 24050
77 ModuleParam:
78   wireIndex: 2
79 current_arm_tool:
80   left_arm_tool: 0
81   right_arm_tool: 7
```

图 6-4　机械臂参数配置

步骤 2：保存后重启 task 节点。

6.2　本体电源板固件升级

【问题 6-3】机器人剥线器固件下载速度过快，导致烧录失败。

第一次直接烧录固件文件中的 .bin 文件（跳转地址 8020000），报错如图 6-5 所示。

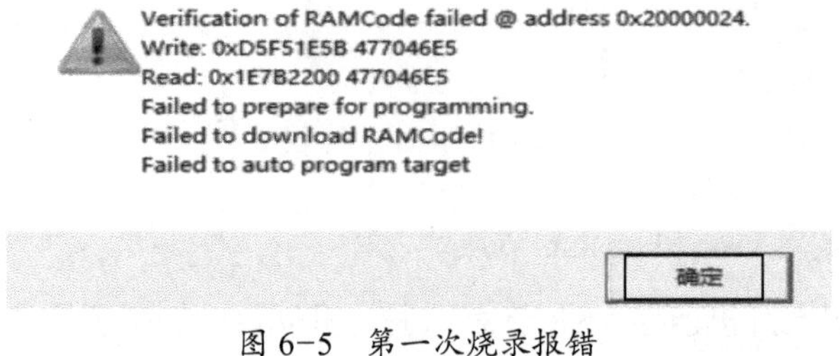

图 6-5　第一次烧录报错

第二次烧录 bootloader 和 app 下的 .hex 文件，中途报错，如图 6-6 所示。

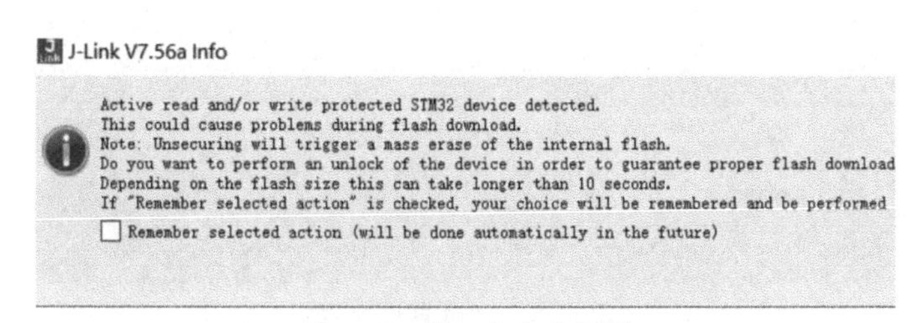

图 6-6　第二次烧录报错

解决办法如下。

再次点击下载或者选择 Options → Project settings，在打开的窗口中修改下载速率，如图 6-7 所示。

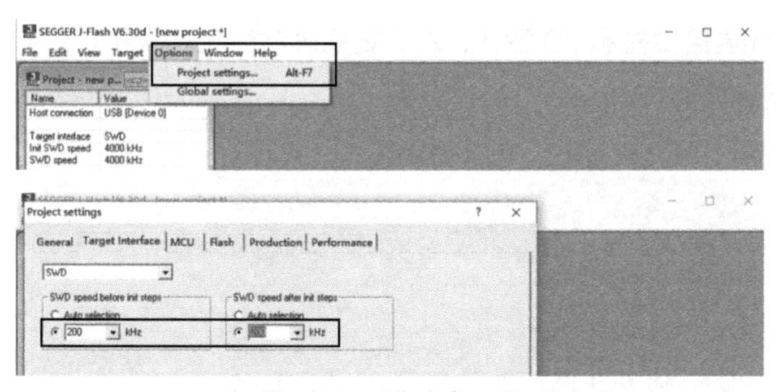

图 6-7　下载速率配置

6.3　环　境　自　检

【问题 6-4】环境自检一直等待连接，可能是本体与终端通信异常。

解决办法如下。

步骤 1：检查无线网络是否正常连接，如果没有连接请正常连接网络。

步骤 2：ping IP 地址 192.168.31.10，检查终端与本体网络通信是否正常，如果异常，可以尝试重启整机。

步骤 3：可能是 socket 节点没有启动，等待几分钟后，看是否正常连接，如果还是异常，可以尝试重启整机。

如果上述步骤均无法解决问题，可联系专业人员协助。

【问题 6-5】环境自检激光云台电机、左右臂末端电机显示异常。

环境自检异常如图 6-8 所示。

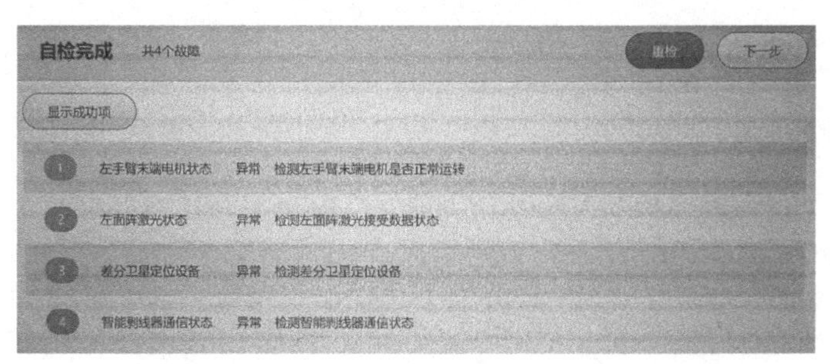

图 6-8　环境自检异常

解决办法如下。

步骤 1：检查电机接线是否松动，如果是，请重新调整好接线。

步骤 2：如果还是存在异常，可尝试重启整机，再自检观察结果。

若上述步骤均无法解决问题，可联系专业人员协助。

【问题 6-6】环境自检显示 3D 激光，左、右面阵激光状态异常。

机关自检异常如图 6-9 所示。

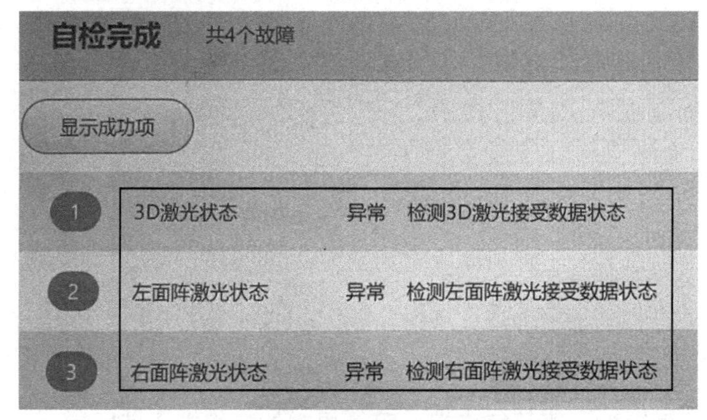

图 6-9　激光自检异常

解决办法如下。

步骤 1：检查一下激光接线是否有松动，如果是，请重新调整接线。

步骤 2：ping 一下激光 IP，检查通信是否正常，如果异常，可以检查交换机上激光网线是否连接正常，如果异常请重新接线（3D 激光 IP 为 192.168.1.200，左面阵激光 IP 为 192.168.1.203，右面阵激光 IP 为 192.168.1.204）。

步骤 3：如果都检测正常，可以尝试重启整机，再自检观察结果。

若上述步骤均无法解决问题，可联系专业人员协助。

【问题 6-7】环境自检显示主控制板、云台控制板异常，如图 6-10 所示。

解决办法：

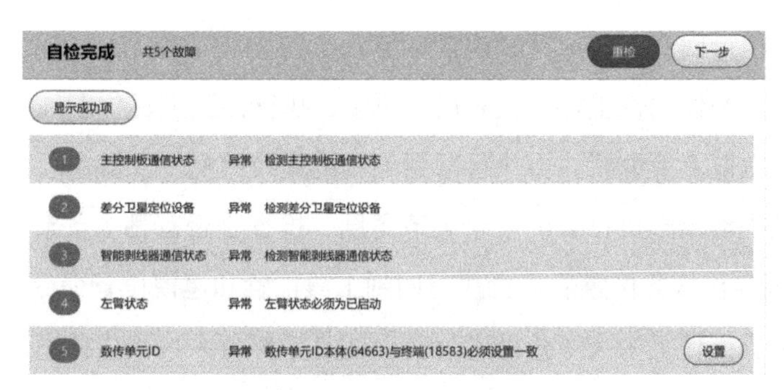

图 6-10 控制板自检异常

解决方法：首先 ping 一下 IP：192.168.31.11，检查控制板网络通信是否正常，如果异常，可以尝试重启整机。

若上述步骤均无法解决问题，可联系专业人员协助。

【问题 6-8】环境自检显示差分卫星定位设备异常。

卫星自检异常如图 6-11 所示。

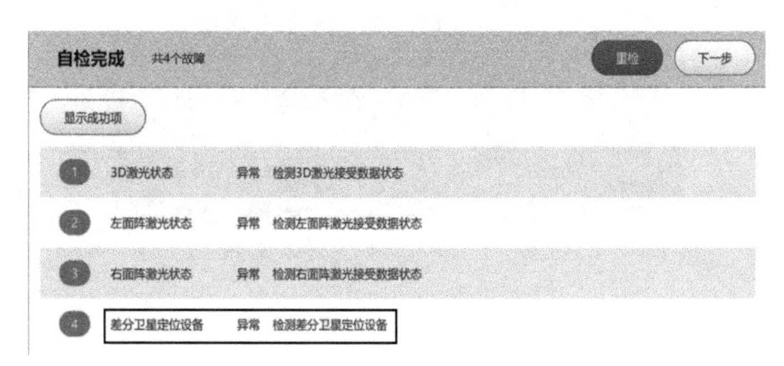

图 6-11 卫星自检异常

解决办法如下。

步骤 1：确认是否架设 RTK 基站并且开机启动。

步骤 2：可以尝试等待几分钟后，重新自检查看检测结果。

步骤 3：检查 RTK 基站架设位置附近是否有遮挡物，如果有，请将基站移动到开阔地段后，再重新自检查看检测结果。

若上述步骤均无法解决问题，可联系专业人员协助。

6.4 位 姿 建 模

【问题 6-9】点击机械臂回到工具位置或者建模位置，机械臂不执行相应动作。

解决办法如下。

步骤 1：重新执行回到工具位置和建模位置。

步骤 2：尝试遥操作调整机械臂位置后，再重试执行回到工具位置和建模位置。

步骤 3：给机械臂上下电后，再执行回到工具位置和建模位置命令。

步骤 4：分别手动调整机械臂的 6 个关节角度，检查是否有哪个关节角度到达阈值，如果是，可以免驱调整机械臂位置后，再执行回到工具位置和建模位置命令。

步骤 5：如果机械臂某个关节角度卡死，可能是机械臂零位丢失，可联系专业人员进行重新标定。

若上述步骤均无法解决问题，那可能是机械臂本身存在故障，应联系专业人员进行检修。

【问题 6-10】斗的位置相对作业场景不太好，激光扫描支线不完全。

激光扫描支线不完全的状态如图 6-12 所示。

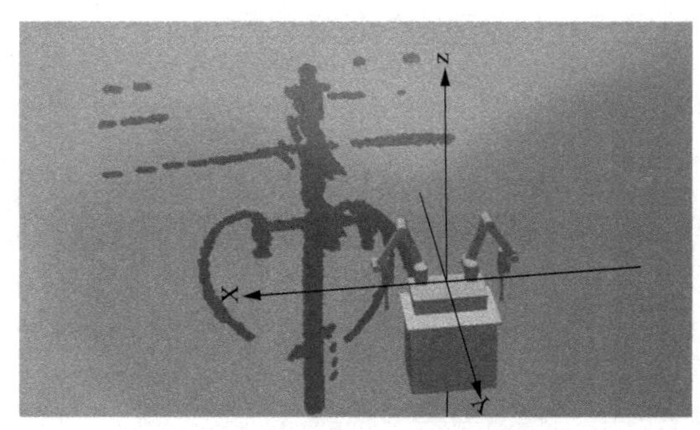

图 6-12　激光扫描支线不完全

解决办法如下。

观察斗和作业场景的位置，根据情况调整斗的位置，尽量保证机器人平行正对作业场景后，再重新建模选点计算。

6.5　环　境　建　模

【问题 6-11】强制清除机器人加载错误的模型。

备注 1：重启运动规划节点是针对修改该节点配置参数或简单的运动规划失败的情况。

备注 2：指令清除障碍物的示例：

打开 terminal 输入：roslaunch z100_moveit_config moveit_rviz.launch config:=true 弹出加载障碍物模型的窗口，如图 6-13 所示。

解决办法：在图 6-13 所示的界面中找到 Scene Objects 选项，单击进入障碍物清除配置界面，点击 Clear 按键清除障碍即可，如图 6-14 所示。

图 6-13 障碍物模型窗口

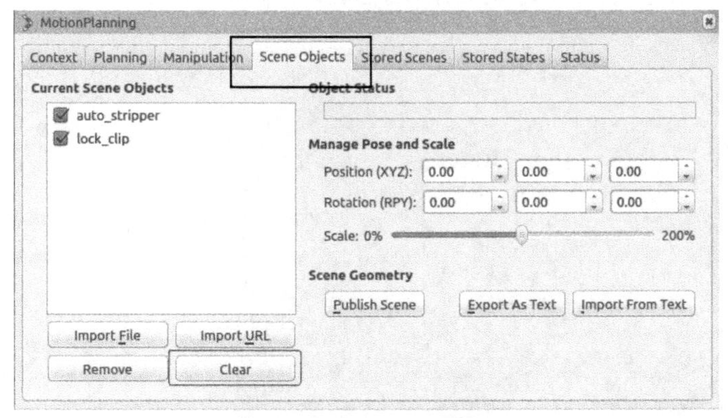

图 6-14 障碍物清除配置

6.6 抓 线 流 程

【问题 6-12】预抓支线动画预演任务运动规划失败。

预抓支线动画预演任务运动规划失败如图 6-15 所示。

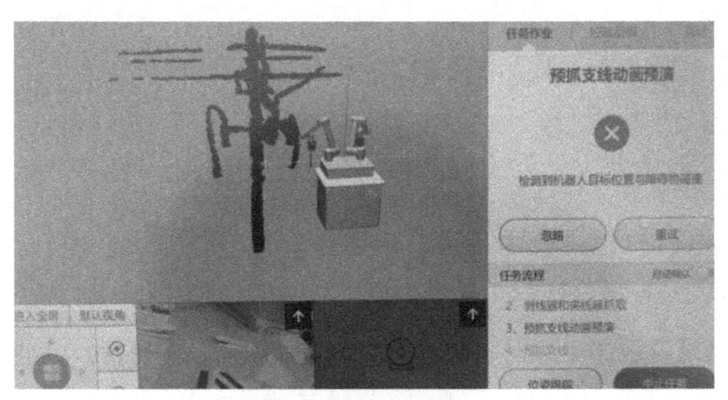

图 6-15 运动规划失败

解决办法如下。

步骤 1：点击重试按钮，重新计算。

步骤 2：手动调整双臂向前远离工具台后，再点击重试按钮，重新计算。

步骤 3：观察斗和作业线杆是否靠的太近，如果不是，放回双臂的工具后，回到建模位置，建模计算，再重新开始任务，如果是，执行步骤 4。

步骤 4：放回双臂的工具后，回到建模位置，重新调整斗的位置远离线杆和支线后，再建模计算，重新开始任务。

若上述步骤均无法解决问题，可联系专业人员协助。

【问题 6-13】预抓支线动画预演任务环境建模数据校验失败。

预抓支线动画预演任务环境建模数据校验失败如图 6-16 所示。

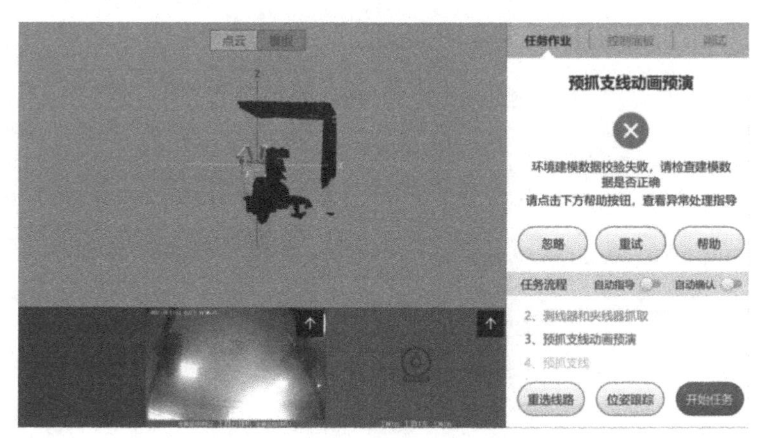

图 6-16　环境建模数据校验失败

解决办法如下。

通过后台运动规划节点查看抓线点位置，如果数据超出机械臂作业范围，重新建模选点。

说明：选择支线根部时距离瓷瓶 5cm 左右即可。

【问题 6-14】预抓支线动画预演任务机械臂碰到障碍物保护性停止。

预抓支线动画预演任务机械臂碰到障碍物保护性停止如图 6-17 所示。

解决办法如下。

步骤 1：解除机械臂保护性停止后，点击重试按钮，重试预抓线动作。

步骤 2：观察机械臂碰撞情况，遥操作调整机械臂位置（机械臂如果碰到瓷瓶和横杆，可以遥操作调整机械臂远离电线杆。机械臂如果碰到斗壁，需要遥操作向前调整机械臂远离斗壁），再点击重试按钮，重试上一步预抓线动画预演动作。

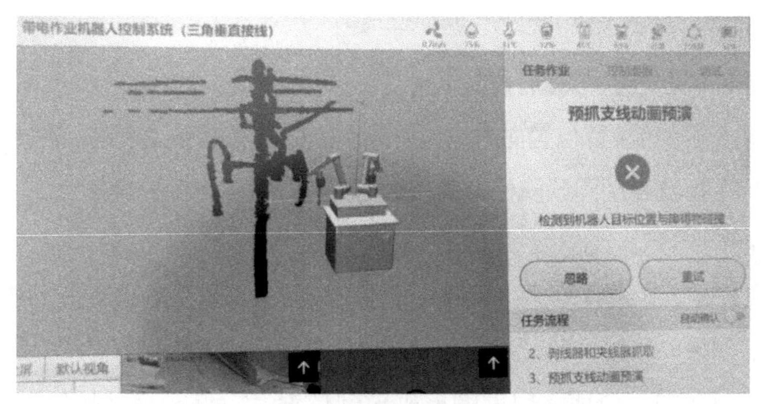

图 6-17 机械臂碰到障碍物保护性停止

步骤 3：点击左右手工具放回，放回双臂工具后，回到建模位置，调整斗的位置，远离线杆后，重新建模，开始任务。

说明：右手流程向左、向后调斗，左手流程向右、向后调斗。

步骤 4：可能选择的抓线点靠近障碍物导致，抓线点选择远离横担及瓷瓶。

若上述步骤均无法解决问题，可能是作业场景不符合要求，应联系专业人员具体定位分析。

【问题 6-15】抓紧支线步骤，支线没有在螺旋夹线器卡槽内。

解决办法如下。

立即终止当前任务，手动控制螺旋夹线器张开后，遥操作调整支线进入螺旋夹线器，再重试抓紧支线方法。

【问题 6-16】捋支线动画预演任务环境建模数据校验失败。

捋支线动画预演任务环境建模数据校验失败如图 6-18 所示。

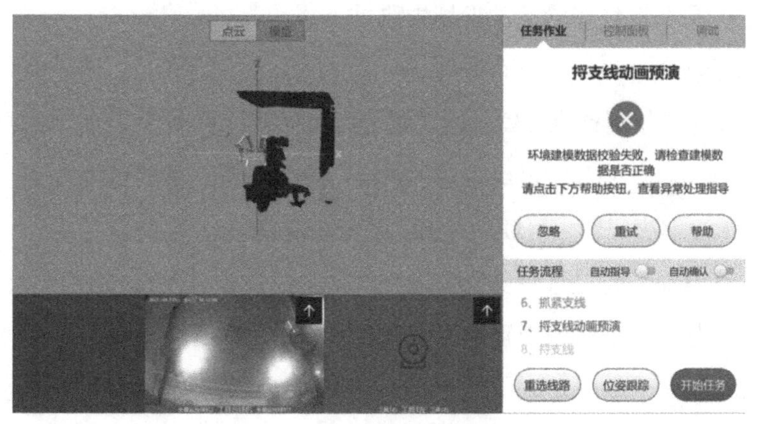

图 6-18 环境建模数据校验失败

解决办法如下。

步骤 1：点击重试按钮，重新计算。

步骤 2：遥操调整机械臂位置向右、向前或向上后，点击重试按钮，重新计算。

【问题 6-17】捋支线动画预演任务动作执行失败，机械臂保护性停止。

解决办法如下。

步骤 1：观察螺旋夹线器情况，如果夹线器比较紧，需要手动微调张开螺旋夹线器，后点击重试按钮。如果夹线器没有很紧，可以点击重试按钮，重新执行捋线方法。

步骤 2：手动向左、向前、向上调整机械臂位置后，点击重试按钮，重新执行捋线方法。

步骤 3：手动调整机械臂完成捋线动作后，忽略错误后，直接执行下一步。

6.7 剥 线 流 程

【问题 6-18】精确计算支线步骤，面阵激光获取数据失败。

解决办法如下。

点击重试按钮，重新精确计算支线。

若无法解决问题，可联系专业人员协助。

【问题 6-19】精确计算支线步骤，机械臂举支线保护性停止。

解决办法如下。

步骤 1：可以遥操作调整左臂位置向下，向前后，再重新执行当前方法，重新精确计算支线。

步骤 2：遥操作调整左臂向下，远离支线后，忽略错误直接执行下一步。

【问题 6-20】挪开支线步骤运动规划失败。

解决办法如下。

步骤 1：可以遥操作调整机械臂位置（可能跟机械臂计算碰撞有关，根据情况调整左臂向左、向前，右臂向右，使双臂远离）后，再点击重试按钮，重试当前方法。

步骤 2：若无法解决问题，可联系专业人员分析定位。

【问题 6-21】精确识别主线任务面阵激光识别主线失败。

精确识别主线任务面阵激光识别主线失败如图 6-19 所示。

解决办法如下。

步骤 1：可能跟环境建模数据误差有关系，需要松开螺旋夹线器，放回双臂工具，回到建模位置，终止任务，重新环境建模后，再开始任务流程。

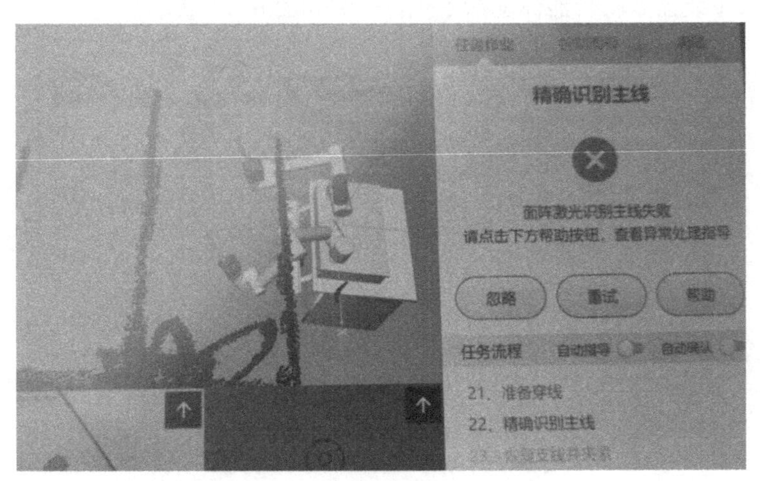

图 6-19　面阵激光识别主线失败

步骤 2：观察若面阵激光距离主线的实际高度超过 60cm，将 gpDistFromMain 的值调小为 0.3 或者 0.35，如图 6-20 所示。

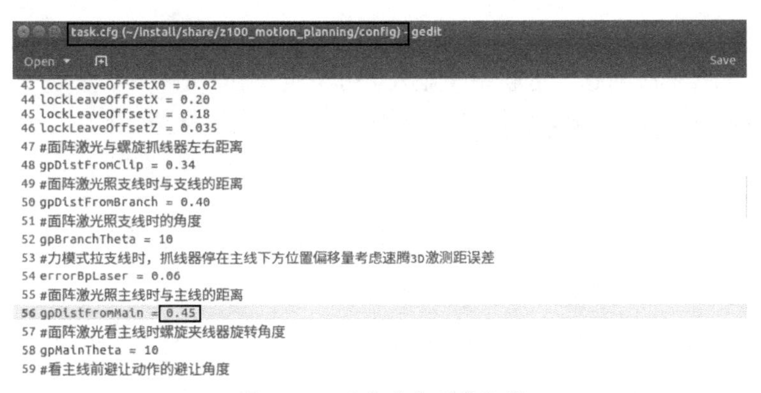

图 6-20　面阵激光距离配置

步骤 3：重启 z100_motion_planning 节点。

若无法解决问题，可联系专业人员分析定位。

【问题 6-22】剥线器抓紧主线步骤，机械臂保护性停止。

解决办法如下。

观察实际情况，如果主线卡进了剥线器内，可以忽略错误直接执行下一步。如果主线没有卡进剥线器内，遥操调整剥线器远离主线后，重试当前动作或直接遥操卡进主线后，执行下一步。

【问题 6-23】剥线器抓紧主线任务剥线器标定指令执行失败。

剥线器抓紧主线任务剥线器标定指令执行失败如图 6-21 所示。

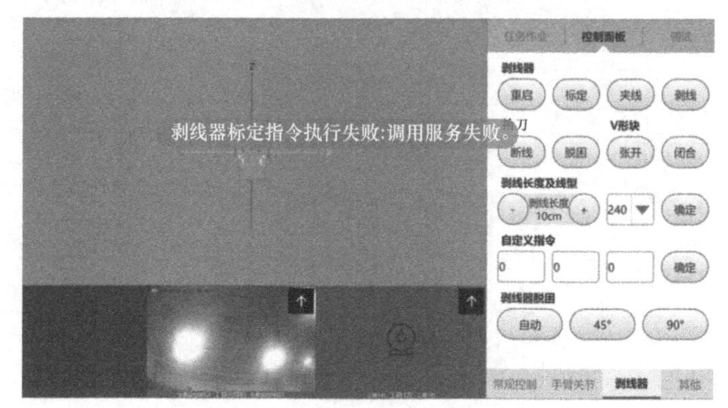

图 6-21　剥线器标定指令执行失败

解决办法如下。

步骤 1：尝试点击重试按钮，进行重新标定（不要连续多次重新标定）。

步骤 2：界面控制重启剥线器或者剥线器断电重启，等待几分钟剥线器通信正常后，再重新进行标定。

步骤 3：若无法解决问题，可联系专业人员分析定位。

【问题 6-24】剥线任务剥线失败。

解决办法如下。

手动反转电机使剥线器张开，手动移动剥线器退出主线后，重试上一步剥线器抓紧主线方法，再根据剥线情况微调后执行剥线动作。

若无法解决问题，可联系专业人员分析定位。

【问题 6-25】剥线任务出现啃线情况。

剥线器啃线如图 6-22 所示。

解决办法如下。

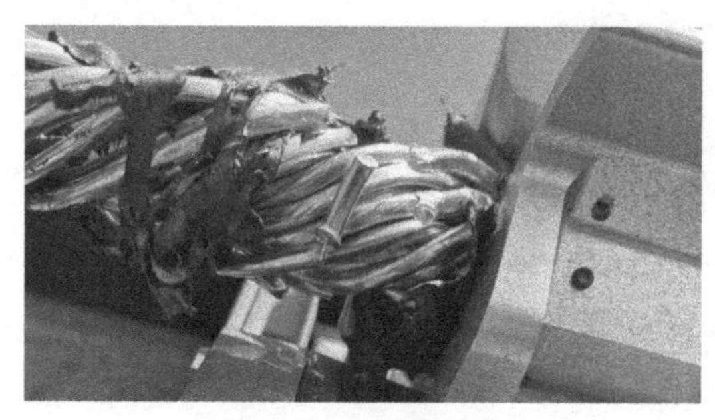

图 6-22　剥线器啃线

第一时间取消当前任务，停止剥线器运行后，张开右臂剥线器，手动控制剥线器退出主线，然后手动张开左臂夹线器，最后降斗到地面，用剥过的线芯去检验剥线器光电传感器是否正常。

如果没有亮黄灯，说明有问题，可联系专业人员处理。

6.8 穿 线 流 程

【问题 6-26】准备穿线动画预演任务环境建模数据校验失败。

准备穿线动画预演任务环境建模数据校验失败如图 6-23 所示。

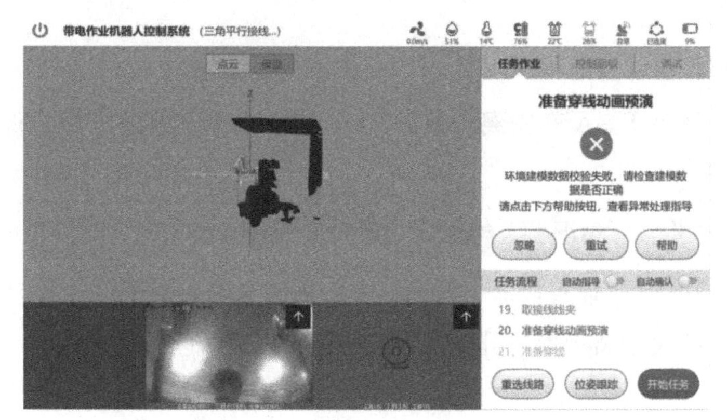

图 6-23 环境建模数据校验失败

解决办法如下。

步骤 1：点击重试按钮，重试当前动作。

步骤 2：手动遥操作调整线夹工具向前后，点击重试按钮，重新执行当前步骤。

【问题 6-27】准备穿线任务动作执行，机械臂碰撞保护性停止。

解决办法如下。

步骤 1：遥操作调整机械臂位置后，重试当前步骤。

步骤 2：直接遥操作调整线夹工具的机械臂完成准备穿线动作。

【问题 6-28】精确计算支线任务，面阵激光没有获取有效数据。

解决办法如下。

点击重试按钮，重新精确计算支线。

若无法解决问题，可联系专业人员分析定位。

6.9 挂 线 流 程

【问题 6-29】挂线任务，夹线器的机械臂受力保护性停止。

解决办法如下。

手动松开夹线器后，再点击重试按钮，重试当前步骤。

【问题 6-30】挂线步骤，主线进入线夹卡槽内，但是机械臂保护性停止。

解决办法如下。

观察主线是否进入线夹卡槽，如果进入，忽略错误直接执行下一步。如果没有进入线夹槽，需要手动同时调整双臂使主线进入线夹槽后再执行下一步。

【问题 6-31】锁紧线夹步骤，观察线夹没有锁紧。

解决办法如下。

点击重试按钮，重试当前步骤。

【问题 6-32】线夹工具反转脱离步骤，夹线器的机械臂碰撞主支线，保护性停止。

解决办法如下。

步骤 1：首先根据实际情况调节机械臂关节角度使弹簧线松开，然后重试当前执行动作。

步骤 2：遥操作调整机械臂位置，使夹线器远离主支线后直接执行下一步。

【问题 6-33】线夹分离步骤，机械臂下拉线夹和线夹底座分离失败。

解决办法如下。

步骤 1：先使线夹工具的机械臂免驱，再取消免驱点击重试按钮，重试当前步骤。

步骤 2：手动反转一下线夹工具的机械臂的末端电机，再重试一下当前动作。

注意：不要长按，以免造成线夹卡扣损坏。

6.10 运维安装

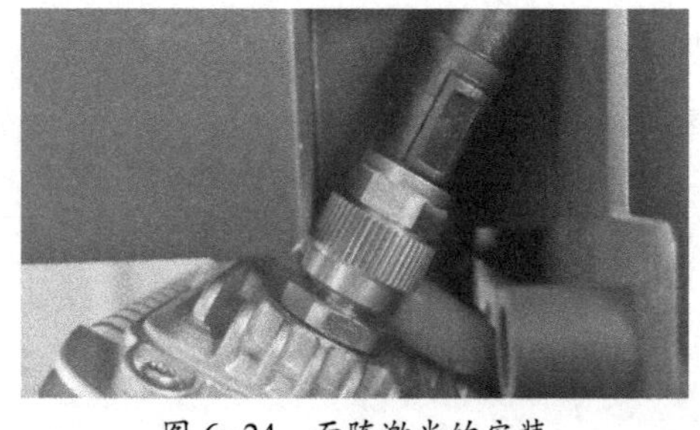

图 6-24 面阵激光的安装

【问题 6-34】机器人面阵激光插针拧滑丝。

解决办法如下。

面阵激光安装、拆卸时首先观察靠近面阵激光一侧的插针，按照针孔和插针的安装标志，孔对齐后轻轻先前扣紧，接着拧紧螺帽。面阵激光的安装如图 6-24 所示。

【问题 6-35】机器人 3D 激光更换线束拔断。

激光线束拔断连接处如图 6-25 所示。

解决办法如下。

更换线束之前，注意观察线束的结构和连接状况，激光的线束应从和黑色机壳相连侧的接头处拧，正确位置如图 6-26 所示。

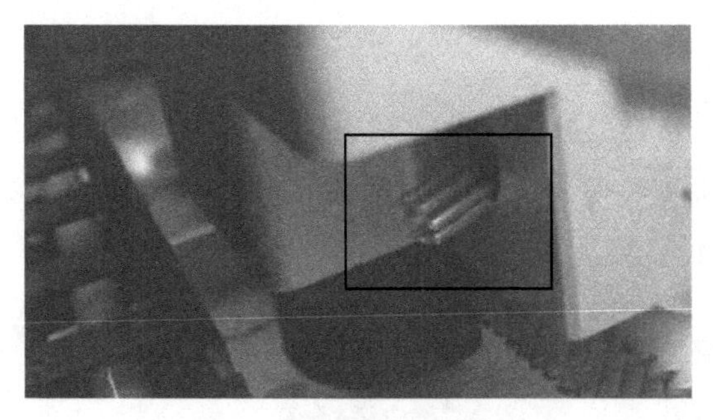

图 6-25 激光线束拔断连接处

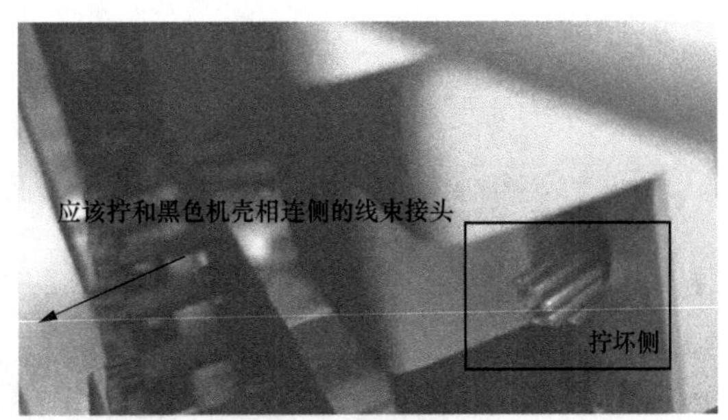

图 6-26 正确位置

6.11 线 夹

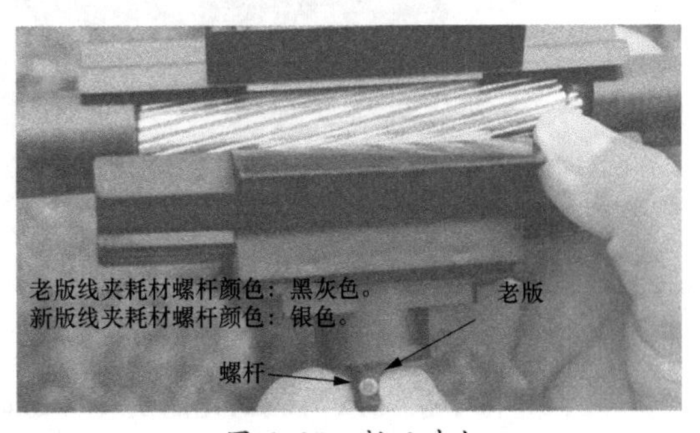

图 6-27 新旧对比

【问题 6-36】机器人线夹耗材活动块和螺杆无法脱离。

造成这一问题的原因可能是现场培训用的是老版线夹耗材，实际作业中却采用了新版螺杆线夹耗材。新旧对比如图 6-27 所示。

解决办法：实际作业装配线夹耗材时选择新版线夹耗材。

【问题 6-37】机器人作业前测试取放工具功能，固定孔位机械臂保护性停止。

解决办法如下。

步骤 1：检查工具库固定销是否松开。

步骤 2：参照标定文档，重新标定工具孔位。

6.12 面 阵 激 光

6.12.1 UR 机械臂

【问题 6-38】机器人机械臂关节故障。

故障表现为无法上电，自检报急停，对应手腕电压为 0V。

解决办法为更换机械臂，故障件返厂。

【问题 6-39】机器人机械臂无法上电，自检报急停（故障码 C72A1）。

故障码为 C72A1，连接显示器报错 0PSU 激活。

故障原因为开关电源故障。

解决办法为更换开关电源。

【问题 6-40】机器人机械臂无法上电（故障码 C50A54）。

故障码为 C50A54，5V 校准器（电压）过低，如图 6-28 所示。

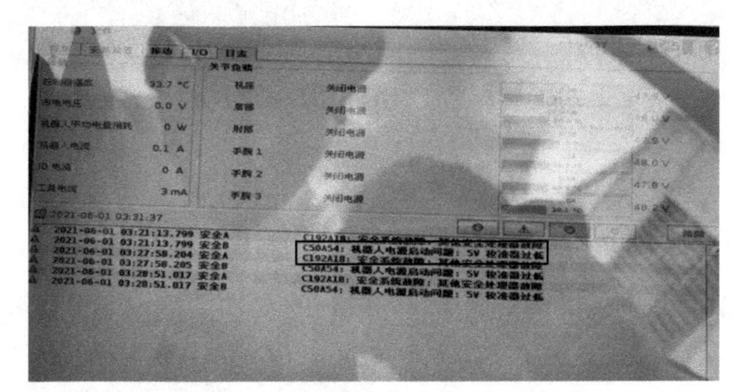

图 6-28　5V 校准器（电压）过低

故障原因为红色安全板故障。

解决办法为更换红色安全板。

【问题 6-41】机器人机械臂无法上电（故障码 C50A53）。

故障码为 C50A53，58V 发电机偏差错误，如图 6-29 所示。

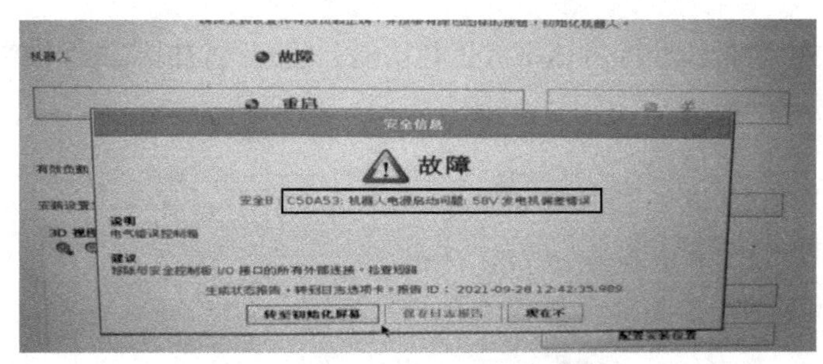

图 6-29　58V 发电机偏差错误

故障原因为红色安全板故障。

解决办法为更换红色安全板。

【问题 6-42】机器人机械臂无法上电（故障码 C192A18 和 C50A101）。

自检报急停和启动故障，故障代码为 C192A18 和 C50A101，连接显示器报错“检测到机器人发生短路或者机器人与控制箱连接错误”。

解决办法为更换机械臂，故障件返厂。

【问题 6-43】机器人取工具失败，标定时绝缘杆一直未转到位，多次尝试后报调用标定服务失败。

解决办法如下。

步骤 1：顺着绝缘杆转动的方向手动助力绝缘杆转动到位。

步骤 2：检查并清除工具卡槽内的脏污，如图 6-30 所示。

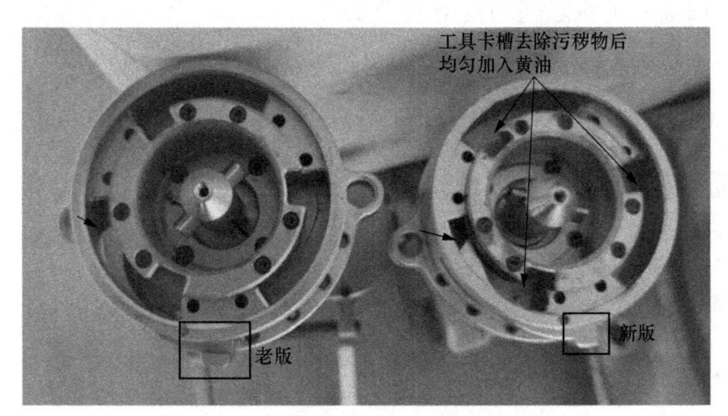

图 6-30　检查并清除工具卡槽内的脏物

【问题 6-44】机器人开机自检报 3D 激光接收数据状态和面阵激光状态异常。

面阵激光自检异常如图 6-31 所示。

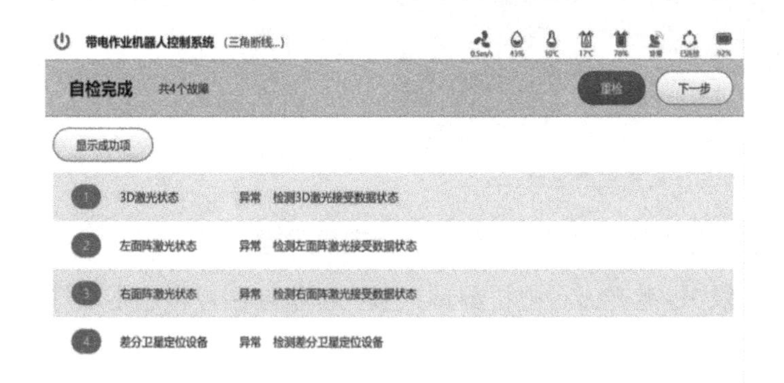

图 6-31　面阵激光自检异常

解决办法如下。

步骤 1：若机器人未开始作业，将整机重启。

步骤 2：按照工控机断联补丁包升级指导文档升级补丁。

【问题 6-45】机器人面阵激光 IP 配置反。

解决办法：按照面阵激光 IP 配置指导文档配置 IP，然后整机重启。

【问题 6-46】面阵激光扫描主线失败。

posture_adjust 节点报错：面阵激光位姿调整节点错误，点云无数据。

报错 1：测量面阵激光与主线之间的距离大于 0.6m。

解决办法如下。

修改 install/share/posture_adjust/config/param.yaml 文件中的主线区间 main_z_max 为 0.8。

报错 2：两次扫描的主线之间的夹角大于 12°。

解决办法如下。

修改 install/share/posture_adjust/config/param.yaml 文件中的 angel_diff_thread 为 40。

6.12.2 剥线器标定失败问题

【问题 6-47】碰芯短路检测回路异常 通常是短路回路失效。

解决办法：检察断路触点跟剥刀表面是否残留异物，擦拭后重试，如果仍然未解决报修。

6.12.3 3D 激光

【问题 6-48】机器人开机获取不到激光状态和数据

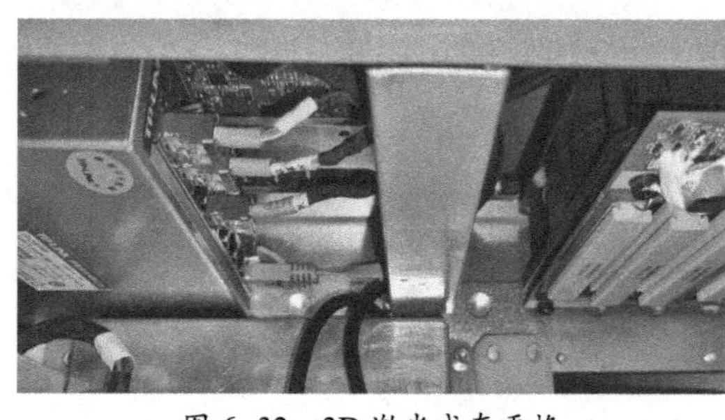

图 6-32 3D 激光成套更换

自检报 3D 激光接收数据异常，3D 激光和交换机相连的网线直连笔记本 ping 192.168.1.200 网络不稳定，获取不到激光状态和数据。

解决办法：更换 3D 激光成套网线线束，如图 6-32 所示。

【问题 6-49】机器人自检时报 3D 激光云台电机异常。

机器人自检时报 3D 激光云台电机异常，激光电机控制板状态指示灯闪烁频率每秒 2～3 次。

解决办法：通过仿真器重新烧录 App 固件。

【问题 6-50】夹线电机编码器异常，通常是 V 字块机械卡死。

解决办法：手动转动检测流畅性，如果阻力异常，报修。

【问题 6-51】电量读取异常告警 通常是电池接触不良。

解决办法：检查电池仓后盖胀紧弹垫，重新拔插后重试标定，如果仍然未解决报修。

6.13 工　控　机

【问题 6-52】工控机断联，外接显示器工控机系统引导项丢失。

解决办法如下。

步骤 1：连接好带 HDMI 接头的显示器和键盘，如图 6-33 所示。

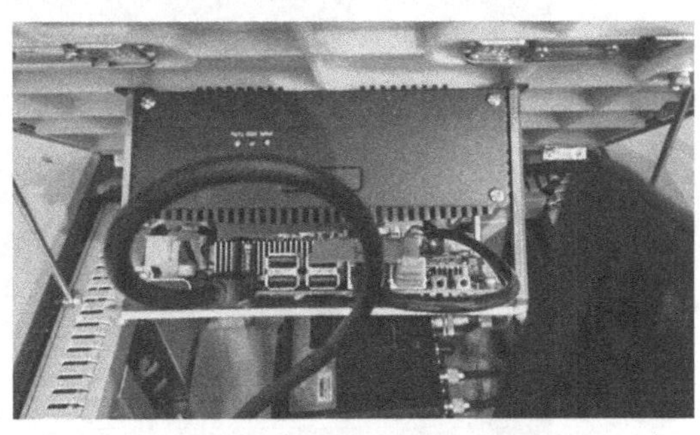

图 6-33　连接好带 HDMI 接头的显示器和键盘

步骤 2：机器人开机，开机的一瞬间在键盘按下快捷键 Del 进入启动项界面，选择 boot 一栏，找到 UEFI，选中 enable。启动项配置如图 6-34 所示。

步骤 3：按 F4，点击 Yes 保存并退出，如图 6-35 所示。工控机将自动重启。

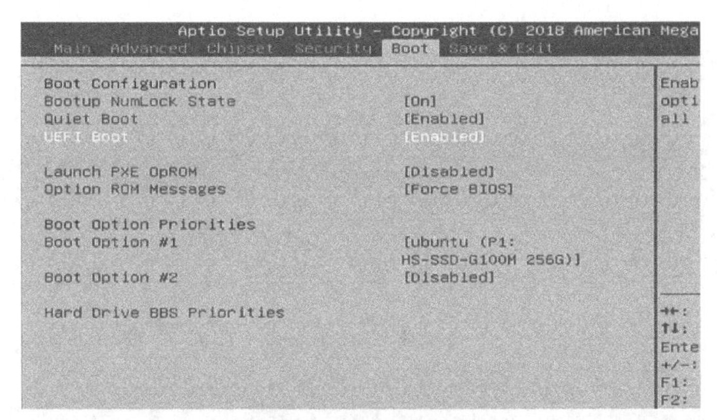

图 6-34　启动项配置

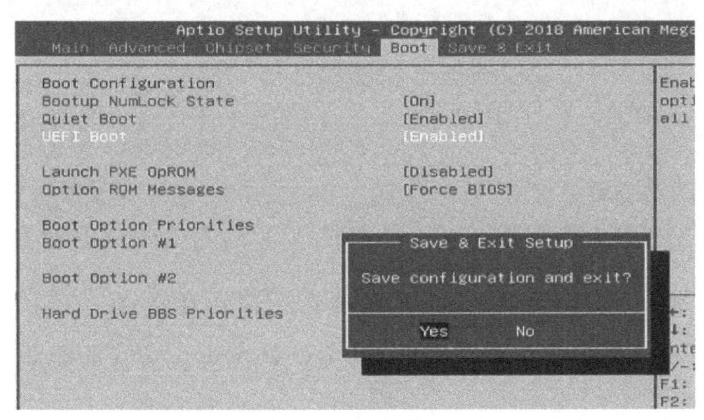

图 6-35　保存并退出

【问题 6-53】机器人终端 GUI 下发指令后台收不到。

机器人无线连接正常，如图 6-36 所示；teamviewer 后台可以进入，如图 6-37 所示；但终端 GUI 下发指令后台收不到。

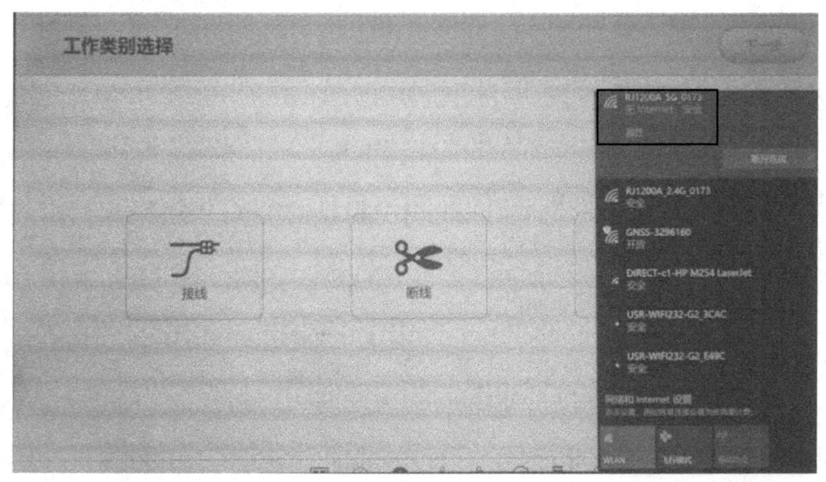

图 6-36　无线连接正常

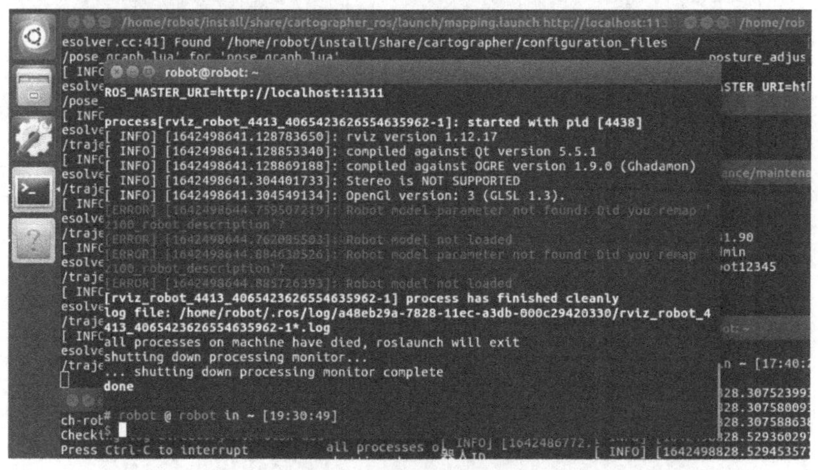

图 6-37　teamviewer 后台

解决办法如下。

步骤 1：通过网络查看平板 IP 是否为 192.168.31.100，若不是请改为该 IP，若是请检查第 2 步。

步骤 2：在平板上通过管理员模式打开命令行输入 IPconfig，确认终端 IPv4 是否为 192.168.31.100，若未生效，请检查 IP 是否冲突，若冲突，需将冲突的 IP 更改为不同于 31.100 的 IP。

步骤 3：上两步均没问题时，重启平板，若仍未解决，整机重启。

6.14　RTK

【问题 6-54】RTK 无定位信息。

问题初步判断方法如下。

步骤 1：GPCHC 数据协议“状态位判断”。

$GPCHC，GPSWeek，GPSTime，Heading，Pitch，Roll，gyro x，gyro y，gyro z，acc x，acc y，acc.z，Lattitude，Longitude，Altitude，Ve，Vn，Vu，Baseline，NSV1，NSV2，Status，Age，Warming，Cs<CR><LF>

说明：“Status”状态位为倒数第 3 位，显示 42 即为正常。

（1）系统状态（倒数第三组第二个）。0 表示初始化；1 表示卫导模式（空旷环境静置 1～5min）；2 表示组合导航模式（正常状态）；3 表示纯惯导模式（没有卫星信号，空旷环境静置 1～5min）。

（2）卫星状态（高半字节）。

1）0 表示不定位不定向。检查天线及线缆是否插牢、损坏。

2）1 表示单点定位定向。移动站和基站放置空旷环境：① 检查基站是否正常发射差分数据（基站蘑菇头黄灯是否闪烁）；② 检查移动站网页设置中“IO 设置”→“串口 B 设置”中波特率是否为 115200；③ 检查移动站挂载电台 TX/RX 绿灯是否闪烁。若①②均无问题，联系厂家。

3）2 表示伪距差分定位定向。移动站和基站放置空旷环境，等待即可。

4）3 表示组合推算。一般不会出现。

5）4 表示 RTK 稳定解定位定向。正常状态位。

6）5 表示 RTK 浮点解定位定向。移动站和基站放置空旷环境，等待即可。

7）6 表示单点定位不定向。检查定向天线是否插牢、损坏。

8）7 表示伪距差分定位不定向。检查定向天线是否插牢、损坏。

9）8 表示 RTK 稳定解定位不定向。检查定向天线是否插牢、损坏。

10）9 表示 RTK 浮点解定位不定向。检查定向天线是否插牢、损坏。

步骤 2：LED 灯光判别。RTK 如图 6-38 所示，正面有 4 个 LED 灯。

（1）红色为电源灯，上电常亮。

（2）蓝色为卫星灯，每隔 5s 闪烁 1 次，表示正在搜星。搜到卫星之后每隔 5s 闪烁

图 6-38　RTK

n 次，表示搜到 n 颗卫星。若卫星灯不闪烁，解决办法为：① 检查定位天线及线缆是否稳固；② 网页清除星历数据、恢复出厂设置。

（3）橙色为差分灯，有差分数据或者 Wi-Fi 连接下闪烁，卫星固定状态，常亮。若差分灯非常亮状态，需检查数据状态位示意。

（4）绿色为状态灯，标定、初始化成功后常亮。

步骤 3：机器人初步旋转，回到初始位置，若有偏移情况，可刷新 V1.2.7.5 固件。

若上述步骤无法解决问题，可能是数传电台问题，需寄回重新配置，或直接联系厂家人员。

【问题 6-55】GPS_common 节点中的角度和实际不一致。

机器人斗实际转动的角度和 GPS_common 节点报上来的角度不一致，即第四个值。

解决办法：按照 RTK 固件升级指导文档升级 RTK 接收机固件。

【问题 6-56】机器人位姿调整原点坐标轴 *X*、*Y* 相反。

解决办法：打开机器人上侧盖板，发现 GPS 信号线接反，GNSS1 为主天线，应该接机器人左臂侧上方天线，GNSS2 应该接机器人右臂侧上方天线。GPS 信号线如图 6-39 所示。

【问题 6-57】GPS_common 节点上报的 RTK 状态异常。

蘑菇头、数传电台、RTK 移动端（工控中黑色盒子）状态均正常，但是 GPS_common 节点上报的 rtk 状态（倒数第三个数字）为 0。

问题原因通常是天线松动，解决办法如下。

步骤 1：揭开 RTK 天线的黑色外壳，如图 6-40 所示。

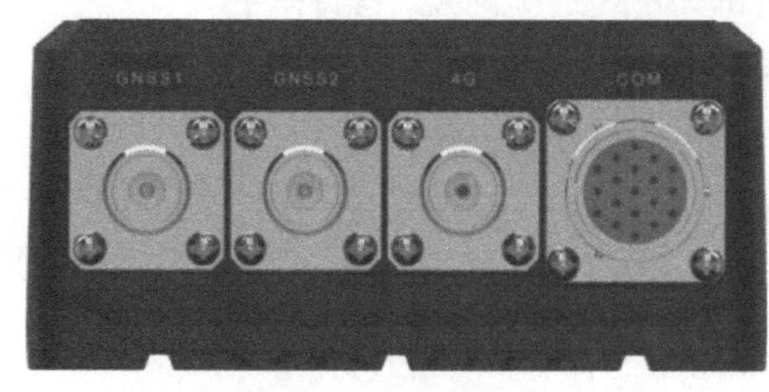

图 6-39　GPS 信号线

图 6-40　RTK 天线外壳

步骤 2：拧紧天线。

【问题 6-58】机器人开机后无法接收卫星信号。

GUI 界面中，右上方卫星图标显示为红色，GPS_common 节点状态为 0。GPS 模块电台红灯常亮，如图 6-41 所示。

解决办法如下。

步骤 1：用电脑连接 RTK 基站无线网，Wi-Fi 名称为基站下方编号，如图 6-42 所示，密码为 12345678。若未搜索到，可短按一下电源键。

图 6-41 GPS 模块电台红灯常亮

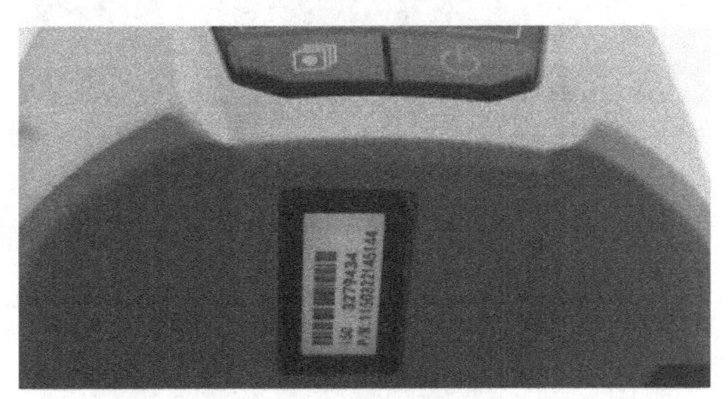

图 6-42 RTK 基站无线网 Wi-Fi 名称

步骤 2：登录 RTK 基站，网址 192.168.1.1，登录用户名为 admin，登录密码为 password。

步骤 3：打开电台设置界面，如图 6-43 所示，检查电台频率是否为 460，登录此界面后，如果基站电台状态为关闭，将其设置为打开，开机自启动。

步骤 4：重启设备。

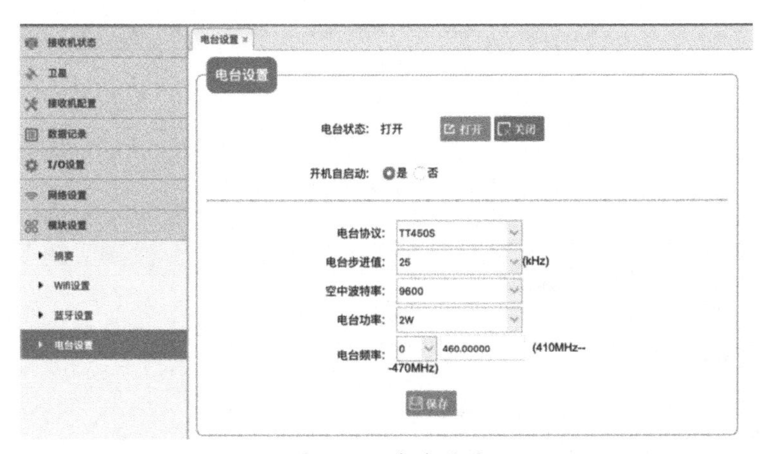

图 6-43 电台设置

【问题 6-59】RTK 在终端显示无信号（GPS_common 节点倒数第三个值 61）。

在机器人作业过程中，RTK 在终端显示无信号，后重新摆放蘑菇头支架的位置依旧无信号。查看 GPS_common 节点，倒数第三个值是 61。

解决办法如下。

步骤 1：检查后台参数及机器人本体基站，如图 6-44 所示，

步骤 2：连接机器人本体基站网络，网络名称如图 6-45 所示。

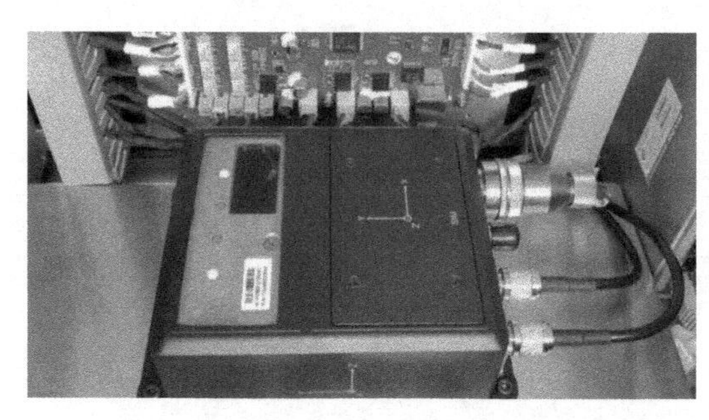

图 6-44　机器人本体基站

高精度mems组合导
输入:(9~36)V DC= 1A

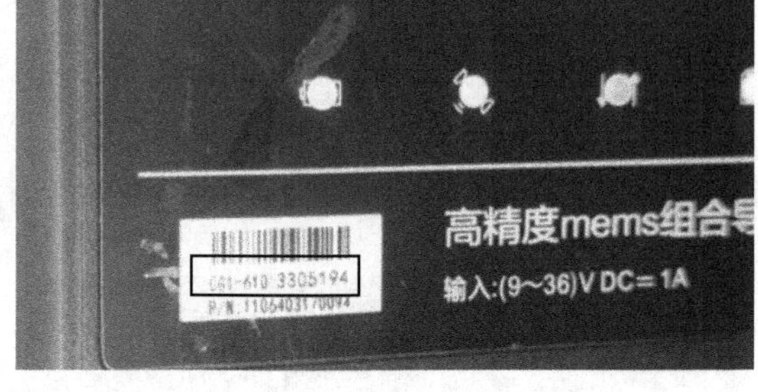

图 6-45　本体基站网络名称

步骤 3：登录网址 192.168.200.1，查看惯导参数及 I/O 参数有无异常。I/O 参数配置、惯导参数配置及惯导选择配置分别如图 6-46～图 6-48 所示。

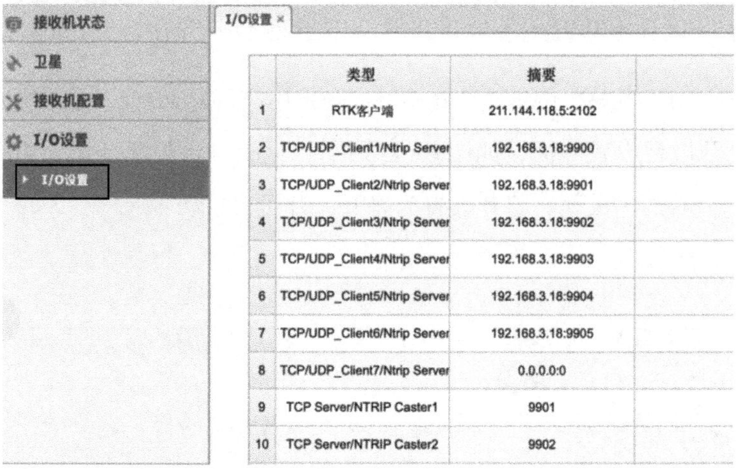
接收机状态
卫星
接收机配置
I/O设置
I/O设置
I/O设置 ×
类型
摘要
1 RTK客户端 211.144.118.5:2102
2 TCP/UDP_Client1/Ntrip Server 192.168.3.18:9900
3 TCP/UDP_Client2/Ntrip Server 192.168.3.18:9901
4 TCP/UDP_Client3/Ntrip Server 192.168.3.18:9902
5 TCP/UDP_Client4/Ntrip Server 192.168.3.18:9903
6 TCP/UDP_Client5/Ntrip Server 192.168.3.18:9904
7 TCP/UDP_Client6/Ntrip Server 192.168.3.18:9905
8 TCP/UDP_Client7/Ntrip Server 0.0.0.0:0
9 TCP Server/NTRIP Caster1 9901
10 TCP Server/NTRIP Caster2 9902

图 6-46　I/O 参数配置

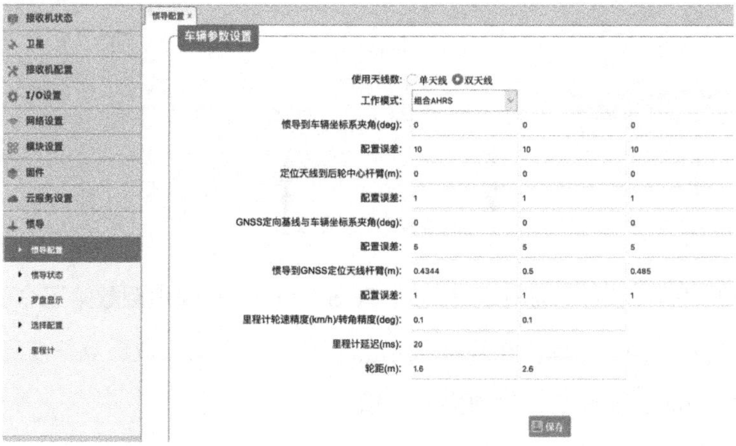
接收机状态
卫星
接收机配置
I/O设置
网络设置
模块设置
固件
云服务设置
惯导
惯导配置
惯导状态
罗盘显示
选择配置
里程计
惯导配置 ×
车辆参数设置
使用天线数: 单天线 双天线
工作模式: 组合AHRS
惯导到车辆坐标系夹角(deg): 0 0 0
配置误差: 10 10 10
定位天线到后轮中心杆臂(m): 0 0 0
配置误差: 1 1 1
GNSS定向基线与车辆坐标系夹角(deg): 0 0 0
配置误差: 5 5 5
惯导到GNSS定位天线杆臂(m): 0.4344 0.5 0.485
配置误差: 1 1 1
里程计轮速精度(km/h)/转角精度(deg): 0.1 0.1
里程计延迟(ms): 20
轮距(m): 1.6 2.6
保存

图 6-47　惯导参数配置

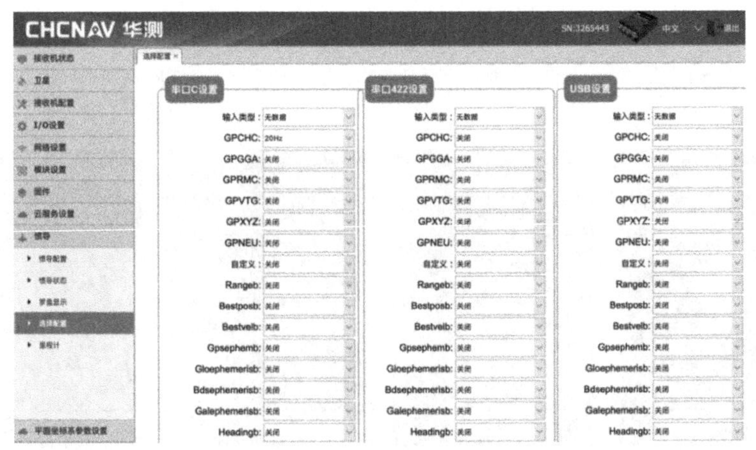

图 6-48　惯导选择配置

步骤 4：检查 GPS 惯导状态显示，如图 6-49 所示，为 RTK 浮点解定位不定向，初步判定机器人本体内线路问题。

图 6-49　GPS 惯导状态显示

步骤 5：检查线路，更改 GNSS1 及 GNSS2 插线方向，惯导状态显示不定位不定向，如图 6-50 所示。

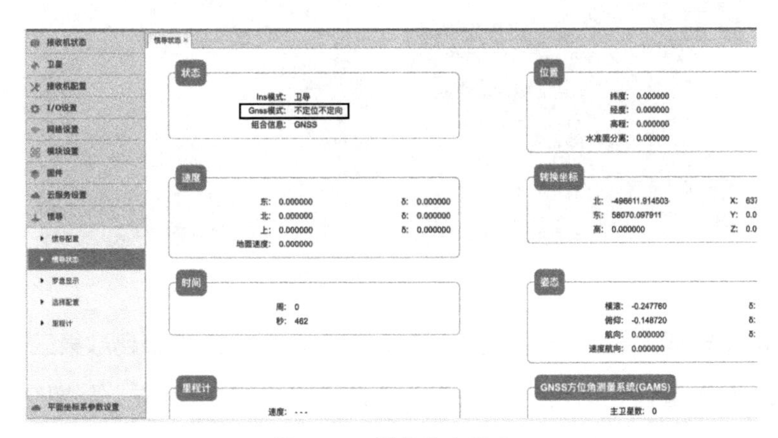

图 6-50　惯导状态显示

在更改机器人本体基站线路后显示不定位不定向，同时更改机器人外部天线方向，继续显示机器人 RTK 浮点定位不定向，由此判定 RTK 天线问题。RTK 外部天线如图 6-51 所示。

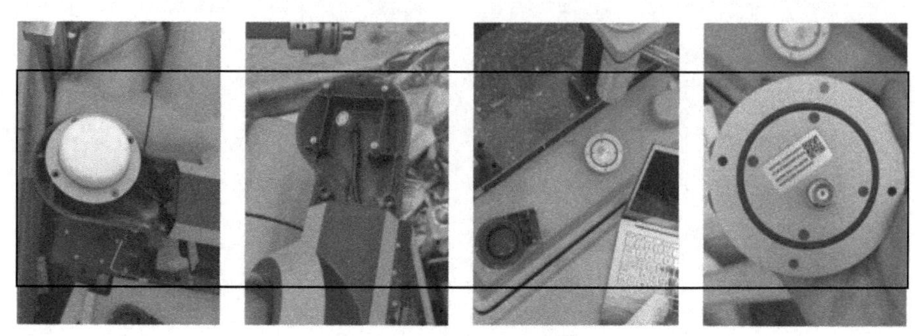

图 6-51　RTK 外部天线

解决办法：更换图 6-51 所示的天线。

【问题 6-60】RTK 在终端显示无信号（GPS_common 节点倒数第三个值 00）。

在机器人作业过程中，RTK 在终端显示无信号，重新摆放蘑菇头支架的位置依旧无信号。查看 GPS_common 节点，倒数第三个值是 00。

解决办法：这种现象在一开始反复重启机器人有概率恢复正常，若无效，更换机器人 RTK 接收机（黑色盒子）。

【问题 6-61】出厂新机器 RTK 无信号（GPS_common 节点倒数第三个值 81）。

解决办法：这种现象通常是由于 RTK 天线松动，拧紧 RTK 天线即可。RTK 天线如图 6-52 所示。

图 6-52　RTK 天线

【问题 6-62】机器人 RTK 信息连接失败（GPS_common 节点倒数第三个值 51）

解决办法：检查蘑菇头周边有无高楼、树木等遮挡，如果存在，将蘑菇头移动到空旷的地方，或者将蘑菇头从车头移动到车尾部位。